新时代司法职业教育“双高”建设精品教材

U0957507

工程造价基础与预算

（活页式）

夏毅　余莉琪◎主编

华中科技大学出版社
http://press.hust.edu.cn
中国·武汉

图书在版编目（CIP）数据

工程造价基础与预算/夏毅，余莉琪主编．—武汉：华中科技大学出版社，2023.8
ISBN 978-7-5680-9636-2

Ⅰ.①工…　Ⅱ.①夏…　②余…　Ⅲ.①工程造价　②建筑预算定额　Ⅳ.①TU723.3
②TU723.34

中国国家版本馆 CIP 数据核字（2023）第 162244 号

工程造价基础与预算　　　夏毅　余莉琪　主编
Gongcheng Zaojia Jichu yu Yusuan

策划编辑：张馨芳
责任编辑：狄宝珠
封面设计：孙雅丽
版式设计：赵慧萍
责任监印：周治超
出版发行：华中科技大学出版社（中国·武汉）　　电话：（027）81321913
　　　　　武汉市东湖新技术开发区华工科技园　　邮编：430223
录　　排：华中科技大学出版社美编室
印　　刷：武汉市洪林印务有限公司
开　　本：787mm×1092mm　1/16
印　　张：23.5　　插页：2
字　　数：543 千字
版　　次：2023 年 8 月第 1 版第 1 次印刷
定　　价：78.00 元

华中出版

编写人员

主　编：夏　毅　余莉琪

编　委：余莉琪　夏　毅　陈　鹏　王　平　肖　庆

程　静　陈　竞　谭庆芳　刘立男　周　波

王宇（武昌职业学院）

彭传波（荆州市人力资源和社会保障局）

作者简介

夏毅，现为武汉警官职业学院教师，国家注册二级建造师、国家注册二级造价工程师、注册信息安全工程师。湖北省信息技术职教集团理事成员，湖北省信息安全职教联盟成员，湖北省信息技术教学指导委员会成员。2015年承担国家职业教育刑事执行教学资源库建设项目“信息安全管理实务”，并于2019年获得国家验收；2018年，参与教育部科技发展中心高校产学研创新基金——新一代信息技术创新项目“基于虚拟现实全景视频对监狱管理与教学的研究”已结题；2021年，荣获“湖北工匠杯”技能大赛——湖北省第三届安防职业技能竞赛三等奖。

余莉琪，现为武汉警官职业学院高级工程师，信息系统项目管理师、一级造价工程师、一级建造师等职业资格。全国司法职业教育行指委安全防范专业教学指导委员会副主任委员，中央司法警官学院智慧监狱研究中心委员，湖北省政府采购评审专家，湖北省职业鉴定高级考评员。获得省教学成果奖2项、省教师教学能力比赛奖项2项；获评第三届全国安防年度人物等；主编教材4部，其中，《安全防范工程法律法规》入选国家“十四五”首批高职规划教材；主持省级以上课题2项；申请软件著作权证5个；公开发表论文十余篇等。

PREFACE

前言

一、起因

我国建筑安装工程行业飞速发展，结合现阶段市场对建设工程的勘察设计、施工以及监理等方面的人才的需求不断增加。作为培养高技能应用型人才的高职教育，应成为该形势下人才输出的主力军。

本书以工程造价理论作为基础，结合通用安装工程和信息通信建设工程实例，丰富了工程造价的适用范围和应用场景，可以让读者能更加全面系统地学习工程造价。

二、内容架构

全书采用“项目＋任务”架构来进行设计，分为十三个项目，52个任务，设计思路是以通用安装工程中工程造价实际实施标准为主线，充分显示“理实一体”和“教学做一体”的理念。项目一是概论，主要讲述工程造价、工程造价管理和工程造价控制的概述、工程造价的计价依据和我国工程造价职业资格制度；项目二是工程造价的构成，主要讲述建设项目总投资构成和工程造价的构成、建筑安装工程费、设备及工器具购置费、工程建设其他费用、预备费和建设期利息；项目三是投资估算的编制，主要讲述投资估算的概念及作用、投资估算编制的内容及依据、投资估算的编制方法、投资估算的文件组成和投资估算编制实例；项目四是设计概算的编制，主要讲述设计概算的概念及作用、设计概算编制的内容及依据、设计概算的编制方法、设计概算的文件组成、设计概算的审查和设计概算的调整；项目五是预算定额的编制，主要讲述预算定额的概述和预算定额的编制；项目六是施工定额的编制，主要讲述施工定额概述、工作时间的研究、人工消耗定额、材料消耗定额和机械台班消耗定额；项目七是企业定额的编制，主要讲述企业定额概述、企业定额的作用、企业定额的组成（构成）内容和表现形式、企业定额的编制原则、编制依据、编制步骤、编制方法、企业定额的应用；项目八是工程造价的计价，主要讲述工程造价的计价模式和工程造价计价的定额；项目九是工程造价的计量，主要讲述工程计量概述、工程量计算方法和工程量的表达方式；项目十是通用安装工程造价实训，主要讲述建筑智能化工程项目实训、消防工程项目实训和防雷及接地装置工程项目实训；项目十一是建设工程管理和工程造价，主要讲述建设项目管理概述、建设程序和工程造价；项目十二是信息通信建设工程定额及概预算编制，主要讲述定额的概述、信息通信建设工程预算定额、信息通信建设工程费用定额、信息通信建设工程概预算的编制、信息通信建设工程工程量计算和统计；项目十二是信息通信建设工程概预算编制实例，主要讲通信线路工程概预算编制实例、通信管道工程概预算编制实例和无线通信设备安装工程概预算编制实例。其中项目一至十属于通用安装工程造价范畴，项目十一至十三属于信息通信建设工程范畴。

三、特色创新

（1）本书是一本行企指导、校企合编的教学做一体教材。

（2）以任务为驱动实施教学，培养学生分析问题、解决问题的能力。

（3）项目组合、任务驱动。

（4）本教材通用安装工程和信息通信建设工程结合，丰富教材内容，增强应用场景和拓展学习的视野。

四、编写分工及致谢

本书由武汉警官职业学院夏毅、余莉琪主编，企业通信工程师陈鹏、王平副主编，编写过程中，得到了北京华晟经世信息技术股份有限公司等企业的大力支持，在这里一并表示诚挚的感谢。

由于编者水平有限，书中难免会有错误和不妥之处，恳请广大读者批评指正。

CONTENTS 目录

项目一 概论

学习目标

掌握工程造价的含义、特点和作用，理解工程造价管理、控制和计价依据的相关内容，了解我国工程造价的计价依据。

任务一　工程造价概述

学习目标

掌握工程造价的两种含义，了解工程造价的特点，掌握工程造价的作用。

一、工程造价的含义

在市场经济条件下，工程造价有两种含义。工程造价的第一种含义，是从投资者或业主的角度来定义，是一个广义的概念。工程造价是工程项目在建设期预计或实际支出的建设费用。工程造价是指工程项目从投资决策开始到竣工投产所需的建设费用。投资者选定一个项目后，就要通过项目评估进行决策，然后进行设计招标、工程招标，直到竣工验收等一系列投资管理活动。在投资活动中所支付的全部费用形成了固定资产和无形资产。所有这些开支就构成了工程造价。

工程造价的第二种含义，是从承包商、供应商、设计市场供给主体来定义，它是一个狭义的概念。工程造价是指工程价格，即为建成一项工程，预计或实际在土地市场、设备市场、技术劳务市场等交易活动中所形成的建筑安装工程的价格和建设工程总价格（属于价格管理范畴）。它以工程这种特定的商品形成作为交换对象，通过招投标、承发包或其他交易形成，在进行多次预估的基础上，最终由市场形成价格。对于承包商来说，工程造价是他们作为市场供给主体出售商品和劳务的价格的总和，或是特指范围的工程造价，如建筑安装工程造价。

二、工程造价的特点

根据工程建设的特点，工程造价具有以下五个特点。

（一）工程造价的大额性

能够发挥投资效用的任一项工程，不仅实物形体庞大，而且造价高昂。动辄数百万、数千万、数亿、十几亿人民币，特大型工程项目的造价可达百亿、千亿人民币。工程造价的大额性使其关系到有关各方面的重大经济利益，同时也会对宏观经济产生重大影响。这就决定了工程造价的特殊地位，也说明了造价管理的重要意义。

（二）工程造价的个别性、差异性

任何一项工程都有特定的用途、功能、规模。因此，对每一项工程的结构、造型、空间分割、设备配置和内外装饰都有具体的要求，这也使工程内容和实物形态具有个别性、差异性。产品的差异性决定了工程造价的个别性差异。同时，每项工程所处地区、地段各不相同，使这一特点得到强化。

（三）工程造价的动态性

任何一项工程从决策到竣工交付使用，都有一个较长的建设期，而且由于不可控因素的影响，在预计工期内，存在许多影响工程造价的动态因素，如工程变更，设备材料价格，工资标准以及费率、利率、汇率的变化。这种变化必然会影响造价的变动。所以，工程造价在整个建设期中处于不确定状态，直至竣工决算后才能最终确定工程的实际造价。

（四）工程造价的层次性

造价的层次性取决于工程的层次性。一个建设项目往往含有多个能够独立发挥设计效能的单项工程（车间、写字楼、住宅楼等）。一个单项工程又是由能够各自发挥专业效能的多个单位工程（土建工程、电气安装工程等）组成。与此相适应，工程造价有三个层次：建设项目总造价、单项工程造价和单位工程造价。如果专业分工更细，单位工程（如安装工程）的组成部分，即分部分项工程也可以成为交换对象，如综合布线系统工程、安全防范系统工程、计算机应用工程等。

这样，工程造价的层次就增加了分部工程和分项工程而成为5个层次。即使从造价的计算和工程管理的角度看，工程造价的层次性也是非常突出的。

（五）工程造价的兼容性

工程造价的兼容性首先表现在它具有两种含义，其次表现在工程造价构成因素的广泛性和复杂性。在工程造价中，首先其成本因素非常复杂，其中为获得建设工程用地支出的费用、项目可行性研究和规划设计费用、与政府一定时期政策（特别是产业政策和税收政策）相关的费用占有相当的份额。再次，盈利的构成也较为复杂，资金成本较大。综上所述，工程造价不单单是工程项目实体所发生的费用，它囊括自身，又受多种条件约束，兼容多种特性。

三、工程造价的作用

工程造价的作用：除商品的价格作用外还有自己的特殊作用。

（一）预测作用

工程造价的大额性和多变性，决定了无论是投资者还是承包商，都要对拟建工程进行预先测算。投资者预先测算的工程造价不仅作为项目决策依据，同时也是筹集资金、控制造价的依据。承包商对工程造价的测算，既为投标决策提供依据，也为投标报价和成本管理提供依据。

（二）控制作用

工程造价的控制作用表现在两方面：一方面是它对投资的控制，即在投资的各个阶段，根据对造价的多次性预估，对造价进行全过程、多层次的控制；另一方面，是对以承包商为代表的商品和劳务供应企业的成本控制。在价格一定的条件下，企业实际成本开支决定企业的盈利水平。成本越高，盈利越低。成本高于价格，就会危及企业的生存。所以，企业要以工程造价来控制成本，将工程造价提供的信息资料作为控制成本的依据。

（三）评价作用

工程造价是评价总投资和分项投资合理性和投资效益的主要依据之一。在评价土地价格、建筑安装产品价格和设备价格的合理性时，就必须利用工程造价资料；在评价建设项目偿债能力、获利能力和宏观效益时，也可依据工程造价。工程造价也是评价建筑安装企业管理水平和经营成本的重要依据。

（四）调节作用

工程建设直接关系到经济增长，也直接关系到国家重要资源分配和资金流向，对国计民生会产生重大影响。所以国家对建设规模、结构进行宏观调控是在任何条件下都不可或缺的，对政府投资项目进行直接调控和管理也是非常必要的。这些都要用工程造价作为经济杠杆，对工程建设中的物质消耗水平、建设规模、投资方向等进行调控和管理。

任务二　工程造价管理概述

学习目标

了解工程造价管理的概念，掌握建设工程全面造价管理内容。

一、工程造价管理的概念

工程造价管理分为两种，一是指建设工程投资费用管理；二是指建设工程价格管理。工程造价计价依据的管理和工程造价专业队伍建设的管理是为这两种管理服务的。

（一）建设工程投资费用管理

建设工程投资费用管理是指为了实现投资的预期目标，在规划、设计方案条件下，预测、确定和监控工程造价及其变动的系统活动。建设工程投资费用管理属于投资管理范畴，它既涵盖了微观层次的项目投资费用管理，也涵盖了宏观层次的投资费用管理。

（二）建设工程价格管理

建设工程价格管理属于价格管理范畴。在市场经济条件下，价格管理一般分为两个层次：在微观层次上，是指生产企业在掌握市场价格信息的基础上，为实现管理目标而进行的成本控制、计价、定价和竞价的系统活动。在宏观层次上，是指政府部门根据社会经济发展的实际需要，利用现有的法律、经济和行政手段对价格进行管理和调控，并通过市场管理规范市场主体价格行为的系统活动。

二、工程全面造价管理

建设工程全面造价管理包括全寿命期造价管理、全过程造价管理、全要素造价管理和全方位造价管理。

（一）全寿命期造价管理

建设工程全寿命期造价是指建设工程初始建造成本和建成后的日常使用成本之和，它包括建设前期、建设期、使用期及拆除期各个阶段的成本。由于在实际管理过程中，在工程建设及使用的不同阶段，工程造价存在诸多不确定性，因此，全寿命期造价管理至今只能作为一种实现建设工程全寿命期造价最小化的指导思想，指导建设工程的投资决策及设计方案的选择。

（二）全过程造价管理

全过程造价管理是指覆盖建设工程策划决策及建设实施各个阶段的造价管理，包括：前期决策阶段的项目策划、投资估算、项目经济评价、项目融资方案分析；设计阶段的限额设计、方案比选、概预算编制；招标投标阶段的标段划分、承包发包模式及合同形式的选择、标底编制；施工阶段的工程计量与结算、工程变更控制、索赔管理；竣工验收阶段的竣工结算与决算等。

（三）全要素造价管理

影响建设工程造价的因素有很多。为此，控制建设工程造价不仅仅是控制建设工程本身的建造成本，还应同时考虑工期成本、质量成本、安全与环境成本的控制，从而实现工程成本、工期、质量、安全、环境的集成管理。全要素造价管理的核心是按照优先性的原则，协调和平衡工期、质量、安全、环保与成本之间的对立统一关系。

（四）全方位造价管理

建设工程造价管理不仅仅是业主或承包单位的任务，还应该是政府建设主管部门、行业协会、建设单位、设计单位、施工单位以及有关咨询机构的共同任务。尽管各方的地位、利益、角度等有所不同，但必须建立完善的协同工作机制，才能实现建设工程造价的有效控制。

任务三　工程造价控制概述

学习目标

了解工程造价控制的含义，掌握有效控制工程造价的方法，体会工程造价控制的重点：以设计阶段为重点的建设全过程造价控制、工程造价主动控制、技术与经济相结合是控制工程造价最有效的手段。掌握工程建设各阶段的造价对应关系，掌握工程造价控制的主要内容。

一、工程造价控制的含义

工程造价控制，就是在优化建设方案、设计方案的基础上，在建设程序的各个阶段，采用一定的方法和措施把工程造价控制在合理的范围和核定的限额以内。具体说，就是要用投资估算价控制设计方案的选择和初步设计概算造价；用概算造价控制技术设计和修正概算造价；用概算造价或修正概算造价控制施工图设计和预算造价；用最高投标限价控制投标价等。以求合理使用人力、物力和财力，取得较好的投资效益。控制造价在这里强调的是限定项目投资。

二、有效控制工程造价的原则

（一）以设计阶段为重点的建设全过程造价控制

工程造价控制贯穿于项目建设全过程，但是必须重点突出。工程造价控制的关键在于施工前的投资决策和设计阶段，而在项目做出投资决策后，控制工程造价的关键就在于设计。建设工程全寿命费用包括工程造价和工程交付使用后的经常开支费用（含经营费用、日常维护修理费用、使用期内大修理和局部更新费用）以及该项目使用期满后的报废拆除费用等。据分析，设计费一般只占到建设工程全寿命费用的1%以下，但正是这少于1%的费用对工程造价的影响很大。由此可见，设计的好坏对整个工程建设的效益是至关重要的。

要有效地控制工程造价，就要坚决地把控制重点转到建设前期阶段上来，尤其应抓住设计这个关键阶段，以取得事半功倍的效果。

（二）工程造价主动控制

一般来说，建设项目的工程造价与建设工期和工程质量密切相关，为此，应根据业主的要求及建设的客观条件进行综合研究，实事求是地确定一套切合实际的衡量准则。只要造价控制的方案符合这套衡量准则，取得令人满意的结果，就应该说造价控制达到了预期的目标。

自20世纪70年代初开始，人们将系统论和控制论研究成果用于项目管理，将控制立足于事先主动地采取决策措施，以尽可能地减少甚至避免目标值与实际值的偏离，这是主动的、积极的控制方法，因此被称为主动控制。也就是说，我们的工程造价控制工作，不应仅反映投资决策，反映设计、发包和施工等被动控制工程造价，更应积极作为，能动地影响投资决策，影响设计、发包和施工，主动地控制工程造价。

（三）技术与经济相结合是控制工程造价最有效的手段

要有效地控制工程造价，应从组织、技术、经济等多方面采取措施。从组织上采取的措施，包括明确项目组织结构，明确造价控制者及其任务，明确管理职能分工；从技术上采取措施，包括重视设计多方案选择，严格审查监督初步设计、技术设计、施工图设计、施工组织设计，深入技术领域研究节约投资的可能；从经济上采取措施，包括动态地比较造价的计划值和实际值，严格审核各项费用支出，采取对节约投资的有力奖励措施等。

技术与经济相结合是控制工程造价最有效的手段。由于工作分工与责任主体的不同，在工程建设领域，技术与经济的结合往往不能有效统一。工程技术人员以提高专业技术水平和专业工作技能为核心目标，对工程的质量和性能尤为关心，往往忽视工程造价。片面追求技术的绝对先进而脱离实际应用情况，不仅导致工程造价高昂，也是一种功能浪费。这就迫切需要以提高工程投资效益为目的，在工程建设过程中把技术与经济有机结合，通过技术比较、经济分析和效果评价，正确处理技术先进与经济合理两者之间的对立统一关系，力求在技术先进条件下的经济合理，在经济合理基础上的技术先进，把控制工程造价观念渗透到各项设计和施工技术措施之中。

工程造价的确定和控制之间，存在相互依存、相互制约的辩证关系。首先，工程造价的确定是工程造价控制的基础和载体。没有造价的确定，就没有造价的控制；没有造价的合理确定，也就没有造价的有效控制。其次，造价的控制寓于工程造价确定的全过程，造价的确定过程也就是造价的控制过程，只有通过逐项控制、层层控制才能最终合理确定造价。最后，确定造价和控制造价的最终目的是一致的。即合理使用建设资金，提高投资效益，遵循价值规律和市场运行机制，维护有关各方合理的经济利益。由此可见确定造价和控制造价是相辅相成的。

三、工程造价控制的主要内容

为了做好建设工程造价的有效控制，要把握好工程建设各阶段的工程重点，充分认识各阶段的控制重点和关键环节。工程建设各阶段工程造价关系见图 1-1。

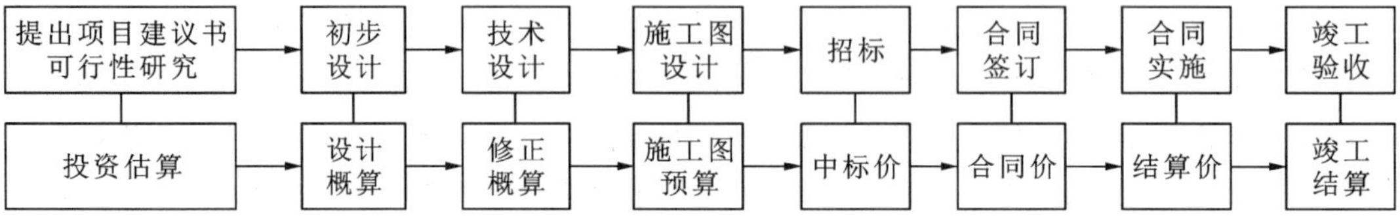

图 1-1　工程建设各阶段工程造价关系示意图

（一）项目决策阶段

根据拟建项目的功能要求和使用要求，做出项目定义，并按照项目规划的要求和内容以及项目分析和研究的不断深入，确定投资估算的总额，将投资估算的误差率控制在允许的范围之内。

投资估算对工程造价起到指导性和总体控制的作用。在投资决策过程中，特别是从工程规划阶段开始，预先对工程投资额度进行估算，有助于业主对工程建设各项技术经济方案做出正确决策，从而对今后工程造价的控制起到决定性的作用。

（二）初步设计阶段

运用设计标准与标准设计、价值工程和限额设计方法等，以可行性研究报告中被批准的投资估算为工程造价目标值，控制和修改初步设计以满足投资控制目标的要求。

设计阶段是仅次于决策阶段影响投资的关键。为了避免浪费，采取方案比选、限额设计等是控制工程造价的有力措施。强调限额设计并不意味着一味追求节约资金，而是体现了尊重科学，实事求是，保证设计科学合理，以进一步优化设计方案。

初步设计是工程设计投资控制的最关键环节，经批准的设计概算是工程造价控制的最高限额，也是控制工程造价的主要依据。

（三）施工图设计阶段

以被批准的设计概算为控制目标，应用限额设计、价值工程等方法进行施工图设计。通过对设计过程中所形成的工程造价层层限额把关，以实现工程项目设计阶段的工程造价控制目标。

（四）工程施工招标阶段

以工程设计文件（包括概算、预算）为依据，结合工程施工的具体情况，如现场条件、市场价格、业主的特殊要求等，按照招标文件的规定，编制工程量清单和最高投标限价，明确合同计价方式，初步确定工程的合同价。

业主通过施工招标这一经济手段，择优选定承包商，不仅有利于确保工程质量和缩短工期，更有利于降低工程造价，是工程造价控制的重要手段。施工招标应根据工程建设的具体情况和条件，采用合适的招标形式，编制的招标文件应符合法律法规，内容齐全，前后一致，避免出错和遗漏。评标前要明确评标原则。招标工作的最终结果，是实现工程发承包双方签订施工合同。

（五）工程施工阶段

以工程合同价等为控制依据，通过控制工程变更、风险管理等方法，按照承包人实际应予计量的工程量，并考虑物价上涨、工程变更等因素，合理确定进度款和结算款，控制工程费用的支出。

施工阶段是工程造价的执行和完成阶段。在施工中通过跟踪管理，掌握发承包双方实际履约行为的第一手资料，经过动态纠偏，及时发现和解决施工中的问题，有效地控制工程质量、进度和造价。事前控制工作重点是控制工程变更和防止发生索赔。施工过程中要搞好工程计量与结算，做好与工程造价相统一的质量、进度等各方面的事前、事中、事后控制。

（六）竣工验收阶段

全面汇总工程建设中的全部实际费用，编制竣工结算与决算报告，如实体现建设项目的工程造价，并总结经验，积累技术经济数据和资料，不断提高工程造价管理水平。

任务四　工程造价的计价依据

学习目标

熟悉工程造价计价的概念、特点、依据；了解工程造价计价的各种类型。

一、工程造价计价的概念

工程造价计价就是计算和确定建设工程项目的工程造价，简称工程计价，也称工程估价。具体指工程造价人员在项目实施的各个阶段，根据各个阶段的不同要求，遵循计价原则和程序，采用科学的计价方法，对投资项目最可能实现的合理价格做出科学的计算，从而确定投资项目的工程造价，编制工程造价的经济文件。

建设工程计价指从项目立项、评估决策起，直到竣工验收、交付使用为止，对建设项目的造价进行多次估计、预测和确定，包括估算、概算、预算、决算。

二、工程造价的计价特征

工程造价的计价特征是由工程造价的特点所决定的，了解和掌握这些特征，对工程造价的计算、确定与控制都十分重要。

（一）单件性计价特征

产品的个体差别决定了每项工程都必须单独计算造价。

（二）多次性计价特征

建设工程周期长、规模大、造价高，因此按建设程序要分阶段进行。相应地也要在不同阶段多次性计价，以保证工程造价确定与控制的科学性。多次性计价是一个逐步深化、逐步细化和逐步接近实际造价的过程。其过程如图 1-2 所示。

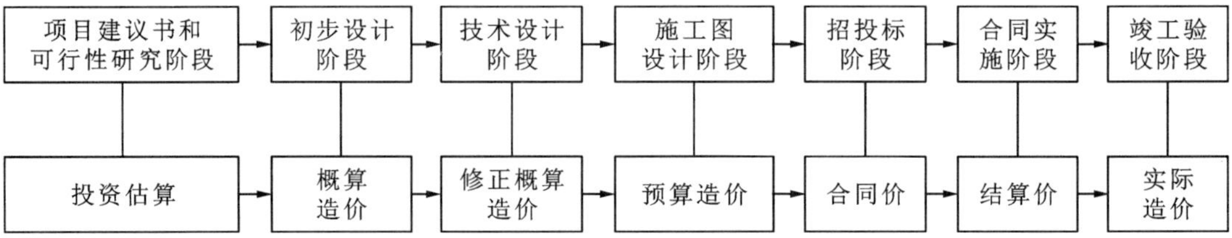

图 1-2　工程多次性计价示意图

注：连线表示对应关系，箭头表示多次计价流程及逐步深化过程。

（三）组合性特征

工程造价的计算是分部组合而成的。这一特征和建设项目的组合性有关。一个建设项目是一个工程综合体。这个综合体可以分解为许多有内在联系的独立和不能独立的工程。建设项目的这种组合性决定了计价的过程是一个逐步组合的过程。其计算过程和计算顺序是：分部分项工程单价→单位工程造价→单项工程造价→建设项目总造价，如图 1-3 所示。

（四）方法的多样性特征

多次计价有各自的计价依据，对造价的精确度要求也不相同，这就决定了计价方法有多样性特征。计算和确定概、预算造价有两种基本方法，即单价法和实物法。计算和

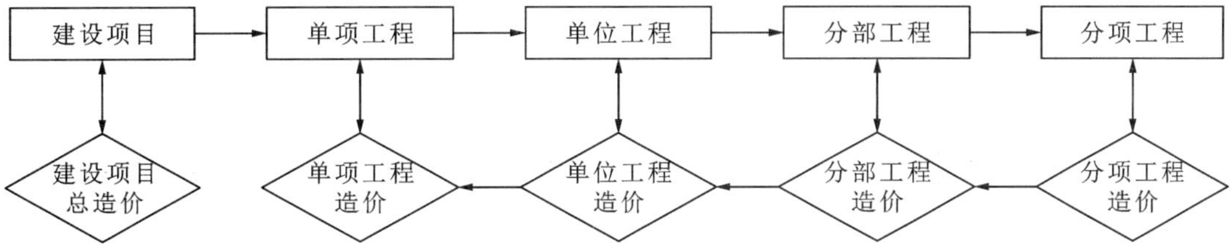

图 1-3 建设项目划分与计价组合示意图

确定投资估算的方法有设备系数法、生产能力指数估算法等。不同的方法利弊不同，适用条件也不同，所以计价时要加以选择。

（五）依据的复杂性特征

由于影响造价的因素多，故计价依据复杂，种类繁多，主要可分为以下七类。

(1) 计算设备和工程量的依据，包括项目建议书、可行性研究报告、设计文件等。

(2) 计算人工、材料、机械等实物消耗量的依据，包括投资估算指标、概算定额、预算定额等。

(3) 计算工程单价的依据，包括人工单价、材料价格、机械台班费等。

(4) 计算设备单价的依据，包括设备原价、设备运杂费、进口设备关税等。

(5) 计算相关费用的费用定额和指标。

(6) 政府规定的税、费。

(7) 物价指数和工程造价指数。

工程计价依据的复杂性使计算过程复杂，故要求计价人员熟悉各类依据，并加以正确利用。

三、工程造价的计价依据

工程计价依据是指在工程计价活动中，所要依据的与计价内容、计价方法和价格标准相关的工程计量计价标准、工程计价定额及工程造价信息等。工程计价标准和依据主要包括计价活动的相关规章规程、工程量清单计价和计量规范、工程定额和相关造价信息。

从目前我国现状来看，工程定额主要用于在项目建设前期各阶段对于建设投资的预测和估计，在工程建设交易阶段，工程定额通常只能作为建设产品价格形成的辅助依据。工程量清单计价依据主要适用于合同价格形成以及后续的合同价格管理阶段。计价活动的相关规章规程则根据其具体内容可能适用于不同阶段的计价活动。造价信息是计价活动所必需的依据。

（一）计价活动的相关规章规程

现行计价活动相关的规章规程主要包括建筑工程发包与承包计价管理办法、建设项目投资估算编审规程、建设项目设计概算编审规程、建设项目施工图预算编审规程、建设工程招标控制价编审规程、建设项目工程结算编审规程、建设项目全过程造价咨询规程、建设工程造价咨询成果文件质量标准、建设工程造价鉴定规程等。

（二）工程量清单计价和计量规范

工程量清单计价和计量规范由《建设工程工程量清单计价规范》GB 50500—2013、《房屋建筑与装饰工程工程量计算规范》GB 50854—2013、《仿古建筑工程工程量计算规范》GB 50855—2013、《通用安装工程工程量计算规范》GB 50856—2013、《市政工程工程量计算规范》GB 50857—2013、《园林绿化工程工程量计算规范》GB 50858—2013、《矿山工程工程量计算规范》GB 50859—2013、《构筑物工程工程量计算规范》GB 50860—2013、《城市轨道交通工程工程量计算规范》GB 50861—2013、《爆破工程工程量计算规范》GB 50862—2013 等组成。

（三）工程定额

工程定额主要指国家、省（自治区、直辖市）有关专业部门制定的各种定额，包括工程消耗量定额和工程计价定额等。

（四）工程造价信息

工程造价信息主要包括价格信息、工程造价指数和已完工程信息等。

四、工程造价计价的种类

工程造价在工程建设的各个不同阶段对应着不同的计价类型，主要包括建设项目投资估算、设计概算、修正设计概算、施工图预算、承包合同价、工程结算价和竣工决算价。

（一）投资估算

在编制项目建议书和可行性研究阶段，对投资需要量进行估算是不可或缺的。投资估算是指在项目建议书和可行性研究阶段，通过编制估算文件，对拟建项目所需投资预先进行测算和确定的过程。也可表示估算的建设项目的投资额，或称估算造价。就一个工程项目来说，如果项目建议书和可行性研究分不同阶段，例如分规划阶段、项目建议书阶段、可行性研究阶段、评审阶段，相应的投资估算也分为四个阶段。投资估算是决策、筹资和控制造价的主要依据。

（二）设计概算

设计概算是指在初步设计阶段，根据设计意图，通过编制工程概算文件预先测算和确定的工程造价。和投资估算造价相比较，设计概算造价的准确性有所提高，但它受估算造价的控制。概算造价的层次性十分明显，分建设项目概算总造价、各单项工程概算综合造价、各单位工程概算造价。修正设计概算是指在采用三阶段设计的技术设计阶段，根据技术设计的要求，通过编制修正概算文件预先测算和确定的工程造价。它对初步设计概算进行修正调整，比设计概算造价准确，但受设计概算造价控制。

（三）施工图预算

施工图预算是指在施工图设计阶段，以施工图纸为依据，通过编制预算文件预先测算和确定的工程造价。它比设计概算和修正设计概算更为详尽和准确。但同样要受前一阶段所确定的工程造价的控制。

（四）承包合同价

承包合同价是指在工程招投标阶段通过签订总承包合同、建筑安装工程承包合同、设备材料采购合同，以及技术和咨询服务合同确定的价格。合同价性质上属于市场价格，它是由承发包双方，即商品和劳务买卖双方根据市场行情共同议定和认可的成交价格，但它并不等同于实际工程造价。按计价方法不同，建设工程合同有许多类型。不同类型合同的合同价内涵也有所不同。按现行有关规定，三种合同价形式是：固定合同价、可调合同价和工程成本加酬金合同价。

（五）工程结算价

工程结算价是指一个单项工程、单位工程、分部工程或分项工程完工后，经建设单位及有关部门验收并办理验收手续，施工企业根据施工过程中现场实际情况记录、设计变更通知书、现场工程更改签证、预算定额、材料预算价格和各项费用标准等资料，在工程结算时按合同调价范围和调价方法，对实际发生的工程量增减、设备和材料价差等进行调整后计算和确定的价格。结算价是该结算工程的实际价格。结算一般有定期结算、阶段结算和竣工结算等方式。工程结算是结算工程价款、确定工程收入、考核工程成本、进行计划统计和经济核算及竣工结算等的依据。其中竣工结算是反映工程完工造价的经济文件。通过建设银行向建设单位办理完工程结算，标志着建设单位与施工单位所承担的合同义务和经济责任的结束。

（六）竣工决算价

竣工决算价是指竣工决算阶段，在竣工验收后，由建设单位编制的反映建设项目从筹建到建成投产（或使用）全过程发生的全部实际成本的技术经济文件，是最终确定的实际工程造价，是建设投资管理的重要环节，是工程竣工验收、交付使用的重要依据，也是进行建设项目财务总结和银行对其实行监督的必要手段。竣工决算的内容由文字说明和决算报表两部分组成。

从投资估算、设计概算造价、修正设计概算造价、施工图预算造价到工程招标承包合同价，再到各项工程的结算价和最后工程竣工结算价基础上编制的竣工决算，整个计价过程是一个由粗到细、由浅入深，最后确定工程实际造价的过程。整个计价过程中，各个环节之间相互衔接，前者制约后者，后者补充前者。

任务五 我国工程造价职业资格制度

学习目标

了解造价工程师的概念，特别是二级造价工程师的报考条件、执业具体工作。

2018 年，根据《国家职业资格目录》，为统一和规范造价工程师职业资格设置和管理，提高工程造价专业人员素质，提升建设工程造价管理水平，住房和城乡建设部、交通运输部、水利部、人力资源和社会保障部发布《造价工程师职业资格制度规定》《造价工程师职业资格考试实施办法》（建人〔2018〕67 号）。

一、造价工程师的概念

造价工程师，是指通过职业资格考试取得中华人民共和国造价工程师职业资格证书，并经注册后从事建设工程造价工作的专业技术人员。国家设置造价工程师准入类职业资格，纳入国家职业资格目录。

工程造价咨询企业应配备造价工程师；工程建设活动中有关工程造价管理岗位造价工程师分为一级造价工程师和二级造价工程师。一级造价工程师英文译为 Class1 Cost Engineer，二级造价工程师英文译为 Class2 Cost Engineer。

二、造价工程师的报考条件

凡遵守中华人民共和国宪法、法律、法规，具有良好的业务素质和道德品行，具备下列条件之一者，可以申请参加一级造价工程师职业资格考试：

（一）具有工程造价专业大学专科（或高等职业教育）学历，从事工程造价业务工作满 5 年；

具有土木建筑、水利、装备制造、交通运输、电子信息、财经商贸大类大学专科（或高等职业教育）学历，从事工程造价业务工作满 6 年。

（二）具有通过工程教育专业评估（认证）的工程管理、工程造价专业大学本科学历或学位，从事工程造价业务工作满 4 年；

具有工学、管理学、经济学门类大学本科学历或学位，从事工程造价业务工作满 5 年。

（三）具有工学、管理学、经济学门类硕士学位或者第二学士学位，从事工程造价业务工作满 3 年。

（四）具有工学、管理学、经济学门类博士学位，从事工程造价业务工作满 1 年。

（五）具有其他专业相应学历或者学位的人员，从事工程造价业务工作年限相应增加 1 年。

凡遵守中华人民共和国宪法、法律、法规，具有良好的业务素质和道德品行，具备下列条件之一者，可以申请参加二级造价工程师职业资格考试：

（一）具有工程造价专业大学专科（或高等职业教育）学历，从事工程造价业务工作满 2 年；

具有土木建筑、水利、装备制造、交通运输、电子信息、财经商贸大类大学专科（或高等职业教育）学历，从事工程造价业务工作满 3 年。

（二）具有工程管理、工程造价专业大学本科及以上学历或学位，从事工程造价业务工作满 1 年；

具有工学、管理学、经济学门类大学本科及以上学历或学位，从事工程造价业务工作满 2 年。

（三）具有其他专业相应学历或学位的人员，从事工程造价业务工作年限相应增加 1 年。

三、造价工程师考试科目

一级造价工程师职业资格考试有《建设工程造价管理》《建设工程计价》《建设工程技术与计量》《建设工程造价案例分析》4 个科目。其中，《建设工程造价管理》和《建设工程计价》为基础科目，《建设工程技术与计量》和《建设工程造价案例分析》为专业科目。

二级造价工程师职业资格考试有《建设工程造价管理基础知识》《建设工程计量与计价实务》2 个科目。其中，《建设工程造价管理基础知识》为基础科目，《建设工程计量与计价实务》为专业科目。

造价工程师职业资格考试专业科目分为土木建筑工程、交通运输工程、水利工程和安装工程 4 个专业类别，考生在报名时可根据实际工作需要选择其一。

四、造价工程师的执业

造价工程师在工作中，必须遵纪守法，恪守职业道德和从业规范，诚信执业，主动接受有关主管部门的监督检查，加强行业自律。

造价工程师不得同时受聘于两个或两个以上单位执业，不得允许他人以本人名义执业，严禁租借“证书”。出租出借注册证书的，依据相关法律法规进行处罚；构成犯罪的，依法追究刑事责任。

一级造价工程师的执业范围包括建设项目全过程的工程造价管理与咨询等，具体工作内容如下：

（一）项目建议书、可行性研究投资估算与审核，项目评价造价分析；

（二）建设工程设计概算、施工预算编制和审核；

（三）建设工程招标投标文件工程量和造价的编制与审核；

（四）建设工程合同价款、结算价款、竣工决算价款的编制与管理；

（五）建设工程审计、仲裁、诉讼、保险中的造价鉴定，工程造价纠纷调解；

（六）建设工程计价依据、造价指标的编制与管理；

（七）与工程造价管理有关的其他事项。

二级造价工程师主要协助一级造价工程师开展相关工作，可独立开展以下具体工作：

（一）建设工程工料分析、计划、组织与成本管理，施工图预算、设计概算编制；

（二）建设工程量清单、最高投标限价、投标报价编制；

（三）建设工程合同价款、结算价款和竣工决算价款的编制。

造价工程师应在本人工程造价咨询成果文件上签章，并承担相应责任。工程造价咨询成果文件应由一级造价工程师审核并加盖执业印章。

对出具虚假工程造价咨询成果文件或者有重大工作过失的造价工程师，不再予以注册，造成损失的依法追究其责任。

取得造价工程师注册证书的人员，应当按照国家专业技术人员继续教育的有关规定接受继续教育，更新专业知识，提高业务水平。

专业技术人员取得一级造价工程师、二级造价工程师职业资格，可认定其具备工程师、助理工程师职称，并可作为申报高一级职称的条件。

项目小结

本项目对工程造价、工程造价管理、工程造价职业资格做了较详细的阐述，包括工程造价的含义、工程造价的特点和作用；工程造价管理的概念、工程全面造价管理；工程造价控制的含义、有效控制工程造价的原则、主要内容；我国造价执业资格制度等。

本项目的学习目标是了解工程造价的特点、工程造价的作用、工程造价管理的概念、工程控制的含义、造价工程师的概念；掌握工程造价的两种含义，掌握建设工程全面造价管理内容；掌握有效控制工程造价的方法，体会工程造价控制的重点：以设计阶段为重点的建设全过程造价控制、工程造价主动控制、技术与经济相结合是控制工程造价最有效的手段。掌握工程建设各阶段的造价对应关系、工程造价控制的主要内容；掌握二级造价工程师的报考条件、执业具体工作。

本项目旨在鼓励学生能通过多种途径学习，主动掌握工程造价的基本概念，做好未来造价工程师职业生涯发展规划。

思考与习题

1. 简述工程造价的两种含义。
2. 简述建设工程全面造价管理内容。
3. 简述有效控制工程造价的方法。
4. 简述工程造价控制的重点。
5. 简述工程建设各阶段的造价对应关系。
6. 简述工程造价控制的主要内容。
7. 二级造价工程师的报考条件是什么？
8. 简述二级造价工程师执业具体工作。

项目二

工程造价的构成

学习目标

掌握建设项目总投资的构成及工程造价的构成，理解建设安装工程费的两种划分形式及其关系，掌握设备及工器具购置费的构成及计算、工程建设其他费用构成、预备费及建设期利息等内容。

任务一　建设项目总投资构成和工程造价的构成

学习目标

掌握我国建设项目总投资的含义及其构成，区分易混淆的概念。

一、我国建设项目总投资的含义

建设项目总投资是指为完成工程项目建设并达到使用要求或生产条件，在建设期内预计或实际投入的全部费用总和。生产性建设项目总投资包括工程造价（或固定资产投资）和流动资金（或流动资产投资）。非生产性建设项目总投资一般仅指工程造价。

二、建设项目总投资的构成

建设项目总投资的构成如图 2-1 所示。

- 建设项目总投资
  - 固定资产投资——工程造价
    - 建设投资
      - 工程费用
        - 建筑安装工程费
        - 设备及工器具购置费
      - 工程建设其他费用
        - 建设用地费
        - 与项目建设有关的其他费用
        - 与未来生产经营有关的其他费用
      - 预备费
        - 基本预备费
        - 价差预备费
    - 建设期利息
  - 流动资产投资——流动资金

图 2-1 建设项目总投资的构成

工程造价（固定资产投资）包括建设投资和建设期利息。

建设投资是工程造价的主要构成部分，是为完成工程项目建设，在建设期内投入且形成现金流出的全部费用。建设投资包括工程费用、工程建设其他费用和预备费三部分。工程费用是指建设期内直接用于工程建造、设备购置及其安装的建设投资，可以分为建筑工程费、安装工程费和设备及工器具购置费；其中建筑工程费和安装工程费有时又统称为建筑安装工程费。工程建设其他费用是指建设期发生的与土地使用权取得、整个工程项目建设以及未来生产经营有关的构成建设投资，但不包括在工程费用中的费用。预备费是在建设期内因各种不可预见因素的变化而预留的可能增加的费用，包括基本预备费和价差预备费。

流动资金指为进行正常生产运营，用于购买原材料、燃料，支付工资及其他经营费用等所需的周转资金。

在可行性研究阶段可根据需要计为全部流动资金，在初步设计及以后阶段可根据需要计为铺底流动资金。铺底流动资金是指生产经营性建设项目为保证投产后正常的生产营运所需，在项目资本金中筹措的自有流动资金。

例 2-1

某建设项目建筑工程费 3000 万元，安装工程费 700 万元，设备购置费 1100 万元，工程建设其他费用 450 万元，预备费 180 万元，建设期贷款利息 120 万元，流动资金 500 万元，则该项目的工程造价、建设项目总投资分别是多少？

解析

根据我国建设项目的投资及工程造价的构成可知，工程造价＝建筑安装工程费＋设备及工器具购置费＋工程建设其他费用＋预备费＋建设期贷款利息＝（3000＋700＋1100＋450＋180＋120）万元＝5550 万元；建设项目总投资＝工程造价＋流动资金＝（5550＋500）万元＝6050 万元。

任务二　建筑安装工程费

学习目标

分清和理解工程造价构成的两种划分方式，掌握按费用构成要素划分和按造价形成划分这两种划分方式之间的关系。

为了加强工程建设的管理，有利于合理确定工程造价，提高基本建设投资效益，国家统一了建筑、安装工程费用项目组成的口径。这一做法，使工程建设各方在编制工程概预算、工程结算、工程招投标、计划统计、工程成本核算等方面的工作有了统一的标准。

按照住房和城乡建设部、财政部《关于印发〈建筑安装工程费用项目组成〉的通知》（建标〔2013〕44号）规定，建筑安装工程费的项目组成有两种划分方式。

一、按费用构成要素划分

建筑安装工程费的项目组成（按费用构成要素划分）如图2-2所示。

建筑安装工程费按费用构成要素划分，由人工费、材料（包含工程设备，下同）费、施工机具使用费、企业管理费、利润、规费和增值税组成。其中人工费、材料费、施工机具使用费、企业管理费和利润包含在分部分项工程费、措施项目费、其他项目费中。

（一）人工费

人工费是指支付给直接从事建筑安装工程施工作业的生产工人的各项费用。内容包括：

1. 计时工资或计件工资

计时工资或计件工资是指按计时工资标准和工作时间或对已做工作按计件单价支付给个人的劳动报酬。

2. 奖金

奖金是指对超额劳动和增收节支支付给个人的劳动报酬。如节约奖、劳动竞赛奖等。

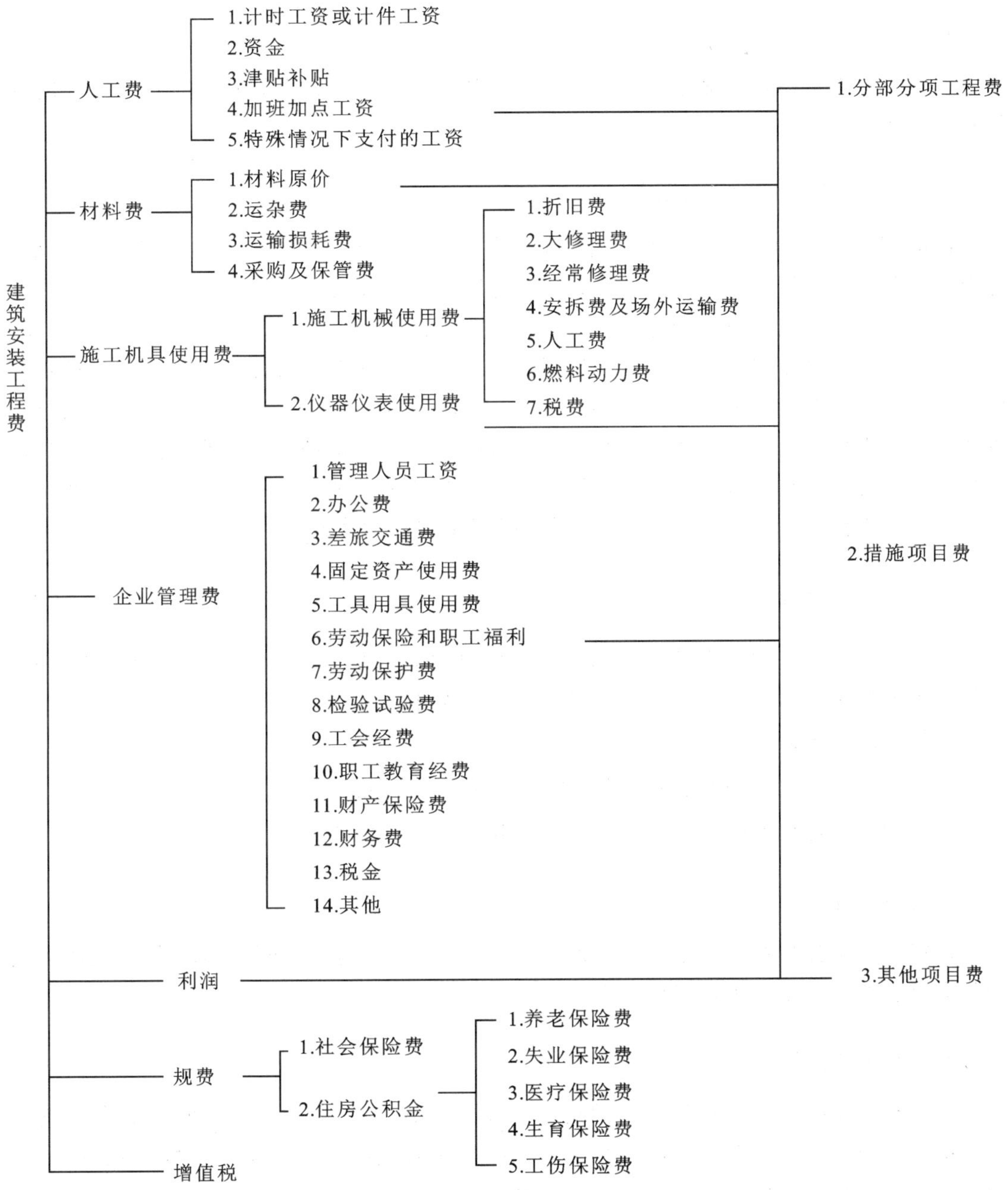

图 2-2 建筑安装工程费的项目组成（按费用构成要素划分）

3. 津贴补贴

津贴补贴是指为了补偿职工特殊或额外的劳动消耗和因其他特殊原因支付给个人的津贴，以及为了保证职工工资水平不受物价影响支付给个人的物价补贴。如流动施工津贴、特殊地区施工津贴、高温（寒）作业临时津贴、高空津贴等。

4. 加班加点工资

加班加点工资是指按规定支付的在法定节假日工作的加班工资和在法定日工作时间外延时工作的加点工资。

5. 特殊情况下支付的工资

特殊情况下支付的工资是指根据国家法律、法规和政策规定，因病、工伤、产假、计划生育假、婚丧假、事假、探亲假、定期休假、停工学习、执行国家或社会义务等原因按计时工资标准或计时工资标准的一定比例支付的工资。

为了完善建设工程人工单价市场形成机制，住房和城乡建设部发布了《住房城乡建设部关于加强和改善工程造价监管的意见》（建标〔2017〕209 号），文件中提出改革计价依据中人工单价的计算方法，使其更加贴近市场，满足市场实际需要。扩大人工单价计算口径，将单价构成调整为工资、津贴、职工福利费、劳动保护费、社会保险费、住房公积金、工会经费、职工教育经费以及特殊情况下工资性费用。

（二）材料费

材料费是指施工过程中耗费的原材料、辅助材料、构配件、零件、半成品或成品、工程设备的费用，以及周转材料等的摊销、租赁费用。

材料费的基本计算公式为：

$$材料费=\sum(材料消耗量\times 材料单价) \tag{2-1}$$

当采用一般计税方法时，材料单价需扣除增值税进项税额。

1. 材料消耗量

材料消耗量是指在正常施工生产条件下，完成规定计量单位的建筑安装产品所消耗的各类材料的净用量和不可避免的损耗量。

2. 材料单价

材料单价是指建筑材料从其来源地运到施工工地仓库直至出库形成的综合平均单价。由材料原价、运杂费、运输损耗费、采购及保管费组成。当采用一般计税方法时，材料单价中的材料原价、运杂费等均应扣除增值税进项税额。

（1）材料原价：材料的出厂价格或商家供应价格。

（2）运杂费：材料自来源地运至工地或指定堆放地点所发生的包装、捆扎、运输、装卸等费用。

（3）运输损耗费：材料在运输装卸过程中不可避免的损耗。

（4）采购及保管费：组织采购和保管材料的过程中所需要的各项费用。

3. 工程设备

工程设备是指构成或计划构成永久工程一部分的机电设备、金属结构设备、仪器装置及其他类似的设备和装置。

（三）施工机具使用费

施工机具使用费是指施工作业所发生的施工机械、仪器仪表使用费或其租赁费。

当采用一般计税方法时，施工机械台班单价和仪器仪表台班单价中的相关子项均需扣除增值税进项税额。

1. 施工机械使用费

施工机械使用费以施工机械台班耗用量乘以施工机械台班单价表示。施工机械台班单价通常由折旧费、检修费、维护费、安拆费及场外运输费、人工费、燃料动力费和其他费用组成。

2. 仪器仪表使用费

仪器仪表使用费以施工仪器仪表耗用量乘以施工仪器仪表台班单价表示。施工仪器仪表台班单价由四项费用组成，包括折旧费、维护费、校验费、动力费等。施工仪器仪表台班单价中的费用组成不包括检测软件的相关费用。

（四）企业管理费

企业管理费是指建筑安装企业组织施工生产和经营管理所需的费用。内容包括：

1. 管理人员工资

管理人员工资是指按规定支付给管理人员的计时工资、奖金、津贴补贴、加班加点工资及特殊情况下支付的工资等。

2. 办公费

办公费是指企业管理办公用的文具、纸张、账表、印刷、邮电、书报、办公软件、现场监控、会议、水电、烧水和集体取暖降温（包括现场临时宿舍取暖降温）等费用。当采用一般计税方法时，办公费中增值税进项税额的扣除原则如下：以购进货物适用的相应税率扣减，其中购进自来水、暖气、冷气、图书、报纸、杂志等适用的税率为9%，接受邮政和基础电信服务等适用的税率为9%，接受增值电信服务等适用的税率为6%，其他税率一般为13%。

3. 差旅交通费

差旅交通费是指职工因公出差、调动工作的差旅费、住勤补助费，市内交通费和误餐补助费，职工探亲路费，劳动力招募费，职工退休、退职一次性路费，工伤人员就医路费，工地转移费以及管理部门使用的交通工具的油料、燃料等费用。

4. 固定资产使用费

固定资产使用费是指管理和试验部门及附属生产单位使用的属于固定资产的房屋、设备、仪器等的折旧、大修、维修或租赁费。当采用一般计税方法时，固定资产使用费中增值税进项税额的扣除原则如下：购入的不动产适用的税率为 9%，购入的其他固定资产适用的税率为 13%。设备、仪器的折旧、大修、维修或租赁费以购进货物、接受修理修配劳务或租赁有形动产服务适用的税率均为 13%。

5. 工具用具使用费

工具用具使用费是指企业施工生产和管理使用的不属于固定资产的工具、器具、家具、交通工具和检验、试验、测绘、消防用具等的购置、维修和摊销费。当采用一般计税方法时，工具用具使用费中增值税进项税额的扣除原则如下：以购进货物或接受修理修配劳务适用的税率均为 13%。

6. 劳动保险和职工福利费

劳动保险和职工福利费是指由企业支付的职工退职金、按规定支付给离休干部的经费、集体福利费、夏季防暑降温费、冬季取暖补贴、上下班交通补贴等。

7. 劳动保护费

劳动保护费是指企业按规定发放的劳动保护用品的支出。如工作服、手套、防暑降温饮料的购置费以及在有碍身体健康的环境中施工的保健费用等。

8. 检验试验费

检验试验费是指施工企业按照有关标准规定，对建筑以及材料、构件和建筑安装物进行一般鉴定、检查所发生的费用，包括自设试验室进行试验所耗用的材料等费用。不包括新结构、新材料的试验费，对构件做破坏性试验及其他特殊要求检验试验的费用和建设单位委托检测机构进行检测的费用，对此类检测发生的费用，由建设单位在工程建设其他费用中列支。但对施工企业提供的具有合格证明的材料进行检测不合格的，该检测费用由施工企业支付。当采用一般计税方法时，检验试验费中增值税进项税额以现代服务业适用的税率 6%扣减。

9. 工会经费

工会经费是指企业按《中华人民共和国工会法》规定的全部职工工资总额比例计提的工会经费。

10. 职工教育经费

职工教育经费是指按职工工资总额的规定比例计提，企业为职工进行专业技术和职业技能培训，专业技术人员继续教育、职工职业技能鉴定、职业资格认定以及根据需要对职工进行各类文化教育所发生的费用。

11. 财产保险费

财产保险费是指施工管理用财产、车辆等的保险费用。

12. 财务费

财务费是指企业为施工生产筹集资金或提供预付款担保、履约担保、职工工资支付担保等所发生的各种费用。

13. 税金

税金是指企业按规定缴纳的房产税、非生产性车船使用税、土地使用税、印花税、城市维护建设税、教育费附加、地方教育附加等各项税费。

根据关于印发《增值税会计处理规定》的通知（财会〔2016〕22号），城市维护建设税、教育费附加、地方教育附加等均作为“税金及附加”，在管理费中核算。

14. 其他

其他包括技术转让费、技术开发费、投标费、业务招待费、绿化费、广告费、公证费、法律顾问费、审计费、咨询费、保险费等。

（五）利润

利润是指施工单位从事建筑安装工程施工所获得的盈利。

（六）规费

规费是指按国家法律、法规规定，由省级政府和省级有关权力部门规定施工单位必须缴纳，应计入建筑安装工程造价的费用，包括：

1. 社会保险费

（1）养老保险费：企业按照规定标准为职工缴纳的基本养老保险费。

（2）失业保险费：企业按照规定标准为职工缴纳的失业保险费。

（3）医疗保险费：企业按照规定标准为职工缴纳的基本医疗保险费。

（4）生育保险费：企业按照规定标准为职工缴纳的生育保险费。

（5）工伤保险费：企业按照规定标准为职工缴纳的工伤保险费。

2. 住房公积金

住房公积金是指企业按规定标准为职工缴纳的住房公积金。

其他应列而未列入的规费，按实际发生计取。

根据财政部、国家发展和改革委员会、环境保护部、国家海洋局《关于停征排污费等行政事业性收费有关事项的通知》，原列入规费的工程排污费已经于 2018 年 1 月停止征收。

（七）增值税

建筑安装工程费用中的增值税是指按照国家税法规定的应计入建筑安装工程造价内的增值税额，按税前造价乘以增值税适用税率确定。

二、按造价形成划分

建筑安装工程费按造价形成划分，由分部分项工程费、措施项目费、其他项目费、规费、增值税组成。分部分项工程费、措施项目费、其他项目费包含人工费、材料费、施工机具使用费、企业管理费和利润。建筑安装工程费的项目组成（按造价形成划分）如图 2-3 所示。

（一）分部分项工程费

分部分项工程费是指各专业工程的分部分项工程应予列支的各项费用。

1. 专业工程

专业工程是指按现行国家计量规范划分的房屋建筑与装饰工程、仿古建筑工程、通用安装工程、市政工程、园林绿化工程、矿山工程、构筑物工程、城市轨道交通工程、爆破工程等各类工程。

2. 分部分项工程

分部分项工程指按现行国家计量规范对各专业工程划分的项目。如建筑智能系统设备安装工程、综合布线系统工程、通信系统安装工程、计算机网络系统设备安装工程等。

各类专业工程的分部分项工程划分见现行国家或行业计量规范。

（二）措施项目费

措施项目费是指为完成建设工程施工，发生于该工程施工前和施工过程中的技术、生活、安全、环境保护等方面的费用。内容包括：

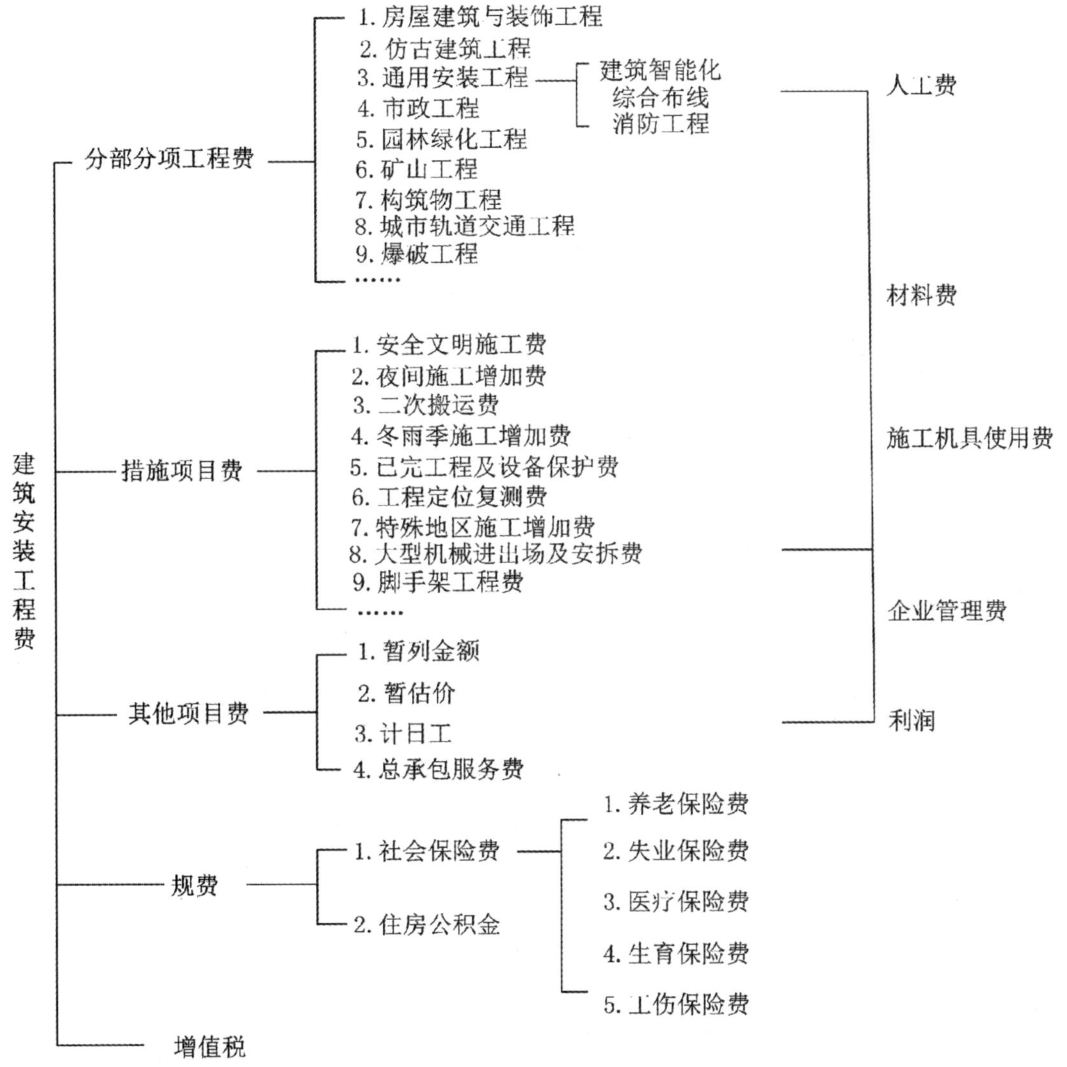

图 2-3　建筑安装工程费用项目组成（按造价形成划分）

1. 安全文明施工费

安全文明施工费是指在工程项目施工期间，施工单位为保证安全施工、文明施工和保护现场内外环境等发生的措施项目费用。

(1) 环境保护费：施工现场为达到环保部门要求所需要的各项费用。

(2) 文明施工费：施工现场文明施工所需要的各项费用。

(3) 安全施工费：施工现场安全施工所需要的各项费用。

(4) 临时设施费：施工企业为进行建设工程施工所必须搭设的生活和生产用的临时建筑物、构筑物和其他临时设施费用。包括临时设施的搭设、维修、拆除、清理费或摊销费等。

2. 夜间施工增加费

夜间施工增加费是指因夜间施工所发生的夜班补助费、夜间施工降效、夜间施工照明设备摊销及照明用电等费用。

3. 二次搬运费

二次搬运费是指因施工场地条件限制而发生的材料、构配件、半成品等一次运输不能到达堆放地点，必须进行二次或多次搬运所发生的费用。

4. 冬雨季施工增加费

冬雨季施工增加费是指在冬季或雨季施工需增加的临时设施、防滑、排除雨雪，人工及施工机械效率降低等费用。

5. 已完工程及设备保护费

已完工程及设备保护费是指竣工验收前，对已完工程及设备采取的必要保护措施所发生的费用。

6. 工程定位复测费

工程定位复测费是指工程施工过程中进行全部施工测量放线和复测工作的费用。

7. 特殊地区施工增加费

特殊地区施工增加费是指工程在沙漠或其边缘地区、高海拔、高寒、原始森林等特殊地区施工增加的费用。

8. 大型机械进出场及安拆费

大型机械进出场及安拆费是指机械整体或分体自停放场地运至施工现场或由一个施工地点运至另一个施工地点，所发生的机械进出场运输及转移费用，以及机械在施工现场进行安装、拆卸所需的人工费、材料费、机械费、试运转费和安装所需的辅助设施的费用。

9. 脚手架工程费

脚手架工程费是指施工需要的各种脚手架搭、拆、运输费用以及脚手架购置费的摊销（或租赁）费用。

除上述按整体单位或单项工程项目考虑需要支出的措施项目费用外，还有各专业工程施工作业所需支出的措施项目费用，如设备安装所需要的脚手架、构件或设备安装所需的操作平台搭设等措施项目费用。

措施项目及其包含的内容详见各类专业工程的现行国家或行业计量规范。

（三）其他项目费

1. 暂列金额

暂列金额是指建设单位在工程量清单中暂定并包括在工程合同价款中的一笔款项。用于施工合同签订时尚未确定或者不可预见的所需材料、工程设备、服务的采购，施工中可能发生的工程变更、合同约定调整因素出现时的工程价款调整以及发生的索赔、现场签证确认等的费用。

2. 暂估价

暂估价是指招标人在工程量清单中提供的用于支付必然发生但暂时不能确定价格的材料、工程设备的单价以及专业工程的金额。

3. 计日工

计日工是指在施工过程中，施工企业完成建设单位提出的施工图纸以外的零星项目或工作所需的费用。

4. 总承包服务费

总承包服务费是指总承包人为配合、协调建设单位进行的专业工程发包，对建设单位自行采购的材料、工程设备等进行保管以及施工现场管理、竣工资料汇总整理等服务所需的费用。

任务三　设备及工器具购置费

学习目标

掌握设备原价的计算方法，区分国产标准设备原价、非标准设备原价和进口设备原价构成的不同，并会计算。

设备及工器具费由设备购置费和工器具、生产家具购置费组成。它是固定资产投资中的组成部分。在生产性工程建设中，设备及工器具费用占工程造价比重的增大，意味着生产技术的进步和资本有机构成的提高。

一、设备购置费

设备购置费是指购置或自制的达到固定资产标准的设备所需的费用。由设备原价和设备运杂费构成。

$$设备购置费=设备原价+设备运杂费 \tag{2-2}$$

式（2-2）中，设备原价指国内采购设备的出厂（场）价格，或国外采购设备的抵岸价格；设备运杂费指除设备原价之外的关于设备采购、运输、途中包装及仓库保管等方面支出费用的总和。

（一）国产设备原价的构成及计算

国产设备原价一般指的是设备制造厂的工厂交货价（出厂价）。它一般根据生产厂或供应商的询价、报价、合同价确定，或采用一定的方法计算确定。国产设备原价分为国产标准设备原价和国产非标准设备原价。

1. 国产标准设备原价

国产标准设备是指按照标准图纸和技术要求，由我国设备生产厂批量生产的，符合国家质量检测标准的设备。国产标准设备原价有两种，即带有备件的原价和不带有备件的原价。在计算时，一般采用带有备件的原价。国产标准设备一般有完善的设备交易市场，因此可通过查询相关交易市场价格或向设备生产厂家询价得到国产标准设备原价。

2. 国产非标准设备原价

国产非标准设备是指国家尚无定型标准，各设备生产厂不可能在工艺过程中采用批量生产，只能按订货要求并根据具体的设计图纸制造的设备。非标准设备由于单件生产、无定型标准，所以无法获取市场交易价格，只能按其成本构成或相关技术参数估算其价格。非标准设备原价有多种不同的计算方法，如成本计算估价法、系列设备插入估价法、分部组合估价法、定额估价法等。但无论采用哪种方法都应该使非标准设备计价接近实际出厂价，并且计算方法要简便。成本计算估价法是一种比较常用的估算非标准设备原价的方法。按成本计算估价法，非标准设备的原价由以下各项组成：

（1）材料费。其计算公式如下：

$$材料费=材料净重(吨)\times(1+加工损耗系数)\times每吨材料综合价 \tag{2-3}$$

（2）加工费。包括生产工人工资和工资附加费、燃料动力费、设备折旧费、车间经费等。其计算公式如下：

$$加工费=设备总重量(吨)\times设备每吨加工费 \tag{2-4}$$

（3）辅助材料费（简称辅材费）。包括焊条、焊丝、氧气、氩气、氮气、油漆、电石等费用。其计算公式如下：

$$辅助材料费=设备总重量\times 辅助材料费指标 \quad (2\text{-}5)$$

(4) 专用工具费。按 (1) ~ (3) 项之和乘以一定百分比计算。

(5) 废品损失费。按 (1) ~ (4) 项之和乘以一定百分比计算。

(6) 外购配套件费。按设备设计图纸所列的外购配套件的名称、型号、规格、数量、重量，根据相应的价格加运杂费计算。

(7) 包装费。按以上 (1) ~ (6) 项之和乘以一定百分比计算。

(8) 利润。可按 (1) ~ (5) 项加第 (7) 项之和乘以一定利润率计算。

(9) 非标准设备设计费。按国家规定的设计费收费标准计算。

(10) 增值税。计算公式为：

$$增值税=当期销项税额-进项税额 \quad (2\text{-}6)$$

$$当期销项税额=不含税销售额\times 适用增值税税率 \quad (2\text{-}7)$$

不含税销售额为 (1) ~ (9) 项之和。

综上所述，单台非标准设备原价可用下面的公式表达：

$$\begin{aligned}单台非标准设备原价=&\{[(材料费+加工费+辅助材料费)\times(1+专用工具费费率)\times\\&(1+废品损失费费率)+外购配套件费]\times(1+包装费费率)-\\&外购配套件费\}\times(1+利润率)+外购配套件费+非标准设备\\&设计费+增值税\end{aligned} \quad (2\text{-}8)$$

例 2-2

某单位采购一台国产非标准设备，制造商生产该台设备所用材料费为 20 万元，加工费为 2 万元，辅助材料费为 5000 元。专用工具费费率为 1.5%，废品损失费费率为 10%，外购配套件费为 5 万元，包装费费率为 1%，利润率为 8%，增值税税率为 13%，非标准设备设计费为 3 万元，求该国产非标准设备的原价。

解析

利用 Excel 表格完成练习（假设所有价格为除税价格），如表 2-1 所示。

表 2-1 例 2-2 计算过程

序号	费用项目	计算公式	金额或费率	计算数值/万元
1	材料费	材料净重×（1+加工损耗系数）×每吨材料综合价	20	20.000
2	加工费	设备总重量（吨）×设备每吨加工费	2	2.000
3	辅助材料费	设备总重量×辅助材料费指标	0.5	0.500
4	专用工具费	（1 项+2 项+3 项）×专用工具费费率	1.50%	0.338
5	废品损失费	（1 项+2 项+3 项+4 项）×废品损失费费率	10%	2.284

续表

序号	费用项目	计算公式	金额或费率	计算数值/万元
6	外购配套件费		5	5.000
7	包装费	（1项+2项+3项+4项+5项+6项）×包装费费率	1%	0.301
8	利润	（1项+2项+3项+4项+5项+7项）×利润率	8%	2.034
9	增值税	当期销售税额=（1项+2项+3项+4项+5项+6项+7项+8项）×适用增值税税率	13%	4.219
10	非标准设备设计费	按国家规定的设计费收费标准计算	3	3.000
11	国产非标准设备原价	1项+2项+3项+4项+5项+6项+7项+8项+9项+10项		39.676

（二）进口设备原价的构成及计算

进口设备的原价是指进口设备的抵岸价，即设备抵达买方边境、港口或车站，缴纳完各种手续费、税费后形成的价格。抵岸价通常是由进口设备到岸价（CIF）和进口从属费构成。进口设备的到岸价，即抵达买方边境港口或边境车站的价格。在国际贸易中，交易双方所使用的交货类别不同，则交易价格的构成内容也有所差异。进口从属费包括银行财务费、外贸手续费、进口关税、消费税、进口环节增值税等，进口车辆还需缴纳车辆购置税。

1. 进口设备的常用国际贸易术语

在国际贸易中，较为广泛使用的交易价格术语有 FOB、CFR 和 CIF。根据《2010年国际贸易术语解释通则》（INCOTERMS 2010）的规定：

（1）FOB（Free on Board），船上交货，意为装运港船上交货，亦称为离岸价格。

“船上交货”是指卖方以在指定装运港将货物装上买方指定的船舶或通过取得已交付至船上货物的方式交货。货物灭失或损坏的风险在货物交到船上时转移，同时买方承担自那时起的一切费用。该术语仅用于海运或内河水运。

（2）CFR（Cost and Freight），成本加运费，或称为运费在内价。

“成本加运费”是指卖方在船上交货或以取得已经这样交付的货物方式交货。货物灭失或损坏的风险在货物交到船上时转移。卖方必须签订合同，并支付必要的成本和运费，将货物运至指定的目的港。该术语仅用于海运或内河水运。

(3) CIF (Cost Insurance and Freight)，成本、保险费加运费，习惯称为到岸价格，是实际工程中采用较多的价格类型。

“成本、保险费加运费”是指卖方在船上交货或以取得已经这样交付的货物方式交货。货物灭失或损坏的风险在货物交到船上时转移。卖方必须签订合同，并支付必要的成本和运费，以将货物运至指定的目的港。该术语仅用于海运或内河水运。

2. 进口设备到岸价的构成及计算

进口设备到岸价的计算公式如下：

进口设备到岸价(CIF) = 离岸价(FOB) + 国际运费 + 运输保险费

= 运费在内价(CFR) + 运输保险费 (2-9)

(1) 货价。一般指装运港船上交货价 (FOB)。设备货价分为原币货价和人民币货价，原币货价一律折算为美元表示，人民币货价按原币货价乘以外汇市场美元兑换人民币汇率中间价确定。进口设备货价按有关生产厂商询价、报价、订货合同价计算。

(2) 国际运费。即从装运港 (站) 到达我国目的港 (站) 的运费。我国进口设备大部分采用海洋运输，小部分采用铁路运输，个别采用航空运输。进口设备国际运费计算公式为：

国际运费(海、陆、空) = 原币货价(FOB) × 运费率 (2-10)

或 国际运费(海、陆、空) = 运量 × 单位运价 (2-11)

其中，运费率或单位运价参照有关部门或进出口公司的规定执行。

(3) 运输保险费。对外贸易货物运输保险是由保险人 (保险公司) 与被保险人 (出口人或进口人) 订立保险契约，在被保险人交付议定的保险费后，保险人根据保险契约的规定对货物在运输过程中发生的承保责任范围内的损失给予经济上的补偿。这是一种财产保险。计算公式为：

运输保险费 = (原币货价(FOB) + 国际运费) × 保险费费率 /(1 − 保险费费率) (2-12)

其中，保险费费率按保险公司规定的进口货物保险费费率计算。

3. 进口从属费的构成及计算

进口从属费的计算公式如下：

进口从属费 = 银行财务费 + 外贸手续费 + 关税 + 消费税

+ 进口环节增值税 + 车辆购置税 (2-13)

(1) 银行财务费。一般是指在国际贸易结算中，中国银行为进出口商提供金融结算服务所收取的费用，可按下式简化计算：

银行财务费 = 离岸价格(FOB) × 人民币外汇汇率 × 银行财务费费率 (2-14)

(2) 外贸手续费。指按规定的外贸手续费费率计取的费用，外贸手续费费率一般取 1.5%。计算公式为：

外贸手续费 = 到岸价格(CIF) × 人民币外汇汇率 × 外贸手续费费率 (2-15)

(3) 关税。由海关对进出国境或关境的货物和物品征收的一种税。计算公式为：

$$关税＝到岸价格(CIF)\times 人民币外汇汇率\times 进口关税税率 \quad (2\text{-}16)$$

其中，到岸价格（CIF）作为关税的计征基数时，通常称为关税完税价格。进口关税税率分为优惠和普通两种。优惠税率适用于与我国签订关税互惠条款的贸易条约或协定的国家的进口设备；普通税率适用于与我国未签订关税互惠条款的贸易条约或协定的国家的进口设备。进口关税税率按我国海关总署发布的进口关税税率计算。

(4) 消费税。对部分进口设备（如轿车、摩托车等）征收，一般计算公式为：

$$应纳消费税税额＝(到岸价格(CIF)\times 人民币外汇汇率＋关税)\times 消费税税率/(1－消费税税率) \quad (2\text{-}17)$$

其中，消费税税率根据规定的税率计算。

(5) 进口环节增值税。这是对从事进口贸易的单位和个人，在进口商品报关进口后征收的税种。我国增值税条例规定，进口应税产品均按组成计税价格和增值税税率直接计算应纳税额，即：

$$进口环节增值税税额＝组成计税价格\times 增值税税率 \quad (2\text{-}18)$$

$$组成计税价格＝关税完税价格＋关税＋消费税 \quad (2\text{-}19)$$

增值税税率根据规定的税率计算。

(6) 车辆购置税。进口车辆需缴纳车辆购置税。其计算公式如下：

$$进口车辆购置税＝(关税完税价格＋关税＋消费税)\times 车辆购置附加税 \quad (2\text{-}20)$$

例 2-3

某公司拟从国外进口一套机电设备，重量1500吨，装运港船上交货价，即离岸价（FOB）为400万美元。其他有关费用参数为：国际运费标准为360美元/吨，海上运输保险费费率为0.266%，中国银行手续费费率为0.5%，外贸手续费费率为1.5%，关税税率为12%，增值税税率为13%，美元的银行外汇牌价为1美元＝6.9元人民币，设备的国内运杂费费率为2.5%。请估算该设备的购置费。

解析

利用Excel表格计算（假设所有价格都是除税价格），如表2-2所示。

表 2-2 例 2-3 计算过程

序号	组成部分	计算公式	金额或费率/万元	重量	外汇牌价	计算数值/万元	备注
1	货价（FOB）	价格、重量	400	1500	6.9	2760.00	离岸价
2	国外运费	单位运价×运量	0.036			372.60	
3	国外运输保险费	（1项＋2项）×保险费费率/（1－保险费费率）	0.266%			8.35	

续表

序号	组成部分	计算公式	金额或费率/万元	重量	外汇牌价	计算数值/万元	备注
4	到岸价（CIF）	1 项＋2 项＋3 项				3140.95	关税完税价
5	银行财务费	1 项×银行财务费费率	0.5%			13.80	
6	外贸手续费	4 项×外贸手续费费率	1.5%			47.11	
7	关税	4 项×关税税率	12%			376.91	
8	消费税	（4 项＋7 项）×消费税税率/（1－消费税税率）				0.00	仅对消费品
9	增值税	（4 项＋7 项＋8 项）×增值税税率	13%			457.32	
10	车辆购置税	（4 项＋7 项＋8 项）×车辆购置税税率				0.00	仅对车辆
11	进口设备原价	4 项＋5 项＋6 项＋7 项＋8 项＋9 项＋10 项				4036.11	抵岸价
12	国内运杂费	进口设备原价×国内运杂费费率	2.5%			100.90	
13	设备购置费	11 项＋12 项				4137.01	

（三）设备运杂费的构成及计算

1. 设备运杂费的构成

设备运杂费是指国内采购设备自来源地、国外采购设备自到岸港运至工地仓库或指定堆放地点发生的采购、运输、运输保险、保管、装卸等费用。通常由下列各项构成：

（1）运费和装卸费。国产设备由设备制造厂交货地点起至工地仓库（或施工组织设计指定的需要安装设备的堆放地点）止所发生的运费和装卸费；进口设备则由我国到岸港口或边境车站起至工地仓库（或施工组织设计指定的需安装设备的堆放地点）止所发生的运费和装卸费。

（2）包装费。在设备原价中没有包含的，为运输而进行的包装支出的各种费用。

（3）设备供销部门的手续费。按有关部门规定的统一费率计算。

（4）采购与仓库保管费。指采购、验收、保管和收发设备所发生的各种费用，包括设备采购人员、保管人员和管理人员的工资、工资附加费、办公费、差旅交通费，设备供应部门办公和仓库所占固定资产使用费、工具用具使用费、劳动保护费、检验试验费等这些费用可按主管部门规定的采购与保管费费率计算。

2. 设备运杂费的计算

设备运杂费按设备原价乘以设备运杂费费率计算，其公式为：

$$设备运杂费=设备原价\times设备运杂费费率 \tag{2-21}$$

其中，设备运杂费费率按各部门及省、市等的规定计取。

二、工器具及生产家具购置费

工器具及生产家具购置费，是指新建或扩建项目初步设计规定的，保证初期正常生产必须购置的没有达到固定资产标准的设备、仪器、工卡模具、器具、生产家具和备品备件等的购置费用。一般以设备购置费为计算基数，按照部门或行业规定的工具、器具及生产家具费率计算。计算公式为：

$$工器具及生产家具购置费=设备购置费\times定额费率 \tag{2-22}$$

任务四　工程建设其他费用

学习目标

理解工程建设其他费用的组成及其含义。

工程建设其他费用，是指建设期发生的与土地使用权取得、整个工程项目建设以及未来生产经营有关的构成建设投资但不包括在工程费用中的费用。工程建设其他费用分为三类：第一类指土地使用权购置或取得的费用；第二类指与整个工程建设有关的各类其他费用；第三类指与未来企业生产经营有关的其他费用。

根据国家发展改革委《关于进一步放开建设项目专业服务价格的通知》（发改价格〔2015〕299号）的规定，政府有关部门对建设项目实施审批、核准或备案管理，需委托专业服务机构等中介提供评估评审等服务的，有关评估评审费用等由委托评估评审的项目审批、核准或备案机关承担，评估评审机构不得向项目单位收取费用。

政府有关部门对建设项目管理监督所发生的，并由财政支出的费用，不得列入相应建设项目的工程造价。

一、建设用地费

任何一个建设项目都固定于一定地点与地面相连接，必须占用一定量的土地，也就必然要发生为获得建设用地而支付的费用，这就是建设用地费。它是指为获得工程项目建设土地的使用权而在建设期内发生的各项费用，包括通过划拨方式取得土地使用权而支付的土地征用及迁移补偿费，或者通过土地使用权出让方式取得土地使用权而支付的土地使用权出让金。

（一）建设用地取得的基本方式

建设用地的取得，实质是依法获取国有土地的使用权。根据《中华人民共和国城市房地产管理法》的规定，获取国有土地使用权的基本方法有两种：一是出让方式；二是划拨方式。建设用地取得的基本方式还包括租赁和转让方式。

1. 通过出让方式获取国有土地使用权

国有土地使用权出让，是指国家将国有土地使用权在一定年限内出让给土地使用者，由土地使用者向国家支付土地使用权出让金的行为。

土地使用权出让最高年限按下列用途确定：居住用地 70 年；工业用地 50 年；教育、科技、文化、卫生、体育用地 50 年；商业、旅游、娱乐用地 40 年；综合或者其他用地 50 年。

通过出让方式获取国有土地使用权又可以分成两种具体方式：一是通过招标、拍卖、挂牌等竞争出让方式获取国有土地使用权；二是通过协议出让方式获取国有土地使用权。

（1）通过竞争出让方式获取国有土地使用权。按照国家相关规定，工业（包括仓储用地，但不包括采矿用地）、商业、旅游、娱乐和商品住宅等各类经营性用地，必须以招标、拍卖或者挂牌方式出让；上述规定以外用途的土地的供地计划公布后，同一宗地有两个以上意向用地者的，也应当采用招标、拍卖或者挂牌方式出让。

（2）通过协议出让方式获取国有土地使用权。按照国家相关规定，出让国有土地使用权，除依照法律、法规和规章的规定应当采用招标、拍卖或者挂牌方式外，还可采取协议方式。以协议方式出让国有土地使用权的出让金不得低于按国家规定所确定的最低价。协议出让底价不得低于拟出让地块所在区域的协议出让最低价。

2. 通过划拨方式获取国有土地使用权

国有土地使用权划拨，是指县级以上人民政府依法批准，在土地使用者缴纳补偿、安置等费用后将该幅土地交付其使用，或者将土地使用权无偿交付给土地使用者使用的行为。

国家对划拨用地有着严格的规定，下列建设用地，经县级以上人民政府依法批准，可以以划拨方式取得：国家机关用地和军事用地；城市基础设施用地和公益事业用地；国家重点扶持的能源、交通、水利等基础设施用地；法律、行政法规规定的其他用地。

依法以划拨方式取得土地使用权的，除法律、行政法规另有规定外，没有使用期限的限制。因企业改制、土地使用权转让或者改变土地用途等不再符合目录要求的，应当实行有偿使用。

（二）建设用地取得的费用

建设用地如通过行政划拨方式取得，则须承担征地补偿费用或对原用地单位或个人的拆迁补偿费用；若通过市场机制取得，则不但承担以上费用，还须向土地所有者支付有偿使用费，即土地出让金。

1. 征地补偿费

建设征用土地费用由以下几个部分构成：

(1) 土地补偿费。土地补偿费是对农村集体经济组织因土地被征用而造成的经济损失的一种补偿。征用其他土地的补偿费标准由省、自治区、直辖市参照征用耕地的土地补偿费制定。土地补偿费归农村集体经济组织所有。

(2) 青苗补偿费和地上附着物补偿费。青苗补偿费是指因征地时对其正在生长的农作物受到损害而做出的一种赔偿。在农村实行承包责任制后，农民自行承包土地的青苗补偿费应付给本人，属于集体种植的青苗补偿费可纳入当年集体收益。

(3) 安置补助费。安置补助费应支付给被征地单位和安置劳动力的单位，作为劳动力安置与培训的支出，以及作为不能就业人员的生活补助。征收耕地的安置补助费，按照需要安置的农业人口数计算。

(4) 新菜地开发建设基金。新菜地开发建设基金指征用城市郊区商品菜地时支付的费用。这项费用交给地方财政，作为开发建设新菜地的投资。菜地是指城市郊区为供应城市居民蔬菜，连续 3 年以上常年种菜地或者养殖鱼、虾等的商品菜地和精养鱼塘。一年只种一茬或因调整茬口安排种植蔬菜的，均不作为需要收取开发基金的菜地。征用尚未开发的规划菜地，不缴纳新菜地开发建设基金。在蔬菜产销放开口，能够满足供应，不再需要开发新菜地的城市，不收取新菜地开发建设基金。

(5) 耕地占用税。耕地占用税是对占用耕地建房或者从事其他非农业建设的单位和个人征收的一种税收，目的是合理利用土地资源、节约用地，保护农用耕地。耕地占用税征收范围，不仅包括占用耕地，还包括占用鱼塘、园地、菜地及其农业用地建房或者从事其他非农业建设，均按实际占用的面积和规定的税额一次性征收。其中，耕地是指用于种植农作物的土地。占用前三年曾用于种植农作物的土地也视为耕地。

（6）土地管理费。土地管理费主要作为征地工作中所发生的办公、会议、培训、宣传、差旅、借用人员工资等必要的费用。土地管理费的收取标准，一般是在土地补偿费、青苗补偿费、地上附着物补偿费、安置补助费四项费用之和的基础上提取2%～4%。如果是征地包干，还应在四项费用之和后再加上粮食价差、副食补贴、不可预见费等费用，在此基础上提取2%～4%作为土地管理费。

2. 拆迁补偿费用

在城市规划区内国有土地上实施房屋拆迁，拆迁人应当对被拆迁人给予补偿、安置。

（1）拆迁补偿。拆迁补偿的方式可以实行货币补偿，也可以实行房屋产权调换。

货币补偿的金额根据被拆迁房屋的区位、用途、建筑面积等因素，以房地产市场评估价格确定。具体办法由省、自治区、直辖市人民政府制定。

实行房屋产权调换的，拆迁人与被拆迁人按照计算得到的被拆迁房屋的补偿金额和所调换房屋的价格，结清产权调换的差价。

（2）搬迁、安置补助费。拆迁人应当向被拆迁人或者房屋承租人支付搬迁补助费，对于在规定的搬迁期限届满前搬迁的，拆迁人可以付给提前搬家奖励费；在过渡期限内，被拆迁人或者房屋承租人自行安排住处的，拆迁人应当支付临时安置补助费；被拆迁人或者房屋承租人使用拆迁人提供的周转房的，拆迁人不支付临时安置补助费。

搬迁补助费和临时安置补助费的标准，由省、自治区、直辖市人民政府规定。有些地区规定，拆除非住宅房屋，造成停产、停业引起经济损失的，拆迁人可以根据被拆除房屋的区位和使用性质，按照一定标准给予一次性停产停业综合补助费。

3. 土地使用权出让金、转让金

土地使用权出让金为用地单位向国家支付的土地所有权收益，出让金标准一般参考城市基准地价并结合其他因素制定。基准地价由市土地管理局会同市物价局、市国有资产管理局、市房地产管理局等部门综合平衡后报市级人民政府审定通过，它以城市土地综合定级为基础，用某一地价或地价幅度表示某一类别用地在某一土地级别范围的地价，以此作为土地使用权出让价格的基础。

在有偿出让和转让土地时，政府对地价不做统一规定，但应坚持以下原则：地价对目前的投资环境不产生大的影响；地价与当地的社会经济承受能力相适应；地价要考虑已投入的土地开发费用、土地市场供求关系、土地用途、所在区类、容积率和使用年限等。有偿出让和转让使用权，要向土地受让者征收契税；转让土地如有增值，要向转让者征收土地增值税；土地使用者每年应按规定的标准缴纳土地使用费。土地使用权出让或转让，应先由地价评估机构进行价格评估后，再签订土地使用权出让或转让合同。

二、与项目建设有关的其他费用

（一）建设管理费

建设管理费是指建设单位为组织完成工程项目建设，在建设期内发生的各类管理性费用。

1. 建设管理费的内容

(1) 建设单位管理费。建设单位管理费是指项目建设单位从项目筹建之日起至办理竣工财务决算之日止发生的管理性质的支出。包括工作人员薪酬及相关费用、办公费、办公场地租用费、差旅交通费、劳动保护费、工具用具使用费、固定资产使用费、招募生产工人费、技术图书资料费（含软件）、业务招待费、竣工验收费和其他管理性质开支。实行代建制管理的项目，计列代建管理费等同建设单位管理费，不得同时计列建设单位管理费。

建设单位管理费一般是以工程费用为基数乘以建设单位管理费费率的乘积作为建设单位管理费。

(2) 工程监理费。工程监理费是指建设单位委托工程监理单位实施工程监理的费用。按照国家发展改革委《关于进一步放开建设项目专业服务价格的通知》（发改价格〔2015〕299 号）的规定，此项费用实行市场调节价。

2. 建设单位管理费的计算

建设单位管理费按照工程费用之和（包括设备工器具购置费和建筑安装工程费用）乘以建设单位管理费费率计算。

$$建设单位管理费=工程费用之和\times 建设单位管理费费率 \tag{2-23}$$

建设单位管理费费率按照建设项目的不同性质、不同规模确定。有的建设项目按照建设工期和规定的金额计算建设单位管理费。如采用监理，建设单位部分管理工作量转移至监理单位。监理费应根据委托的监理工作范围和监理深度在监理合同中商定或者按当地或所属行业部门有关规定计算。如建设单位采用工程总承包方式，其总包管理费由建设单位与总包单位根据总包工作范围在合同中商定，从建设管理费中支出。

（二）可行性研究费

可行性研究费是指在工程项目投资决策阶段，对有关建设方案、技术方案或生产经营方案进行的技术经济论证，以及编制、评审可行性研究报告等所需的费用。此项费用应依据前期研究委托合同计列，按照国家发展改革委《关于进一步放开建设项目专业服务价格的通知》（发改价格〔2015〕299 号）的规定，此项费用实行市场调节价。

（三）研究试验费

研究试验费是指为建设项目提供或验证设计数据、资料等进行必要的研究试验及按照相关规定在建设过程中必须进行试验、验证所需的费用。包括自行或委托其他部门研究试验所需人工费、材料费、试验设备及仪器使用费等。这项费用按照设计单位根据本工程项目的需要提出的研究试验内容和要求计算。在计算时要注意不应包括以下项目：

（1）应由科技三项费用（即新产品试制费、中间试验费和重要科学研究补助费）开支的项目。

（2）应在建筑安装费用中列支的施工企业对建筑材料、构件和建筑物进行一般鉴定、检查所发生的费用及技术革新的研究试验费。

（3）应由勘察设计费或工程费用中开支的项目。

（四）勘察费

勘察费是指勘察人根据发包人的委托，收集已有资料、现场踏勘、制定勘察纲要，进行勘察作业，以及编制工程勘察文件和岩土工程设计文件等收取的费用。按照国家发展改革委《关于进一步放开建设项目专业服务价格的通知》（发改价格〔2015〕299号）的规定，此项费用实行市场调节价。

（五）设计费

设计费是指设计人根据发包人的委托，提供编制建设项目初步设计文件、施工图设计文件、非标准设备设计文件、竣工图文件等服务所收取的费用。按照国家发展改革委《关于进一步放开建设项目专业服务价格的通知》（发改价格〔2015〕299号）的规定，此项费用实行市场调节价。

（六）专项评价费

专项评价费是指建设单位按照国家规定委托相关单位开展专项评价及有关验收工作发生的费用。具体建设项目应按实际发生的专项评价项目计列，不得虚列项目费用。

专项评价费包括环境影响评价费、安全预评价费、职业病危害预评价费、地震安全性评价费、地质灾害危险性评价费、水土保持评价费、压覆矿产资源评价费、节能评估费、危险与可操作性分析及安全完整性评价费以及其他专项评价费。按照国家发展改革委《关于进一步放开建设项目专业服务价格的通知》（发改价格〔2015〕299号）的规定，这些专项评价及验收费用均实行市场调节价。

1. 环境影响评价费

环境影响评价费是指为全面、详细评价建设项目对环境可能产生的污染或造成的重大影响，而编制环境影响报告书（含大纲）、环境影响报告表和评估等所需的费用。此项费用包括编制环境影响报告书（含大纲）、环境影响报告表以及对环境影响报告书（含大纲）、环境影响报告表进行评估等所需的费用。

2. 安全预评价费

安全预评价费是指为预测和分析建设项目存在的危害因素种类和危险危害程度，提出先进、科学、合理可行的安全技术和管理对策，而编制评价大纲、安全评价报告书和评估等所需的费用。

3. 职业病危害预评价费

职业病危害预评价费是指建设项目因可能产生职业病危害，而编制职业病危害预评价书、职业病危害控制效果评价书和评估所需的费用。

4. 地震安全性评价费

地震安全性评价费是指通过对建设场地和场地周围的地震活动与地震地质环境的分析，而进行的地震活动环境评价、地震地质构造评价、地震地质灾害评价，编制地震安全评价报告书和评估所需的费用。

5. 地质灾害危险性评价费

地质灾害危险性评价费是指在灾害易发区对建设项目可能诱发的地质灾害和建设项目本身可能遭受的地质灾害危险程度的预测评价，编制评价报告书和评估所需的费用。

6. 水土保持评价评估费

水土保持评价评估费是指对建设项目在生产建设过程中可能造成水土流失进行预测，编制水土保持方案和评估所需的费用。

7. 压覆矿产资源评价费

压覆矿产资源评价费是指对需要压覆重要矿产资源的建设项目，编制压覆重要矿床评价报告书和评估所需的费用。

8. 节能评估费

节能评估费是指对建设项目的能源利用是否科学合理进行分析评估，并编制节能评估报告以及评估所发生的费用。

9. 危险与可操作性分析及安全完整性评价费

危险与可操作性分析及安全完整性评价费是指对应用于生产具有流程性工艺特征的新、改、扩建项目进行工艺危害分析和对安全仪表系统的设置水平及可靠性进行定量评估所发生的费用。

10. 其他专项评价费

其他专项评价费是指除以上 9 项评价费外，根据国家法律法规、建设项目所在省（自治区、直辖市）人民政府有关规定，以及行业规定需进行的其他专项评价、评估、咨询（如重大投资项目社会稳定风险评估、防洪评估、交通影响评估、消防评估等）所需的费用。

（七）场地准备及临时设施费

1. 场地准备及临时设施费的内容

（1）场地准备费是指为使工程项目的建设场地达到开工条件，由建设单位组织进行的场地平整等准备工作而发生的费用。即建设项目为达到工程开工条件所发生的、未列入工程费用的场地平整以及对建设场地余留的有碍于施工建设的设施进行拆除清理所发生的费用。改扩建项目一般只计拆除清理费。

（2）临时设施费是指建设单位为满足施工建设需要而提供的未列入工程费用的临时水、电、路、信、气、热等工程和临时仓库等建（构）筑物的建设、维修、拆除、摊销费用或租赁费用，以及货场、码头租赁等费用。

2. 场地准备及临时设施费的计算

（1）场地准备及临时设施应尽量与永久性工程统一考虑。建设场地的大型土石方工程应计入工程费用中的总图运输费用中。

（2）新建项目的场地准备和临时设施费应根据实际工程量估算，或按工程费用的比例计算。改扩建项目一般只计拆除清理费。

$$场地准备及临时设施费 = 工程费用 \times 费率 + 拆除清理费 \tag{2-24}$$

（3）发生拆除清理费时可按新建同类工程造价或主材费、设备费的比例计算。凡可回收材料的拆除工程采用以料抵工方式冲抵拆除清理费。

（4）此项费用不包括已列入建筑安装工程费用中的施工单位临时设施费用。

（八）工程保险费

工程保险费是指在建设期内对建筑工程、安装工程和设备等进行投保而发生的费用。工程保险费包括建筑安装工程一切险、工程质量保险、进口设备财产保险和人身意外伤害险等。

工程保险费是为转移工程项目建设的意外风险而发生的费用，不同的建设项目可根据工程特点选择投保险种。

（九）特殊设备安全监督检验费

特殊设备安全监督检验费是指对在施工现场安装的列入国家特种设备范围内的设备

（设施）检验检测和监督检查所发生的应列入项目开支的费用。

特殊设备包括锅炉及压力容器、消防设备、燃气设备、起重设备、电梯、安全阀等。

此项费用按照建设项目所在省（自治区、直辖市）安全监察部门的规定标准计算。无具体规定的，在编制投资估算和概算时可按受检设备现场安装费的比例估算。

（十）市政公用配套设施费

市政公用配套设施费是指使用市政公用设施的工程项目，按照项目所在地政府有关规定建设或缴纳的市政公用设施建设配套费用。

市政公用配套设施可以是界区外配套的水、电、路、信等，包括绿化、人防等配套设施。此项费用按工程所在地人民政府规定标准计列。

三、与未来生产经营有关的其他费用

（一）联合试运转费

联合试运转费是指新建或新增加生产能力的工程项目，在交付生产前按照设计文件规定的工程质量标准和技术要求，对整个生产线或装置进行负荷联合试运转所发生的费用净支出（试运转支出大于收入的差额部分费用）。试运转支出包括试运转所需原材料、燃料及动力消耗、低值易耗品、其他物料消耗、工具用具使用费、机械使用费、保险金、施工单位参加试运转人员工资，以及专家指导费等；试运转收入包括试运转期间的产品销售收入和其他收入。联合试运转费不包括应由设备安装工程费用开支的调试及试车费用，以及在试运转中暴露出来的因施工原因或设备缺陷等发生的处理费用。

（二）专利及专有技术使用费

1. 专利及专有技术使用费的主要内容

（1）国外设计及技术资料费、引进有效专利费、专有技术使用费和技术保密费。

（2）国内有效专利、专有技术使用费用。

（3）商标权、商誉和特许经营权费等。

2. 专利及专有技术使用费的计算

在计算专利及专有技术使用费时应注意以下问题：

（1）按专利使用许可协议和专有技术使用合同的规定计列。

（2）专有技术的界定应以省、部级鉴定批准为依据。

（3）项目投资中只计需在建设期支付的专利及专有技术使用费。协议或合同规定在生产期支付的使用费应在生产成本中核算。

(4) 一次性支付的商标权、商誉及特许经营权费按协议或合同规定计列。协议或合同规定在生产期支付的商标权或特许经营权费应在生产成本中核算。

(5) 为项目配套的专用设施投资，包括专用铁路线、专用公路、专用通信设施、送变电站、地下管道、专用码头等，如由项目建设单位负责投资但产权不归属本单位的，应作无形资产处理。

(三) 生产准备费

1. 生产准备费的内容

生产准备费是指在建设期内，建设单位为保证项目正常生产而发生的人员培训费、提前进厂费以及投产使用必备的办公、生活家具用具等的购置费用，包括：

(1) 人员培训费及提前进厂费。包括自行组织培训或委托其他单位培训的人员工资、工资性补贴、职工福利费、差旅交通费、劳动保护费、学习资料费等。

(2) 为保证初期正常生产（或营业、使用）所必需的办公、生活家具用具购置费。

2. 生产准备费的计算

(1) 新建项目按设计定员为基数计算，改扩建项目按新增设计定员为基数计算：

$$生产准备费=设计定员\times生产准备费指标(元/人) \quad (2\text{-}25)$$

(2) 可采用综合的生产准备费指标进行计算，也可以按费用内容的分类指标计算。

任务五 预备费和建设期利息

学习目标

理解预备费的含义，能区分基本预备费和价差预备费，并会计算。掌握建设期利息的计算方法。

一、预备费

预备费是指在建设期内因各种不可预见因素的变化而预留的可能增加的费用，包括基本预备费和价差预备费。

（一）基本预备费

基本预备费是指在投资估算或设计概算阶段预留的，由于工程实施中不可预见的工程变更及洽商、一般自然灾害处理、地下障碍物处理、超规超限设备运输等可能增加的费用，费用内容包括：

（1）在批准的基础设计和概算范围内增加的设计变更、局部地基处理等费用。

（2）一般自然灾害造成的损失和预防自然灾害所采取措施的费用。

（3）竣工验收时为鉴定工程质量，对隐蔽工程进行必要的挖掘和修复的费用。

（4）超规超限设备运输过程中可能增加的费用。

基本预备费估算，一般是以建设项目的工程费用和工程建设其他费用之和为基础，乘以基本预备费费率进行计算。

例 2-4

某建设项目建筑安装工程费为 8000 万元，设备购置费为 4500 万元，工程建设其他费用为 3000 万元，已知基本预备费费率为 5%，项目建设前期年限为 1 年，建设期为 3 年，各年投资计划额为：第一年完成投资 30%，第二年 50%，第三年 20%。年均投资价格上涨率为 5%，求建设项目建设期间的价差预备费。

解析

基本预备费＝（8000＋4500＋3000）万元×5%＝775 万元

静态投资额＝（8000＋4500＋3000＋775）万元＝16275 万元

建设期第一年完成静态投资＝16275 万元×30%＝4882.5 万元

第一年价差预备费为：

$$P_1 = I_1[(1+f)(1+f)^{0.5}-1] = 370.73 \text{ 万元}$$

第二年完成静态投资＝16275 万元×50%＝8137.5 万元

第二年价差预备费为：

$$P_2 = I_2[(1+f)(1+f)^{0.5}(1+f)-1] = 1055.65 \text{ 万元}$$

第三年完成静态投资＝16275 万元×20%＝3255 万元

第三年价差预备费为：

$$P_3 = I_3[(1+f)(1+f)^{0.5}(1+f)^2-1] = 606.12 \text{ 万元}$$

所以建设期的价差预备费为：

$$P = (370.73 + 1055.65 + 606.12) \text{ 万元} = 2032.5 \text{ 万元}$$

（二）价差预备费

价差预备费是指为在建设期间内利率、汇率或价格等因素的变化而预留的可能增加的费用。

费用内容包括人工、设备、材料、施工机械的价差费，建筑安装工程费及工程建设其他费用调整，利率、汇率调整等增加的费用。

价差预备费的测算方法：价差预备费一般根据国家规定的投资综合价格指数，以估算年份价格水平的投资额为基数，采用复利方法计算。计算公式为：

$$PF=\sum^{n}I_t[(1+f)^m(1+f)^{0.5}(1+f)^{t-1}-1] \tag{2-26}$$

式中：PF——价差预备费；

n——建设期年份数；

I_t——建设期中第 t 年的静态投资计划额，包括工程费用、工程建设其他费用及基本预备费；

f——年涨价率；

t——建设期第 t 年；

m——建设前期年限（从编制估算到开工建设年数）。

价差预备费中的投资价格指数按国家颁布的计取，当前暂时为零，计算式中 $(1+f)^{0.5}$ 表示建设期第 t 年当年投资分期均匀投入考虑涨价的幅度，对设计建设周期较短的项目价差预备费计算公式可简化处理。特殊项目或必要时可以进行项目未来价差分析预测，确定各时期投资价格指数。

年涨价率，政府部门有规定的按规定执行，没有规定的由可行性研究人员预测。

例 2-5

某建设项目建筑安装工程费为 10000 万元，设备购置费为 6000 万元，工程建设其他费为 4000 万元，已知基本预备费费率为 5%，项目建设前期年限为 1 年，建设期为 3 年，各年投资计划额为：第一年完成投资 20%，第二年完成投资 60%，第三年完成投资余下的 20%。年均投资价格上涨率为 5%，求项目建设期价差预备费。

解析

基本预备费＝（10000＋6000＋4000）万元×5%＝1000 万元

静态投资＝（10000＋6000＋4000＋1000）万元＝21000 万元

建设期第一年完成投资＝21000 万元×20%＝4200 万元

第一年价差预备费＝$I_1[(1+f)(1+f)^{0.5}-1]$＝383.6 万元

建设期第二年完成投资＝21000 万元×60%＝12600 万元

第二年价差预备费＝$I_2[(1+f)(1+f)^{0.5}(1+f)-1]$＝1975.8 万元

建设期第三年完成投资＝21000 万元×20%＝4200 万元

第三年价差预备费＝$I_3[(1+f)(1+f)^{0.5}(1+f)^2-1]$＝950.2 万元

建设期价差预备费总额＝（383.6＋1975.8＋950.2）万元＝3309.6 万元

二、建设期利息

建设期利息主要是指在建设期内发生的为工程项目筹措资金的融资费用及债务资金利息。

债务资金包括向国内银行和其他非银行金融机构贷款、出口信贷、外国政府贷款、国际商业银行贷款以及在境内外发行的债券等。融资费用和应计入固定资产原值的利息包括借款（或债券）利息及手续费、承诺费、管理费等。建设期利息要计入固定资产原值。

国外贷款利息的计算中，还应包括国外贷款银行根据贷款协议向贷款方以年利率的方式收取的手续费、管理费、承诺费，以及国内代理机构经国家主管部门批准的以年利率的方式向贷款单位收取的转贷费、担保费、管理费等。

建设期利息的计算，根据建设期资金用款计划，在总贷款分年均衡发放前提下，可按当年借款在年中支用考虑，即当年借款按半年计息，上年借款按全年计息。

计算公式为：

$$q_j=\left(p_{j-1}+\frac{1}{2}A_j\right)_i \tag{2-27}$$

式中：q_j——建设期第 j 年应计利息；

p_{j-1}——建设期第（$j-1$）年末累计贷款本金与利息之和；

A_j——建设期第 j 年贷款金额；

i——年利率。

例 2-6

某新建项目，建设期为 3 年，共向银行贷款 2000 万元，具体贷款时间及金额为：第一年 700 万元，第二年 600 万元，第三年 700 万元，假设贷款年利率为 5%，计算该项目的建设期贷款利息。

利用 Excel 表格答题，如表 2-3 所示。

表 2-3 例 2-6 计算过程

建设期	本金/万元	上年度本利和	利率	利息/万元	备注
第一年	700	0	5%	17.500	均衡
第二年	600	717.5	5%	50.875	均衡
第三年	700	1368.375	5%	85.919	均衡
总和	2000			154.294	

解析

上年度本利和包括上年度的本金、利息和上上年度本利和。

$$利息=(本年度本金/2+上年度本利和)\times 利率$$

项目小结

掌握建设项目总投资的构成及工程造价的构成，理解建设安装工程费的两种划分形式及其关系，掌握设备及工器具购置费的构成及计算、工程建设其他费用构成、预备费及建设期利息等内容。

掌握我国建设项目总投资的含义及其构成，区分易混淆的概念。分清和理解工程造价构成的两种划分方式，掌握按构成要素划分和按造价形成划分这两种划分方式之间的关系。掌握设备原价的计算方法，区分国产标准设备原价、非标准设备原价和进口设备原价构成的不同，并会计算。理解工程建设其他费用的组成及其含义。理解预备费的含义，区分基本预备费和价差预备费，并会计算。掌握建设期利息的计算方法。

思考与习题

1. 简述建设项目总投资的含义。
2. 按费用构成要素划分的建筑安装工程费用项目由哪些费用组成？
3. 按造价形成划分的建筑安装工程费用项目由哪些费用组成？
4. 工程建设其他费用包括哪些？
5. 简述预备费的含义，并说明其包括哪些内容。
6. 简述建设期利息的含义。

项目三

投资估算的编制

学习目标

了解投资估算的概念、作用、依据，掌握投资估算编制内容和方法，了解投资估算文件的组成。

任务一　投资估算的概念及作用

一、投资估算的概念

投资估算是指在建设项目前期各阶段（包括投资机会研究、项目建议书、初步可行性研究、详细可行性研究、方案设计等）按照规定的程序、办法和依据，通过对拟建项目所需投资的测算和估计形成投资估算文件的过程，是进行建设项目技术经济分析与评价和投资决策的基础。投资估算的准确与否不仅影响项目前期各阶段的工作质量和经济评价结果，而且也直接关系到后续的设计概算和施工图预算的工作及其成果的质量，对建设项目资金筹措方案也有直接的影响。因此全面准确地估算建设项目投资，是建设项目前期各阶段造价管理的重要任务。

二、投资估算的作用

（1）投资机会研究与项目建议书阶段的投资估算是项目主管部门审批项目建议书的依据之一，并对项目的规划、规模起参考作用。

(2) 可行性研究阶段的投资估算是项目投资决策的重要依据，也是研究、分析、计算项目投资经济效果的重要条件。

(3) 方案设计阶段的投资估算是项目具体建设方案技术经济分析、比选的依据。该阶段的投资估算一经确定，即成为限额设计的依据，用以对各专业设计实行投资切块分配，作为控制和指导设计的尺度。

(4) 项目投资估算可作为项目资金筹措及制订建设贷款计划的依据，建设单位可根据批准的项目投资估算额，进行资金筹措和向银行申请贷款。

(5) 投资估算是核算建设项目固定资产投资需要额和编制固定资产投资计划的重要依据。

(6) 投资估算是建设工程设计招标、优选设计单位和设计方案的重要依据。在工程设计招标阶段，投标单位报送的投标书中包括项目设计方案、项目的投资估算和经济性分析，招标单位根据投资估算对各项设计方案的经济合理性进行分析、衡量、比较，在此基础上，择优确定设计单位和设计方案。

任务二 投资估算编制内容及依据

一、编制内容

建设项目投资估算包括建设投资、建设期利息和流动资金的估算。

建设投资估算的内容按照费用的性质划分，包括工程费用、工程建设其他费用和预备费用三部分。其中，工程费用包括建筑工程费、设备及工器具购置费、安装工程费；工程建设其他费用包括建设用地费、与建设有关的其他费用、与生产经营有关的费用；预备费用包括基本预备费和价差预备费。在按形成资产法估算建设投资时，工程费用形成固定资产；工程建设其他费用可分别形成固定资产、无形资产及其他资产；预备费为简化计算，一并计入固定资产。

建设期利息是为工程建设筹措债务资金而发生的融资费用及在建设期内发生并应计入固定资产原值的利息，包括支付金融机构的贷款利息和为筹集资金而发生的融资费用。建设期利息单独估算以便对建设项目进行融资前和融资后财务分析。

流动资金是指生产经营性项目投产后，用于购买原材料、燃料、支付工资及其他经营费用等所需的周转资金。它是伴随着建设投资而发生的长期占用的流动资产投资，流动资金＝流动资产－流动负债。其中，流动资产主要考虑现金、应收账款、预付账款和存货；流动负债主要考虑应付账款和预收账款。因此流动资金的概念，实际上就是财务中的营运资金。

建设项目投资估算的基本步骤如下：

（1）分别估算各单项工程所需的建筑工程费、设备及工器具购置费、安装工程费；

（2）在汇总各单项工程费用的基础上，估算工程建设其他费用和基本预备费；

（3）估算价差预备费；

（4）估算建设期利息；

（5）估算流动资金；

（6）汇总出总投资。

二、编制依据

建设项目投资估算编制依据，是指在编制投资估算时需要对拟建项目进行工程计量、计价所依据的有关数据参数等基础资料，主要有以下几个方面：

（1）国家、行业和地方政府的有关规定；

（2）拟建项目建设方案确定的各项工程建设内容；

（3）工程勘察与设计文件或有关专业提供的主要工程量和主要设备清单；

（4）行业部门、项目所在地工程造价管理机构或行业协会等编制的投资估算指标、概算指标（定额）、工程建设其他费用定额（规定）、综合单价、价格指数和有关造价文件等；

（5）类似工程的各种技术经济指标和参数；

（6）工程所在地的工、料、机市场价格，建筑、工艺及附属设备的市场价格和有关费用；

（7）政府有关部门、金融机构等部门发布的价格指数、利率、汇率、税率等有关参数；

（8）与项目建设相关的工程地质资料、设计文件、图纸等；

（9）其他技术经济资料。

任务三　投资估算的编制方法

建设项目投资估算要根据所处阶段对建设方案构思、策划和设计深度，结合各自行业的特点，所采用生产技术工艺的成熟性，以及所掌握的国家及地区、行业或部门相关投资估算基础资料和数据的合理、可靠、完整程度（包括造价咨询机构自身统计和积累的可靠的相关造价基础资料）等编制，需要根据所处阶段、方案深度、资料占有等情况的不同采用不同的编制方法。投资机会研究和项目建议书阶段，投资估算的精度低，可采取简单的匡算法，如单位生产能力估算法、生产能力指数法、系数估算法、比例估算法、指标估算法等。在可行性研究阶段，投资估算精度要求就要比前一阶段高些，需采用相对详细的估算方法，如指标估算法等。

下面阐述项目建议书阶段和可行性研究阶段的投资估算方法。

一、项目建议书阶段的投资估算

由于项目建议书阶段是初步决策的阶段，对项目还处在概念性的理解，因此投资估算只能在总体框架内进行；投资估算对项目决策只是概念性的参考；投资估算只起指导性作用。该阶段的投资估算方法主要有：

1. 单位生产能力估算法

依据调查的统计资料，利用相近规模的单位生产能力投资乘以建设规模，即得拟建项目静态投资额。其计算公式为：

$$C_2=\frac{C_1}{Q_1}\cdot Q_2\cdot f \tag{3-1}$$

式中：C_1——已建类似项目的静态投资额；

C_2——拟建项目静态投资额；

Q_1——已建类似项目的生产能力；

Q_2——拟建项目的生产能力；

f——不同时期、不同地点的定额、单价、费用变更等的综合调整系数。

例 3-1

某公司拟于 2022 年在某地区开工兴建年产 45 万吨合成氨的化肥厂。2018 年兴建的年产 30 万吨同类项目总投资为 28000 万元。根据测算拟建项目造价综合调整系数为 1.216，试采用单位生产能力估算法，计算该拟建项目所需静态投资为多少万元。

解析

$$C_2=\frac{C_1}{Q_1}\cdot Q_2\cdot f=[(28000/30)\times 45\times 1.216]\text{ 万元}=51072\text{ 万元}$$

单位生产能力估算法只能是粗略地快速估算，误差较大，可达±30%。应用该估算法时需要注意建设区域的差异性、配套工程的差异性、建设时间的差异性等方面可能造成的投资估算精度的差异。

2. 生产能力指数法

生产能力指数法又称指数估算法，它是根据已建成的类似项目生产能力和投资额来粗略估算拟建项目投资额的方法，是对单位生产能力估算法的改进。其计算公式为：

$$C_2=\left(\frac{C_1}{Q_1}\right)^X \cdot Q_2 \cdot f \tag{3-2}$$

式中：X——生产能力指数；其他符号含义同前。

式（3-2）表明造价与规模（或容量）呈非线性关系，且单位造价随工程规模（或容量）的增大而减小。在正常情况下，$0 \leqslant X \leqslant 1$。

若已建类似项目的生产规模与拟建项目生产规模相差不大，Q_1 与 Q_2 的比值在 0.5～2.0 之间，则指数 X 的取值近似为 1。

若已建类似项目的生产规模与拟建项目生产规模相差不大于 50 倍，且拟建项目生产规模的扩大仅靠增大设备规模来达到时，则 X 的取值在 0.6～0.7 之间；若是靠增加相同规格设备的数量达到时，X 的取值在 0.8～0.9 之间。

生产能力指数法主要应用于拟建装置或项目与用来参考的已知装置或项目的规模不同的场合。

例 3-2

接上例，如果根据两个项目规模差异，确定生产能力指数为 0.81，试采用生产能力指数法，计算该拟建项目所需静态投资为多少万元。

解析

$$C_2=\left(\frac{C_1}{Q_1}\right)^X \cdot Q_2 \cdot f=\left[28000 \times \left(\frac{45}{30}\right)^{0.81} \times 1.216\right] \text{万元}=47285 \text{ 万元}$$

生产能力指数法与单位生产能力估算法相比精确度略高些。尽管估价误差仍较大，但有它独特的好处，即这种估价方法不需要详细的工程设计资料，只要知道工艺流程及规模就可以，在总承包工程报价时，承包商大都采用这种方法估价。

3. 系数估算法

系数估算法也称为因子估算法，它是以拟建项目的主体工程费或主要设备购置费为基数，以其他工程费与主体工程费或设备购置费的百分比为系数，依此估算拟建项目总投资的方法。这种方法简单易行，但是精度较低，一般应用于设计深度不足，拟建项目与已建类似项目的主体工程费或主要生产工艺设备投资比重较大，行业内相关系数等基础资料完备的情况。

其计算公式如下：

$$C=E(1+f_1p_1+f_2p_2+f_3p_3+\cdots)+I \tag{3-3}$$

式中：C——拟建项目的静态投资；

E——拟建项目的主体工程费或主要生产工艺设备费；

p_1、p_2、p_3…——已建类似项目的辅助或配套工程费占主体工程费或主要生产工艺设备费的比重；

f_1、f_2、f_3…——由于建设时间、地点不同而产生的定额水平、建筑安装材料价格、费用变更和调整等综合调整系数；

I——根据具体情况计算的拟建项目各项其他建设费用。

二、可行性研究阶段的投资估算

建设项目可行性研究阶段投资估算原则上应采用指标估算法。对投资有重大影响的主体工程应估算出分部分项工程量，参考相关概算指标或概算定额编制主要单项工程的投资估算。对于子项单一的大型民用公共建筑，主要单项工程估算应细化到单位工程估算书。可行性研究投资估算应满足项目的可行性研究与评价，并最终满足国家和地方相关部门审批或备案的要求。初步可行性研究阶段、方案设计阶段项目建设投资估算视设计深度，可以参照本项目讲述的可行性研究阶段投资估算的编制办法进行。

1. 建筑工程费用估算

建筑工程费用是指为建造永久性建筑物和构筑物所需要的费用，一般采用单位建筑工程投资估算法、单位实物工程量投资估算法、概算指标投资估算法等进行估算。

（1）单位建筑工程投资估算法，以单位建筑工程量投资乘以建筑工程总量计算。一般工业与民用建筑以单位建筑面积（m^2）的投资，工业窑炉砌筑以单位容积（m^3）的投资，水库以水坝单位长度（m）的投资，铁路路基以单位长度（km）的投资，矿上掘进以单位长度（m）的投资，乘以相应的建筑工程量计算建筑工程费。这种方法可以进一步分为单位长度价格法、单位面积价格法、单位容积价格法和单位功能价格法。

① 单位长度价格法。此方法是利用每单位长度的费用价格进行估算，首先要用已知的项目建筑工程费用除以该项目的长度，得到单位长度价格，然后将结果应用到拟建项目的建筑工程费估算中。

② 单位面积价格法。此方法首先要用已知的项目建筑工程费用除以该项目的房屋总面积，即为单位面积价格，然后将结果应用到拟建项目的建筑工程费估算中。

③ 单位容积价格法。在一些项目中，建筑高度是影响成本的重要因素。例如，仓库、工业窑炉砌筑的高度根据需要会有很大的变化，显然这时不再适用单位面积价格法，而单位容积价格法则成为确定初步估算的好方法。将已完工程总的建筑工程费用除以建筑容积，即可得到单位容积价格。

④ 单位功能价格法。此方法是利用每功能单位的成本价格估算，将选出所有此类项目中共有的单位，并计算每个项目中该单位的数量。例如，可以用医院里的病床数量为功能单位，新建一所医院的费用被细分为其所提供的病床数量。这种计算方法首先给出每张病床的单价，然后乘以该医院所有病床的数量，从而确定该医院项目的工程费用。

（2）单位实物工程量投资估算法，以单位实物工程量的投资乘以实物工程总量计算。土石方工程按每立方米投资，矿井巷道衬砌工程按每延长米投资，场地、路面铺设工程按每平方米投资，乘以相应的实物工程总量计算建筑工程费。

（3）概算指标投资估算法。对于没有上述估算指标且建筑工程费占总投资比例较大的项目，可采用概算指标投资估算法。采用此种方法，应拥有较为详细的工程资料、建筑材料价格和工程费用指标信息，投入的时间和工作量较大。

2. 设备购置费估算

设备购置费是指为建设项目购置或自制的达到固定资产标准的各种国产或进口设备、工具、器具所需的费用。设备购置费根据项目主要设备表及价格、费用资料估算，工器具购置费按设备费的一定比例计取。对于价值高的设备应按单台（套）估算购置费，价值较小的设备可按类估算，国内设备和进口设备应分别估算。

3. 工程建设其他费用估算

工程建设其他费用的估算应结合拟建项目的具体情况，有合同或协议明确的费用按合同或协议列入。无合同或协议明确的费用，根据国家和各行业部门、工程所在地地方政府的有关工程建设其他费用定额和估算办法估算。

（1）土地使用费估算。

土地使用费是指通过划拨方式取得土地使用权而支付的土地征用及迁移补偿费，或通过土地使用权出让方式取得土地使用权而支付的土地使用权出让金。土地征用及迁移补偿费应依照《中华人民共和国土地管理法》等规定估算需支付的费用。土地使用权出让金应依照《中华人民共和国城镇国有土地使用权出让和转让暂行条例》的规定估算应支付的土地使用权出让金。

（2）与项目建设有关的其他费用估算。

与项目建设有关的其他费用包括：① 建设管理费；② 可行性研究费；③ 研究试验费；④ 勘察费；⑤ 设计费；⑥ 专项评价费；⑦ 场地准备及临时设施费；⑧ 工程保险费；⑨ 特殊设备安全监督检验费；⑩ 市政公用设施费等。

（3）与未来企业生产经营有关的其他费用估算。

① 联合试运转费，按照整个车间的负荷或无负荷联合试运转发生的费用支出大于试运转收入的亏损部分计算。费用支出内容包括：试运转所需的原料、燃料、油料和动力的费用，机械使用费用，低值易耗品及其他物品的购置费用和施工单位参加联合试运转人员的工资等。试运转收入包括试运转产品销售和其他收入。不包括应由设备安装工程费项下开支的单台设备调试费及试车费用。联合试运转费一般根据不同性质的项目按需要试运转车间的工艺设备购置费的百分比计算。

② 生产准备费一般根据需要培训和提前进厂人员的人数及培训时间按生产准备费指标进行估算。

4. 基本预备费估算

基本预备费的估算一般是以建设项目的工程费用和工程建设其他费用之和为基础，乘以基本预备费费率进行计算。基本预备费费率的大小应根据建设项目的设计阶段和具体的设计深度，以及在估算中所采用的各项估算指标与设计内容的贴近度、项目所属行业主管部门的具体规定确定。

上述各项费用是不随时间的变化而变化的费用，故称为静态投资部分。

5. 价差预备费

价差预备费的内容包括：人工、设备、材料、施工机械的价差费，建筑安装工程费及工程建设其他费用调整，利率、汇率调整等增加的费用。

价差预备费一般根据国家规定的投资综合价格指数，以估算年份价格水平的投资额为基数，采用复利方法计算。

6. 建设期利息估算

在建设项目分年度投资计划的基础上设定初步融资方案，对采用债务融资的项目应估算建设期利息。建设期利息是指筹措债务资金时在建设期内发生并按规定允许在投产后计入固定资产原值的利息，即资本化利息。建设期利息包括向国内银行和其他非银行金融机构贷款、出口信贷、外国政府贷款、国际商业银行贷款以及在境内外发行的债券等在建设期间应计的借款利息。

对于多种借款资金来源，每笔借款的年利率各不相同的项目，既可分别计算每笔借款的利息，也可先计算出各笔借款加权平均的年利率，并以此利率计算全部借款的利息。

三、流动资金的估算

流动资金也称流动资产投资，是指生产经营性项目投产后，为进行正常生产运营，用于购买原材料、燃料，支付工资及其他经营费用等所需的周转资金。流动资金的估算可采用分项详细估算法和扩大指标估算法。

1. 分项详细估算法

分项详细估算法是根据项目的流动资产和流动负债，估算项目所占用流动资金的方法。流动资产的构成要素一般包括存货、库存现金、应收账款和预付账款；流动负债的构成要素一般包括应付账款和预收账款。流动资金等于流动资产和流动负债的差额。可行性研究阶段的流动资金估算应采用分项详细估算法。

2. 扩大指标估算法

扩大指标估算法是根据现有同类企业的实际资料，求得各种流动资金率指标，亦可依据行业或部门给定的参考值或经验确定比率。将各类流动资金率乘以相对应的费用基数来估算流动资金。一般常用的基数有销售收入、经营成本、总成本费用和固定资产投资等，究竟采用何种基数依行业习惯而定。扩大指标估算法简便易行，但准确度不高，适用于项目建议书阶段的估算。扩大指标估算法计算流动资金的公式为：

年流动资金额＝年费用基数×各类流动资金率 (3-4)

年流动资金额＝年产量×单位产品产量占用流动资金额 (3-5)

需要注意的是，流动资金属于长期性（永久性）流动资产。其筹措可按自有资本金和长期负债两种方式解决。自有资本金部分一般不能低于流动资金总额的30％（该部分称为铺底流动资金，根据原国家计委的规定，工业建设项目按流动资金总额的30％作为铺底流动资金，计入建设期投资总额）。在投产的第一年开始按生产负荷安排流动资金需用量。流动资金的借款部分按全年计算利息，并计入生产期间财务费用，项目计算期末收回全部流动资金。

任务四 投资估算的文件组成

投资估算文件一般由封面、签署页、编制说明、投资估算分析、总投资估算汇总表、单项工程投资估算表、主要技术经济指标等内容组成。

一、编制说明

投资估算编制说明一般应阐述以下内容：

（1）工程概况；

（2）编制范围；

（3）编制方法；

（4）编制依据；

（5）主要技术经济指标；

（6）有关参数、率值选定的说明；

（7）特殊问题的说明［包括采用新技术、新材料、新设备、新工艺时，必须说明的价格的确定，进口材料、设备、技术费用的构成与计算参数，采用巨型结构、异型结构的费用估算方法，环保（不限于）投资占总投资的比重，未包括项目或费用的必要说明等］；

（8）采用限额设计的工程还应对投资限额和投资分解做进一步说明；

（9）采用方案比选的工程还应对方案比选的估算和经济指标做进一步说明。

二、投资估算分析

投资估算分析应包括以下内容：

（1）工程投资比例分析。一般建筑工程要分析土建、装饰、给排水、电气、暖通、空调、动力等主体工程和道路、广场、围墙、大门、室外管线、绿化等室外附属工程占总投资的比例，一般工业项目要分析主要生产项目（列出各生产装置）、辅助生产项目、公用工程项目（给排水、供电和通信、供气、总图运输及外管）、服务性工程、生活福利设施、厂外工程占建设总投资的比例。

（2）分析设备购置费、建筑工程费、安装工程费、工程建设其他费用、预备费占建设总投资的比例；分析引进设备费用占全部设备费用的比例等。

（3）分析影响投资的主要因素。

（4）与国内类似工程项目的比较，分析说明投资高低原因。

三、总投资估算汇总表

总投资估算汇总表是将工程费用、工程建设其他费用、预备费、建设期利息、流动资金等估算额以表格的形式进行汇总，形成建设项目投资估算总额。其表格形式如表 3-1 所示。

表 3-1　总投资估算汇总表

工程名称：

		估算价值/万元					技术经济指标			
序号	工程和费用名称	建筑工程费	设备及工器具购置费	安装工程费	其他费用	合计	单位	数量	单位价值	比例/（%）
一	工程费用									
（一）	主要生产系统									
1										
2										
（二）	辅助生产系统									
1										

续表

序号	工程和费用名称	估算价值/万元					技术经济指标			
		建筑工程费	设备及工器具购置费	安装工程费	其他费用	合计	单位	数量	单位价值	比例/（%）
2										
二	工程建设其他费用									
1										
2										
三	预备费									
1	基本预备费									
2	价差预备费									
四	建设期利息									
五	流动资金									
	投资估算合计/万元									
	比例/（%）									

编制人：　　　　审核人：　　　　审定人：

四、单项工程投资估算汇总表

单项工程投资估算应按建设项目划分的各个单项工程分别计算组成工程费用的建筑工程费、设备购置费、安装工程费，其汇总表如表 3-2 所示。

表 3-2　单项工程投资估算汇总表

工程名称：

序号	工程和费用名称	估算价值/万元					技术经济指标			
		建筑工程费	设备及工器具购置费	安装工程费	其他费用	合计	单位	数量	单位价值	比例/（%）
	工程费用									
（一）	主要生产系统									
1	××车间									

续表

序号	工程和费用名称	估算价值/万元					技术经济指标			
		建筑工程费	设备及工器具购置费	安装工程费	其他费用	合计	单位	数量	单位价值	比例/(%)
	土建工程									
	建筑安装									
	工艺工程									
	非标准件									
	建筑智能化工程									
	电气工程									
	自动化工程									
	动力工程									
	小计									
2										
3										

编制人： 审核人： 审定人：

五、主要技术经济指标

投资估算人员应根据项目特点，计算并分析整个建设项目、各单项工程和主要单位工程的主要技术经济指标。

任务五 投资估算编制实例

以某法学院建设项目成本与费用的估算为例。

一、投资估算范围

某法学院建设项目以大学教学、科研、后勤生活配套为主体功能，辅以运动、休闲、景观设施，是一所功能完善具有国际水准的法学院。本报告投资估算范围包括：征地拆迁费、全部房屋的建筑安装工程费、教学设施购置费以及与房屋配套的环境、绿化、给排水、电气和天然气、智能化等相关设备、设施的费用。

二、投资估算编制依据

(1) 2005 年《全国统一建筑工程基础定额某市基价表》；
(2) 2005 年《某市市政工程预算定额》；
(3) 2005 年《某市建设工程费用定额》；
(4) 2006 年《某市安装工程单位基价表》；
(5) 2006 年《某市安装工程费用定额》；
(6) 2006 年《某市建筑工程造价信息》；
(7) 建设工程配套使用的取费标准和相关文件；
(8) 某市颁发的有关建设方面的税费文件。

项目拟建建筑面积 47850 平方米，建设总投资 11178.78 万元，包括：
(1) 工程费用 4824 万元；
(2) 其他费用 4414.46 万元；
(3) 预备费 574.19 万元；
(4) 建设期利息 1239.15 万元。

总投资估算汇总表如表 3-3 所示。

表 3-3　总投资估算汇总表

序号	工程费用名称	工程量		估算造价/万元	
		单位	数量	单价	金额
一	建安工程费				
(一)	教学用房				
	1. 教室	m^2	10140	0.08	811.2
	2. 试验及附属用房	m^2	6000	0.07	420
	3. 院系办公用房	m^2	3150	0.07	220.5
	小计		19290		1451.7
(二)	后勤生活用房				
	1. 学生公寓	m^2	21000	0.065	1365
	2. 学生食堂	m^2	3600	0.07	252
	3. 生活福利及其他附属商业用房	m^2	3960	0.15	594
	小计		28560		2211

续表

序号	工程费用名称	工程量		估算造价/万元	
		单位	数量	单价	金额
合计			47850		3662.7
二	市政设施与景观				
	1. 校区市政管网				584.24
	2. 校区景观估算				581.06
合计					1165.3
三	其他费用				
(一)	市政配套费				
	1. 城市配套建设费	m^2			0
	2. 供电贴费				22.28
	3. 供水设施费				13.36
	4. 人防费	m^2	47850	0.0015	71.775
	5. 消防费				15.56
	小计				122.975
(二)	工程其他费用				
	1. 征地、拆迁费				4180.81
	2. 设计费(含前期)	m^2	47850	0.0015	171.775
	3. 质检费				10.98
	4. 环境评价费				0.46
	5. 招投标管理费				1.7
	6. 监理费				43.95
	7. 白蚁防治费	m^2	47850	0.0001	4.785
	小计				4414.46
合计					4537.435
四	基本预备费				574.19
五	贷款利息				1239.15
合计					11178.78

编制人: 审核人: 审定人:

项目小结

了解投资估算的概念、作用、依据，掌握建设项目投资估算的基本步骤，掌握投资估算编制内容和方法，熟练运用单位生产能力估算法、生产能力指数法和系数估算法，掌握建筑工程费用估算、设备购置费估算、工程建设其他费用估算、基本预备费估算、差价预备费估算和建设期利息估算。掌握投资估算文件的组成。通过投资估算编制实例的学习，会独立编制投资估算。

思考与习题

1. 简述投资估算的概念及作用。
2. 简述投资估算编制内容及依据。
3. 项目建议书阶段的投资估算方法包括哪些?
4. 可行性研究阶段的投资估算包括哪些?
5. 简述投资估算的文件组成。

项目四

设计概算的编制

学习目标

了解设计概算的概念与作用，掌握设计概算编制内容和方法，了解设计概算文件的组成。

任务一　设计概算的概念与作用

一、设计概算的概念

设计概算是以初步设计文件为依据，按照规定的程序、方法和依据，对建设项目总投资及其构成进行的概略计算。设计概算的成果文件称作设计概算书，也简称设计概算。设计概算书是设计文件的重要组成部分，在报批设计文件时，必须同时报批设计概算文件。采用两阶段设计的建设项目，初步设计阶段必须编制设计概算；采用三阶段设计的建设项目，扩大初步设计阶段必须编制修正概算。设计概算额度控制、审批、调整应遵循国家、各省市地方政府或行业有关规定。如果设计概算值超过控制额，以至于因概算投资额度变化影响项目的经济效益，使经济效益达不到预定目标值时，必须修改设计或重新立项审批。

二、设计概算的作用

(1) 设计概算是编制固定资产投资计划，确定和控制建设项目投资的依据。国家规定，编制年度固定资产投资计划，确定计划投资总额及其构成数额，要以批准的初步设计概算为依据，没有批准的初步设计文件及其概算，建设工程就不能列入年度固定资产投资计划。

（2）设计概算是控制施工图设计和施工图预算的依据。设计单位必须按照批准的初步设计和总概算进行施工图设计，施工图预算不得突破设计概算，如确需突破总概算时，应按规定程序报批。

（3）设计概算是衡量设计方案技术经济合理性和选择最佳设计方案的依据。设计部门在初步设计阶段要选择最佳设计方案，设计概算是从经济角度衡量设计方案经济合理性的重要依据。

（4）设计概算是编制招标限价（招标标底）和投标报价的依据。以设计概算进行招投标的工程，招标单位以设计概算作为编制招标限价（招标标底）的依据。承包单位也必须以设计概算为依据，编制投标报价，以合适的投标报价在投标竞争中取胜。

（5）设计概算是签订建设工程施工合同和贷款合同的依据。我国《合同法》中明确规定，建设工程合同价款是以设计概算价、设计预算价为依据，且总承包合同不得超过设计总概算的投资额。银行贷款或各单项工程的拨款累计总额不能超过设计总概算，如果项目投资计划所列支投资额与贷款突破设计概算时，必须查明原因，之后由建设单位报请上级主管部门调整或追加设计概算，凡未批准之前，银行对其超支部分拒不拨付。

（6）设计概算是考核建设项目投资效果的依据。通过设计概算与竣工决算对比，可以分析和考核投资效果的好坏，同时还可以验证设计概算的准确性，有助于加强设计概算管理和建设项目的造价管理工作。

任务二　设计概算编制内容及依据

一、编制内容

设计概算可分单位工程概算、单项工程综合概算和建设项目总概算三级。各级概算之间的相互关系和费用构成如图 4-1 所示。

1. 单位工程概算

单位工程是指具有相对独立施工条件的工程。它是单项工程的组成部分。以此为对象编制的设计概算称为单位工程概算。单位工程概算分为建筑单位工程概算、设备及安装单位工程概算。

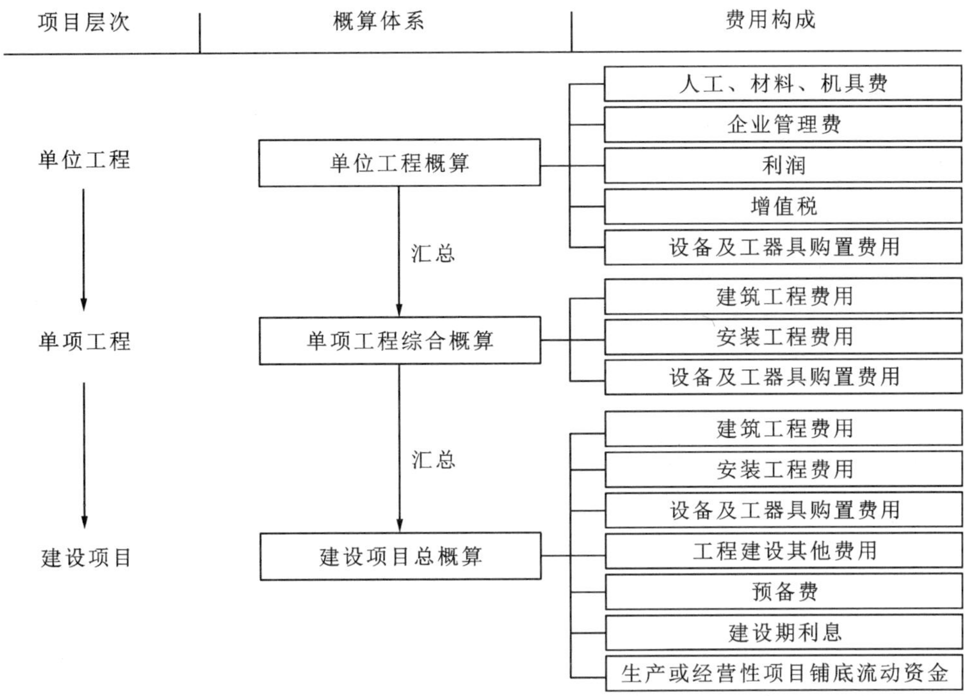

图 4-1 三级概算之间的相互关系和费用构成

建筑单位工程概算包括一般土建工程概算，给排水、采暖工程概算，通风、空调工程概算，电气、照明工程概算，弱电工程概算，特殊构筑物工程概算等。设备及安装单位工程概算包括机械设备及安装工程概算，电气设备及安装工程概算，热力设备及安装工程概算，工具、器具及生产家具购置费用概算等。

2. 单项工程综合概算

单项工程是指具有独立的设计文件、建成后可以独立发挥生产能力或具有使用效益的工程。它是建设项目的组成部分。如生产车间、办公楼、食堂、图书馆、学生宿舍、住宅楼、配水厂等。单项工程综合概算是确定一个单项工程（设计单元）费用的文件，是总概算的组成部分，一般只包括单项工程的工程费用。单项工程综合概算的组成内容如图 4-2 所示。

3. 建设项目总概算

建设项目是指按一个总体规划或设计进行建设的，由一个或若干个互有内在联系的单项工程组成的工程总和，也称为基本建设项目。

建设项目总概算是以初步设计文件为依据，在单项工程综合概算的基础上计算建设项目概算总投资的成果文件。总概算是设计概算书的主要组成部分。它是由各单项工程综合概算、工程建设其他费用概算、预备费概算和建设期利息概算等汇总编制而成的，如图 4-3 所示。

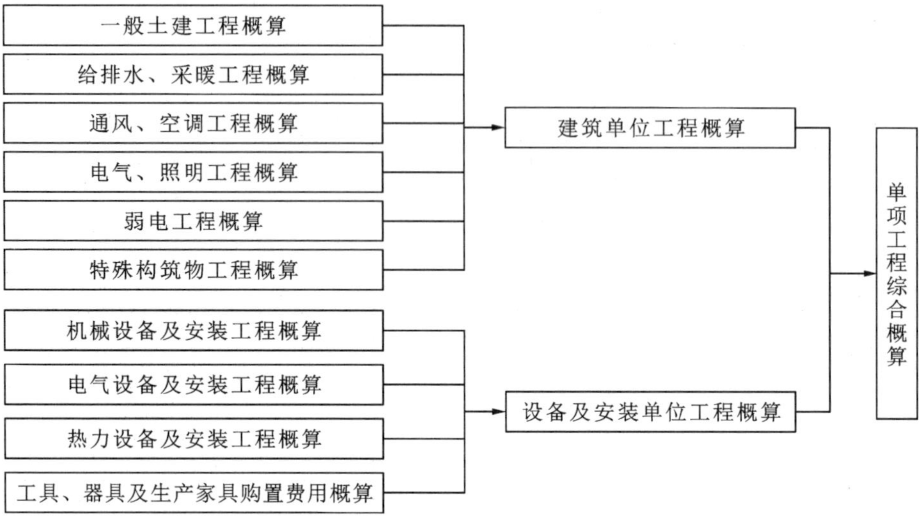

图 4-2　单项工程综合概算的组成内容

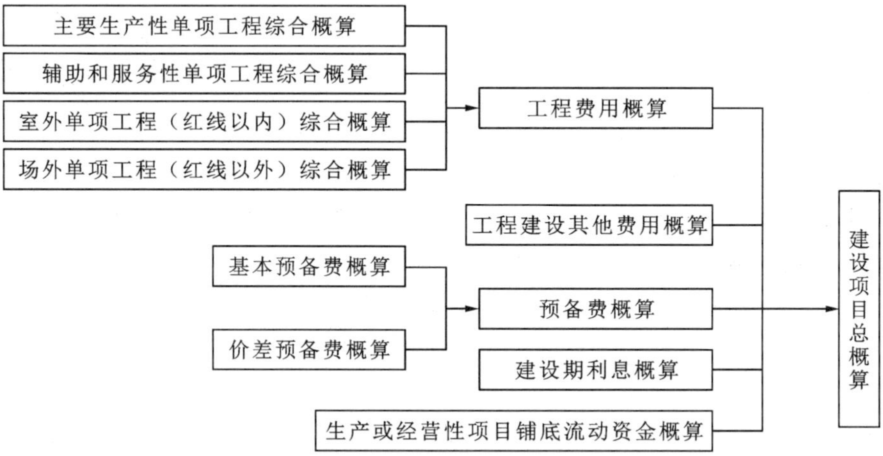

图 4-3　建设项目总概算的组成内容

若干个单位工程概算汇总后成为单项工程概算，若干个单项工程概算和工程建设其他费用、预备费、建设期利息等概算文件汇总成为建设项目总概算。单项工程概算和建设项目总概算仅是一种归纳、汇总性文件，因此最基本的计算文件是单位工程概算书。一个建设项目若仅包含一个单项工程，则建设项目总概算书与单项工程综合概算书可合并编制。

二、编制依据

设计概算编制依据涉及面很广，一般指编制项目概算所需的一切基础资料。对于不同项目，其概算编制依据不尽相同。设计概算文件编制人员应深入调研，收集编制概算所需的定额、价格、费用标准，以及国家或行业、当地主管部门的规定、办法等资料。投资方（项目业主）也应当主动配合，才能保证设计概算编制依据的完整性、合理性和时效性。一般来说，设计概算编制依据主要包括：

（1）国家、行业和地方政府有关建设和造价管理的法律、法规、规定。

（2）相关文件和费用资料，包括：

① 初步设计或扩大初步设计图纸、设计说明书、设备清单和材料表等。其中，土建工程包括建筑总平面图、平面图与立面图、剖面图和初步设计文字说明（注明门窗尺寸、装修标准等），结构平面布置图、构件尺寸及特殊构件的钢筋配置；安装工程包括给排水、采暖通风、电气、动力等专业工程的平面布置图、系统图、文字说明和设备清单等；室外工程包括平面图、总图、建设场地的地形图和场地设计标高及道路、排水沟、挡土墙、围墙等构筑物的断面尺寸。

② 批准的建设项目设计任务书（或批准的可行性研究报告）和主管部门的有关规定。

③ 国家或省、自治区、直辖市现行的建筑设计概算定额（综合概算定额或概算指标），现行的安装设计概算定额（或概算指标），类似工程概预算及技术经济指标。

④ 建设工程所在地区的人工工资标准、材料价格、施工机械台班价格，标准设备和非标准设备价格资料，现行的设备原价及运杂费费率，各类造价信息和指数。

⑤ 国家或省、自治区、直辖市现行的建筑安装工程企业管理费等有关费用标准。

⑥ 工程所在地区的土地征购、房屋拆迁、青苗补偿等费用和价格资料。

⑦ 资金筹措方式或资金来源。

⑧ 正常的施工组织设计及常规施工方案。

⑨ 项目涉及的有关文件、合同、协议等。

（3）施工现场资料。概算编制人员应熟悉设计文件，掌握施工现场情况，充分了解设计意图，掌握工程全貌，明确工程的结构形式和特点。掌握施工组织与技术应用情况，深入施工现场了解建设地点的地形、地貌及作业环境，并加以核实、分析和修正。

主要的施工现场资料如下：

① 建设场地的工程地质、地形地貌等自然条件资料和建设工程所在地区的有关技术经济条件资料。

② 项目所在地区有关的气候、水文、地质地貌等自然条件。

③ 项目所在地区的经济、人文等社会条件。

④ 项目的技术复杂程度，以及新工艺、新材料、新技术、新结构、专利使用情况等。

⑤ 建设项目拟定的建设规模、生产能力、工艺流程、设备及技术要求等情况。

⑥ 项目建设的准备情况，包括“三通一平”，施工方式的确定，施工用水、用电的供应等诸多因素。

任务三　设计概算的编制方法

一、单位工程概算的编制方法

单位工程概算书是概算文件的基本组成部分，是编制单项工程综合概算（或项目总概算）的依据，应根据单项工程中所属的每个单体按专业分别编制，一般分建筑工程、设备及安装工程两大类。建筑及安装单位工程概算投资由人工费、材料费、施工机具使用费、企业管理费、利润、增值税组成。

1. 建筑单位工程概算编制方法

《建设项目设计概算编审规程》CECA/GC 2—2015 规定：建筑工程概算应按构成单位工程的主要分部分项工程编制，根据初步设计（或扩初设计）工程量按工程所在省、市、自治区颁发的概算定额（指标）或行业概算定额（指标），以及工程费用定额计算。对于通用结构建筑可采用“造价指标”编制概算；对于特殊或重要的建构筑物，必须按构成单位工程的主要分部分项工程编制，必要时需要结合施工组织设计进行计算。在实务操作中，可视概算编制时具备的条件选用以下方法。

（1）概算定额法。

概算定额法又叫扩大单价法或扩大结构定额法，是利用概算定额编制单位工程概算的方法。根据设计图纸资料和概算定额的项目划分计算出工程量，然后套用概算定额单价（基价），计算汇总后，再计取有关费用，便可得出单位工程概算造价。概算定额法适用于设计达到一定深度，建筑结构尺寸比较明确，能按照设计的平面、立面、剖面图纸计算出楼地面、墙身、门窗和屋面等分项工程（或扩大分项工程或扩大结构构件）工程量的项目。这种方法编制出的概算精度较高，但是编制工作量大，需要大量的人力和物力。

利用概算定额编制概算的具体步骤如下：

① 熟悉图纸，了解设计意图、施工条件和施工方法。

② 按照概算定额的分部分项顺序，列出分部工程（或扩大分项工程或扩大结构构件）的项目名称，并计算工程量。

③ 确定各分部工程项目的概算定额单价。

④ 根据分部工程的工程量和相应的概算定额单价计算人工、材料、机械费用。

⑤ 计算企业管理费、利润和增值税。

⑥ 计算单位工程概算造价。

⑦ 编写概算编制说明。

例 4-1

某市拟建一座 12000 m^2 教学楼，请按给出的工程量和扩大单价见表 4-1，编制出该教学楼土建工程设计概算造价和平方米造价。企业管理费费率为人工、材料、机械费用之和的 15%，利润率为人工、材料、机械费用与企业管理费之和的 8%，增值税税率为 9%。

表 4-1 某教学楼土建工程量和扩大单价

分部工程名称	单位	工程量	扩大单价/元
基础工程	10 m^3	250	3600
混凝土及钢筋混凝土	10 m^3	260	7800
砌筑工程	10 m^3	470	3900
地面工程	100 m^2	54	2400
楼面工程	100 m^2	90	2700
屋面工程	100 m^2	60	5500
门窗工程	100 m^2	65	9500
石精饰面	10 m^2	150	3600
脚手架	100 m^2	280	900
措施	100 m^2	120	2200

注：表中价格为人、材、机费用，均不含管理费、利润、增值税。

解析

根据已知条件和表 4-1 给出的数据及扩大单价，求得该教学楼土建工程概算造价，如表 4-2 所示。

表 4-2 某教学楼土建工程概算造价计算表

序号	分部工程或费用名称	单位	工程量	扩大单价/元	合价/元
1	基础工程	10 m^3	250	3600	900000
2	混凝土及钢筋混凝土	10 m^3	260	7800	2028000
3	砌筑工程	10 m^3	470	3900	1833000
4	地面工程	100 m^2	54	2400	129600
5	楼面工程	100 m^2	90	2700	243000
6	屋面工程	100 m^2	60	5500	330000
7	门窗工程	100 m^2	65	9500	617500
8	石精饰面	10 m^2	150	3600	540000
9	脚手架	100 m^2	280	900	252000
10	措施	100 m^2	120	2200	264000

续表

序号	分部工程或费用名称	单位	工程量	扩大单价/元	合价/元
A	人、材、机费用小计	以上 10 项之和			7137100
B	管理费	A×15%			1070565
C	利润	（A+B）×8%			656613
D	增值税	（A+B+C）×9%			797785
概算造价		A+B+C+D			9662063
平方米造价/（元/m²）		9662063/12000			805.17

（2）概算指标法。

概算指标法是利用概算指标编制单位工程概算的方法，是用拟建的厂房、住宅的建筑面积（或体积）乘以技术条件相同或基本相同工程的概算指标，得出人工费、材料费、施工机具使用费合计，然后按规定计算出企业管理费、利润和增值税等，编制出单位工程概算的方法。

概算指标法的适用范围是设计深度不够，不能准确地计算出工程量，但工程设计技术比较成熟而又有类似工程概算指标可以利用的项目。概算指标法主要适用初步设计概算编制阶段的建筑物工程土建、给排水、暖通、照明等，以及较为简单或单一的构筑工程这类单位工程编制，计算出的费用精确度不高，往往只起到控制性作用。这是由于拟建工程（设计对象）往往与类似工程的概算指标的技术条件不尽相同，而且概算指标编制年份的设备、材料、人工等价格与拟建工程当时当地的价格也不会一样。如果想要提高精确度，需对指标进行调整。以下列举几种调整方法：

① 设计对象的结构特征与概算指标有局部差异时的调整。

$$\text{结构变化修正概算指标(元/m}^2\text{)} = J + Q_1P_1 - Q_2P_2 \tag{4-1}$$

式中：J——原概算指标；

Q_1——概算指标中换入结构的工程量；

Q_2——概算指标中换出结构的工程量；

P_1——换入结构的单价指标；

P_2——换出结构的单价指标。

或

结构变化修正概算指标的人工、材料、机械数量＝原概算指标人工、材料、机械数量＋换入结构工程量×相应定额人工、材料、机械消耗量－换出结构工程量×相应定额人工、材料、机械消耗量　（4-2）

② 设备、人工、材料、机械台班费用的调整。

设备、人工、材料、机械修正概算费用＝原概算指标的设备、人工、材料、机械费用＋$\sum$（换入设备、人工、材料、机械数量×拟建地区相应单价）－$\sum$（换出设备、人工、材料、机械数量×原概算指标的设备、人工、材料、机械费单价）　（4-3）

以上两种方法，前者是直接修正结构件指标单价，后者是修正结构件指标工、料、机数量。

需要特别注意的是，换入部分与其他部分可能存在因建设时间、地点、经济政策等条件不同引起的价格差异。在进行指标修正时，要消除要素价格差异的影响，保证各部分价格是同条件下的可比价格。

例 4-2

假设新建职工宿舍一座，其建筑面积为 3500 m^2，按当地概算指标手册查出同类土建工程单位造价为 880 元/m^2（其中人、材、机费为 650 元/m^2），采暖工程为 95 元/m^2，给排水工程为 72 元/m^2，照明工程为 180 元/m^2。但新建职工宿舍设计资料与概算指标相比较，其结构构件有部分变更。设计资料表明，外墙为 1.5 砖外墙，而概算指标中外墙为 1 砖墙。根据概算指标手册编制期采用的当地土建工程预算价格，外墙带形毛石基础的预算单价为 425.43 元/m^3，1 砖外墙的预算单价为 642.50 元/m^3，1.5 砖外墙的预算单价为 662.74 元/m^3；概算指标中每 100 m^2 中含外墙带形毛石基础为 3 m^3，1 砖外墙为 14.93 m^3。新建工程设计资料表明，每 100 m^2 中含外墙带形毛石基础为 4 m^3，1.5 砖外墙为 22.7 m^3。根据当地造价主管部门颁布的新建项目土建、采暖、给排水、照明等专业工程造价综合调整系数分别为：1.25、1.28、1.23、1.30。

试计算：每平方米土建工程修正概算指标，该新建职工宿舍设计概算金额。

解析

① 土建工程结构变更人、材、机费用修正指标计算，如表 4-3 所示。

表 4-3 结构变化引起的单价调整

序号	结构名称	单位	数量/m^3	单价/（元/m^3）	单位面积价格/（元/m^2）
	土建工程单位面积造价				650
1	换出部分				
1.1	外墙带形毛石基础	m^3	0.03	425.43	12.76
1.2	1砖外墙	m^3	0.1493	642.5	95.93
	换出合计	元			108.69
2	换入部分				
2.1	外墙带形毛石基础	m^3	0.04	425.43	17.02
2.2	1.5 砖外墙	m^3	0.227	662.74	150.44
	换入合计	元			167.46

土建工程单位面积人、材、机费用修正指标：

$$(650-108.69+167.46)\ 元/m^2=708.77\ 元/m^2$$

② 每平方米土建工程修正概算指标：

$$\left(708.77\times\frac{880}{650}\times1.25\right)\text{元}/\text{m}^2=1199.46\ \text{元}/\text{m}^2$$

③ 该新建职工宿舍设计概算金额：

$$[(1199.46+95\times1.28+72\times1.23+180\times1.30)\times3500]\ \text{元}=5752670\ \text{元}$$

（3）类似工程预算法。

类似工程预算法是利用技术条件相类似工程的预算或结算资料，编制拟建单位工程概算的方法。类似工程预算法适用于拟建工程设计与已完工程或在建工程的设计相类似而又没有可用的概算指标时采用，但必须对建筑结构差异和价差进行调整。建筑结构差异的调整方法与概算指标法的调整方法相同，类似工程造价的价差调整有两种方法：

① 类似工程造价资料有具体的人工、材料、机械台班的用量时，可按类似工程预算造价资料中的主要材料用量、工日数量、机械台班用量乘以拟建工程所在地的主要材料预算价格、人工单价、机械台班单价，计算出人、材、机费用合计，再计取相关费税，即可得出所需的造价指标。

② 类似工程预算成本包括人工费、材料费、施工机具使用费和其他费用（指管理等成本支出）时，可按下面的公式调整：

$$D=A\cdot K \tag{4-4}$$

$$K=a\%K_1+b\%K_2+c\%K_3+d\%K_4 \tag{4-5}$$

式中：D——拟建工程成本单价；

A——类似工程成本单价；

K——成本单价综合调整系数；

$a\%$、$b\%$、$c\%$、$d\%$——类似工程预算的人工费、材料费、施工机具使用费、其他费用占预算造价的比重，如：$a\%$=类似工程人工费（或工资标准）/类似工程预算造价×100%，$b\%$、$c\%$、$d\%$类同；

K_1、K_2、K_3、K_4——拟建工程地区与类似工程预算造价在人工费、材料费、施工机具使用费和其他费用之间的差异系数，如：K_1=拟建工程概算的人工费（或地区工资标准）/类似工程预算人工费（或地区工资标准），K_2、K_3、K_4类同。

例 4-3

新建一幢教学大楼，建筑面积为 6000 m^2，根据下列类似工程施工图预算的有关数据，试用类似工程预算法编制设计概算。已知数据如下：

① 类似工程的建筑面积为 4600 m^2，预算成本为 7856200 元。

② 类似工程各种费用占预算成本的权重是：人工费 20%、材料费 57%、施工机具使用费 12%、其他费用 11%。

③ 拟建工程地区与类似工程地区造价之间的差异系数为 $K_1=1.03$、$K_2=1.04$、$K_3=0.98$、$K_4=1.05$。

④ 利润和增值税税率为 18%。

根据上述条件，采用类似工程预算法计算拟建工程概算造价。

解析

① 综合调整系数为：

$$K=20\%\times1.03+57\%\times1.04+12\%\times0.98+11\%\times1.05=1.032$$

② 类似工程预算单位面积成本为：

$$(7856200/4600)\ 元/m^2=1707.87\ 元/m^2$$

③ 拟建教学楼工程单位面积概算成本为：

$$(1707.87\times1.032)\ 元/m^2=1762.52\ 元/m^2$$

④ 拟建教学楼工程单位面积概算造价为：

$$[1762.52\times(1+18\%)]\ 元/m^2=2079.77\ 元/m^2$$

⑤ 拟建教学楼工程的概算造价为：

$$(2079.77\times6000)\ 元=12478620\ 元$$

2. 设备及安装单位工程概算的编制方法

设备及安装单位工程概算包括设备购置费概算和设备安装工程费概算两大部分。

（1）设备购置费概算。

设备购置费是根据初步设计的设备清单计算出设备原价，并汇总求出设备总原价，然后按有关规定的设备运杂费费率乘以设备总原价，两项相加即为设备购置费概算。有关设备原价、运杂费和设备购置费的计算方法见项目三任务二的介绍。

（2）设备安装工程费概算的编制方法。

《建设项目设计概算编审规程》CECA/GC 2—2015 规定：设备及安装工程概算按构成单位工程的主要分部分项工程编制，根据初步设计工程量按工程所在省、市、自治区颁发的概算定额（指标）或行业概算定额（指标），以及工程费用定额计算。当概算定额或指标不能满足概算编制要求时，应编制“补充单位估价表”。设备安装工程费概算的编制方法是根据初步设计深度和要求所明确的程度来确定的，主要的编制方法有：

① 预算单价法。当初步设计较深，有详细的设备和具体满足预算定额工程量清单时，可直接按工程预算定额单价编制安装工程概算，或者对于分部分项组成简单的单位工程也可采用工程预算定额单价编制概算，编制程序与施工图预算编制基本相同。该方法具有计算比较具体、精确性较高的优点。

② 扩大单价法。当初步设计深度不够，设备清单不完备，只有主体设备或仅有成套设备重量时，可采用主体设备、成套设备的综合扩大安装单价来编制概算。上述两种方法的具体操作与建筑工程概算相类似。

③ 设备价值百分比法，也称安装设备百分比法。当设计深度不够，只有设备出厂价而无详细规格、重量时，安装费可按占设备费的百分比计算。其百分比值（即安装费费率）由相关主管部门制定或由设计单位根据已完类似工程确定。该法常用于价格波动不大的定型产品和通用设备产品，计算公式为：

$$设备安装费=设备原价\times 安装费费率(\%) \tag{4-6}$$

④ 综合吨位指标法。当设计文件提供的设备清单有规格和设备重量时，可采用综合吨位指标编制概算，综合吨位指标由主管部门或设计单位根据已完类似工程资料确定。该法常用于设备价格波动较大的非标准设备和引进设备的安装工程概算。其计算公式为：

$$设备安装费=设备吨重\times 每吨设备安装费指标(元/t) \tag{4-7}$$

二、单项工程综合概算的编制方法

1. 单项工程综合概算的含义

单项工程综合概算（以下简称综合概算）是以初步设计文件为依据，在单位工程概算的基础上汇总单项工程工程费用的成果文件，是设计概算书的组成部分。

2. 单项工程综合概算的内容

综合概算是以单项工程所包括的各个单位工程概算为基础，采用“综合概算表”（见表 4-4）进行汇总编制而成。

表 4-4 综合概算表

综合概算编号：　　工程名称（单项工程）：　　单位：万元　　共　页　第　页

序号	概算编号	工程项目或费用名称	设计规模或主要工程量	建筑工程费	设备购置费	安装工程费	合计	其中：引进部分	
								美元	折合人民币
一		主要工程							
1		×××							
2		×××							
二		辅助工程							
1		×××							

续表

序号	概算编号	工程项目或费用名称	设计规模或主要工程量	建筑工程费	设备购置费	安装工程费	合计	其中：引进部分	
								美元	折合人民币
2		×××							
三		配套工程							
1		×××							
2		×××							
		单项工程概算费用合计							

编制人： 审核人： 审定人：

三、建设项目总概算的编制方法

1. 建设项目总概算的含义

建设项目总概算是确定一个完整建设项目概算总投资的文件（以下简称总概算），是在设计阶段对建设项目投资总额度的概算，是设计概算的最终汇总性造价文件。一般来说，一个完整的建设项目应按三级编制设计概算（即单位工程概算 _ 单项工程综合概算 _ 建设项目总概算）。对于建设单位仅增建一个单项工程项目时，可不需要编制综合概算，直接编制总概算，也就是按二级编制设计概算（即单位工程概算 _ 单项工程总概算）。

2. 建设项目总概算的内容

总概算文件应包括：编制说明、总概算表、各单项工程综合概算书、工程建设其他费用概算表、主要建筑安装材料汇总表。独立装订成册的总概算文件宜加封面、签署页（扉页）和目录。

（1）编制说明。

总概算编制说明一般应包括以下主要内容。

① 项目概况：简述建设项目的建设地点、建设规模、建设性质（新建、扩建或改建）、工程类别、建设期限（年限）、主要工程内容、主要工程量、主要工艺设备及数量等。

② 主要技术经济指标：项目概算总投资（有引进技术设备的给出所需外汇额度）及主要分项投资、主要单位投资（万元/m^2、万元/m^3、万元/t、万元/km、万元/套）等。

③ 资金来源：按资金来源不同渠道分别说明，发生资产租赁的说明租赁方式及租金。

④ 编制依据：说明概算主要编制依据。

⑤ 其他需要说明的问题。

⑥ 总说明附表（包括建筑、安装工程工程费用计算表、引进设备材料清单及从属费用计算表、具体建设项目概算要求的其他附表及附件）。

编制说明应针对具体项目的独有特征进行阐述，编制依据应符合国家法律法规和各级政府部门、行业颁发的规定制度，应符合现行的金融、财务、税收制度，应符合国家或建设项目所在地政府经济发展政策和规划；说明还应对概算存在的问题和一些其他相关的问题进行说明，比如不确定因素、没有考虑的外部衔接等问题。

（2）总概算表。

采用三级编制形式的总概算表见表 4-5，采用二级编制形式的总概算表见表 4-6。

表 4-5 总概算表（三级编制形式）

总概算编号：　　工程名称：　　单位：万元　　共　页　第　页

序号	概算编号	工程项目或费用名称	建筑工程费	设备购置费	安装工程费	其他费用	合计	其中：引进部分		占总投资比例/（%）
								美元	折合人民币	
一		工程费用								
1		主要工程								
		×××								
		×××								
2		辅助工程								
		×××								
3		配套工程								
		×××								
二		其他费用								
1		×××								
2		×××								
三		预备费								
四		专项费用								
1		×××								
2		×××								
		建设工程概算总投资								

编制人：　　审核人：　　审定人：

表 4-6 总概算表（二级编制形式）

总概算编号： 工程名称： 单位：万元 共 页 第 页

序号	概算编号	工程项目或费用名称	设计规模或主要工程量	建筑工程费	设备购置费	安装工程费	其他费用	合计	其中：引进部分		占总投资比例/（%）
									美元	折合人民币	
		工程费用									
1		主要工程									
		×××									
		×××									
2		辅助工程									
		×××									
3		配套工程									
		×××									
		其他费用									
1		×××									
2		×××									
		预备费									
四		专项费用									
1		×××									
2		×××									
		建设工程概算总投资									

编制人： 审核人： 审定人：

编制总概算表时需注意：

① 工程费用按单项工程综合概算组成编制，采用二级编制的按单位工程概算组成编制。市政民用建设项目一般排列顺序为：主体建（构）筑物、辅助建（构）筑物、配套系统。工业建设项目一般排列顺序为：主要工艺生产装置、辅助工艺生产装置、公用工程、总图运输、生产管理服务性工程、生活福利工程、厂外工程。

② 其他费用一般按其他费用概算顺序列项。主要包括建设用地费、建设管理费、勘察设计费、可行性研究费、环境影响评价费、劳动安全卫生评价费、场地准备及临时设施费、工程保险费、联合试运转费、生产准备及开办费、特殊设备安全监督检验费、市政公用设施建设及绿化补偿费、引进技术和引进设备材料其他费、专利及专有技术使用费、研究试验费等。

③ 预备费包括基本预备费和价差预备费。基本预备费以总概算第一部分“工程费

用”和第二部分“其他费用”之和为基数的百分比计算，价差预备费计算公式见项目二任务五。

④ 应列入项目概算总投资中的几项费用一般包括建设期利息、铺底流动资金等。

任务四　设计概算文件的组成

设计概算文件是设计文件的组成部分，概算文件编制成册应与其他设计技术文件统一。目录、表格的填写要求概算文件的编号层次分明、方便查找（总页数应编流水号），由分到合、一目了然。概算文件的编制形式，根据项目的功能、规模、独立性程度等因素来决定采用三级编制（总概算、综合概算、单位工程概算）还是二级编制（总概算、单位工程概算）形式。对于采用三级编制形式的设计概算文件，一般由封面、签署页及目录、编制说明、总概算表、其他费用计算表、单项工程综合概算表组成总概算册，根据情况由封面、单项工程综合概算表、单位工程概算表及附件组成各概算分册；对于采用二级编制形式的设计概算文件，一般由封面、签署页及目录、编制说明、总概算表、其他费用计算表、单位工程概算表组成，可将所有概算文件组成一册。概算文件及各种表格格式详见《建设项目设计概算编审规程》CECA/GC 2—2015。

任务五　设计概算的审查

一、审查设计概算的意义

（1）有利于合理分配投资资金、加强投资计划管理，有助于合理确定和有效控制工程造价。设计概算偏高或偏低不仅影响工程造价的控制，也会影响投资计划的真实性，影响投资资金的合理分配。

（2）有利于促进概算编制单位严格执行国家有关概算的编制规定和费用标准，从而提高概算的编制质量。

（3）有利于促进设计的技术先进性与经济合理性。概算中的技术经济指标，是概算的综合反映，与同类工程对比，便可看出它的先进与合理程度。

（4）有利于核定建设项目的投资规模，可以使建设项目总投资力求做到准确、完整，防止任意扩大投资规模或出现漏项，从而减少投资缺口，缩小概算与预算之间的差距，避免故意压低概算投资，搞“钓鱼”项目，最后导致实际造价大幅度地突破概算。

(5) 有利于为建设项目投资的落实提供可靠的依据。打足投资，不留缺口，有助于提高建设项目的投资效益。

二、设计概算的审查内容

1. 审查设计概算的编制依据

(1) 审查编制依据的合法性。采用的各种编制依据必须经过国家和授权机关的批准，符合国家有关的编制规定，未经批准的不能采用。不能强调情况特殊，擅自提高概算定额、指标或费用标准。

(2) 审查编制依据的时效性。各种依据，如定额、指标、价格、取费标准等都应根据国家有关部门的现行规定进行，注意有无调整和新的规定，如有，应按新的调整办法和规定执行。

(3) 审查编制依据的适用范围。各种编制依据都有规定的适用范围，如各主管部门规定的各种专业定额及其取费标准，只适用于该部门的专业工程；各地区规定的各种定额及其取费标准，只适用于该地区范围内，特别是地区的材料预算价格区域性更强，如某市有该市市区的材料预算价格，又编制了郊区内一个矿区的材料预算价格，在编制该矿区某工程概算时，应采用该矿区的材料预算价格。

2. 审查概算编制深度

(1) 审查编制说明。审查编制说明可以检查概算的编制方法、深度和编制依据等重大原则问题，若编制说明有差错，具体概算必有差错。

(2) 审查概算编制深度。一般大中型项目的设计概算应有完整的编制说明和“三级概算”(即总概算表、单项工程综合概算表、单位工程概算表)，并按有关规定的深度进行编制。审查是否有符合规定的“三级概算”，各级概算的编制、核对、审核是否按规定签署，有无随意简化，有无把“三级概算”简化为“二级概算”。

(3) 审查概算的编制范围。审查概算编制范围及具体内容是否与主管部门批准的建设项目范围及具体工程内容一致；审查分期建设项目的建筑范围及具体工程内容有无重复交叉，是否重复计算或漏算；审查其他费用应列的项目是否符合规定，静态投资、动态投资和经营性项目铺底流动资金是否分别列出等。

3. 审查概算的内容

(1) 审查概算的编制是否符合国家的方针、政策，是否根据工程所在地的自然条件编制。

(2) 审查建设规模（投资规模、生产能力等)、建设标准（用地指标、建筑标准等)、配套工程、设计定员等是否符合原批准的可行性研究报告或立项批文的标准。对总概算投资超过批准投资估算 10%的，应查明原因，重新上报审批。

（3）审查编制方法、计价依据和程序是否符合现行规定，包括定额或指标的适用范围和调整方法是否正确；补充定额或指标的项目划分、内容组成、编制原则等是否与现行的定额规定相一致等。

（4）审查工程量是否正确，工程量的计算是否根据初步设计图纸、概算定额、工程量计算规则和施工组织设计的要求进行，有无多算、重算和漏算，尤其对工程量大、造价高的项目要重点审查。

（5）审查材料用量和价格，审查主要材料（钢材、木材、水泥、砖）的用量数据是否正确，材料预算价格是否符合工程所在地的价格水平，材料价差调整是否符合现行规定及其计算是否正确等。

（6）审查设备规格、数量和配置是否符合设计要求，是否与设备清单相一致，设备预算价格是否真实，设备原价和运杂费的计算是否正确，非标准设备原价的计价方法是否符合规定，进口设备的各项费用的组成及其计算程序、方法是否符合国家主管部门的规定。

（7）审查建筑安装工程的各项费用的计取是否符合国家或地方有关部门的现行规定，计算程序和取费标准是否正确。

（8）审查综合概算、总概算的编制内容、方法是否符合现行规定和设计文件的要求，有无设计文件外项目，有无将非生产性项目以生产性项目列入。

（9）审查总概算文件的组成内容，是否完整地包括了建设项目从筹建到竣工投产为止的全部费用组成。

（10）审查工程建设其他费用项目，这部分费用内容多、弹性大，占项目总投资的15％～25％，要按国家和地区规定逐项审查，不属于总概算范围的费用项目不能列入概算，具体费率或计取标准是否按国家、行业有关部门规定计算，有无随意列项、有无多列、交叉计列和漏项等。

（11）审查项目的“三废”治理。拟建项目必须同时安排“三废”（废水、废气、废渣）的治理方案和投资，对于未做安排或漏项或多算、重算的项目，要按国家有关规定核实投资，以满足“三废”排放达到国家标准。

（12）审查技术经济指标，技术经济指标计算方法和程序是否正确，综合指标和单项指标与同类型工程指标相比是偏高还是偏低，其原因是什么，并予以纠正。

（13）审查投资经济效果，设计概算是初步设计经济效果的反映，要按照生产规模、工艺流程、产品品种和质量，从企业的投资效益和投产后的运营效益全面分析，是否达到了先进可靠、经济合理的要求。

三、审查设计概算的方法

1. 对比分析法

对比分析法主要是通过建设规模、标准与立项批文对比，工程数量与设计图纸对比，综合范围、内容与编制方法、规定对比，各项取费与规定标准对比，材料、人工单价与统一信息对比，引进设备、技术投资与报价要求对比，技术经济指标与同类工程对比等，发现设计概算存在的主要问题和偏差，为解决问题和纠偏提供前提条件。

2. 查询核实法

查询核实法是对一些关键设备和设施、重要装置、引进工程图纸不全、难以核算的较大投资进行多方查询核对，逐项落实的方法。主要设备的市场价向设备采购部门或招标公司查询核实，重要生产装置、设施向同类企业（工程）查询了解，引进设备价格及有关费税向进出口公司调查落实，复杂的建筑安装工程向同类工程的建设、承包、施工单位征求意见，深度不够或不清楚的问题直接同原概算编制人员、设计者询问清楚。

3. 联合会审法

联合会审前，可先采取多种形式分头审查，包括设计单位自审，主管、建设、承包单位初审，工程造价咨询公司评审，邀请同行专家预审，审批部门复审等，经层层审查把关后，由有关单位和专家进行联合会审。在会审大会上，由设计单位介绍概算编制情况及有关问题，各有关单位、专家汇报初审、预审意见。然后进行认真分析、讨论，结合对各专业技术方案的审查意见所产生的投资增减，逐一核实原概算出现的问题。经过充分协商，认真听取设计单位意见后，实事求是地处理和调整。

对审查中发现的问题和偏差，按照单位工程概算、综合概算、总概算的顺序，按设备费、安装费、建筑费和工程建设其他费用分类整理。然后按照静态投资、动态投资和铺底流动资金三大类，汇总核增或核减的项目及其投资额。最后将具体审核数据，按照“原编概算”“增减投资”“增减幅度”“调整原因”四栏列表，并按照原总概算表汇总顺序，将增减项目逐一列出，相应调整所属项目投资合计，再依次汇总审核后的总投资及增减投资额。对于差错较多、问题较大或不能满足要求的，责成编制单位按审查意见修改后，重新报批。

四、设计概算的批准

经审查合格后的设计概算提交审批部门复核，复核无误后就可以批准，一般以文件的形式正式下达审批概算。审批部门应具有相应的权限，按照国家、地方政府，或者是行业主管部门规定，不同的部门具有不同的审批权限。

任务六 设计概算的调整

批准后的设计概算一般不得调整。由于以下原因引起的设计和投资变化可以调整概算，但要严格按照调整概算的有关程序执行。

（1）超出原设计范围的重大变更。凡涉及建设规模、产品方案、总平面布置、主要工艺流程、主要设备型号规格、建筑面积、设计定员等方面的修改，必须由原批准立项单位认可，原设计审批单位复审，经复核批准后方可变更。

（2）超出基本预备费规定范围，不可抗拒的重大自然灾害引起的工程变动或费用增加。

（3）超出工程造价调整预备费，属国家重大政策性变动因素引起的调整。

由于上述原因需要调整概算时，应当由建设单位调查分析变更原因报主管部门，审批同意后，由原设计单位核实编制调整概算，并按有关审批程序报批。由于设计范围的重大变更而需调整概算时，还需要重新编制可行性研究报告，经论证评审可行审批后，才能调整概算。建设单位（项目业主）自行扩大建设规模、提高建设标准等而增加费用不予调整。

需要调整概算的工程项目，影响工程概算的主要因素已经清楚，工程量完成了一定量后方可进行调整，一个工程只允许调整一次概算。

调整概算编制深度与要求、文件组成及表格形式同原设计概算，调整概算还应对工程概算调整的原因做详尽分析说明，所调整的内容在调整概算总说明中要逐项与原批准概算对比，并编制调整前后概算对比表（见表 4-7 和表 4-8），分析主要变更原因；当调整变化内容较多时，调整前后概算对比表，以及主要变更原因分析应单独成册，也可以与设计文件调整原因分析一起编制成册。在上报调整概算时，应同时提供原设计的批准文件、重大设计变更的批准文件、工程已发生的主要影响工程投资的设备和大宗材料采购合同等依据作为调整概算的附件。

表 4-7 总概算对比表

总概算编号：　　工程名称：　　单位：万元　　共　页　第　页

序号	工程项目或费用名称	原批准概算（1）					调整概算（2）					差额（2）－（1）	备注
		建筑工程费	设备购置费	安装工程费	其他费用	合计	建筑工程费	设备购置费	安装工程费	其他费用	合计		
一	工程费用												
1	主要工程												
	×××												

续表

序号	工程项目或费用名称	原批准概算（1）					调整概算（2）					差额（2）－（1）	备注
		建筑工程费	设备购置费	安装工程费	其他费用	合计	建筑工程费	设备购置费	安装工程费	其他费用	合计		
2	辅助工程												
	×××												
3	配套工程												
	×××												
二	其他费用												
1	×××												
三	预备费												
四	专项费用												
1	×××												
	建设工程概算总投资												

编制人：　　　　　　　　　　　　　　　审核人：

表 4-8　综合概算对比表

总概算编号：　　　　　工程名称：　　　　　单位：万元　　　　　共　页　第　页

序号	工程项目或费用名称	原批准概算（1）				调整概算（2）				差额（2）－（1）	调整的主要原因
		建筑工程费	设备购置费	安装工程费	合计	建筑工程费	设备购置费	安装工程费	合计		
一	主要工程										
1	×××										
2	×××										
二	辅助工程										
1	×××										

续表

序号	工程项目或费用名称	原批准概算（1）				调整概算（2）				差额（2）－（1）	调整的主要原因
		建筑工程费	设备购置费	安装工程费	合计	建筑工程费	设备购置费	安装工程费	合计		
2	×××										
三	配套工程										
1	×××										
2	×××										
	单项工程费用概算合计										

编制人：　　　　　　　　　　审核人：

项目小结

了解设计概算的概念、作用、依据，掌握建设项目层次概算体系费用构成，掌握投资估算编制内容和方法，掌握单位工程概算、单项工程综合概算、建设项目总概算的编制方法，掌握设计概算文件的组成，了解设计概算审查的意义、审查内容和审查的方法。了解设计概算在批准之后如何进行调整。

思考与习题

1. 简述设计概算的概念及作用。
2. 简述设计概算编制内容及依据。
3. 建设项目层次概算体系费用由哪些内容构成？
4. 设计概算的编制方法有哪些？
5. 设计概算审查方法有哪些？

项目五

预算定额的编制

学习目标

通过本项目的学习，熟悉预算定额的概念及分类；掌握预算定额的套用及换算。还应达到以下具体目标：掌握预算定额消耗量指标的计算；掌握人工工日单价的组成；掌握材料预算价格的概念、组成和计算；掌握机械台班单价的组成；熟练掌握预算定额的直接套用；熟练掌握常见的预算定额换算。

任务一　预算定额的概述

引例：学校图书信息大楼的施工图设计已经完成，下一步要进入招投标阶段，确定采用公开招标的方式确定承包人。在进行招投标时。请思考：

1. 预先编制该工程造价即标底时，要使用什么定额？

2. 投标人投标报价编制该工程的造价时，要使用什么定额？

分析：

预算定额是编制招标控制价和投标报价的依据，所以前面引例中业主要预先编制该工程造价即标底时，要使用预算定额。投标人投标报价编制该工程的造价时，也要使用预算定额。

一、预算定额的概念

预算定额是指在正常合理的施工条件下，规定完成一定计量单位分项工程或结构构件所必需的人工、材料、机械台班的消耗数量标准（或额度）。

预算定额属于计价定额。预算定额是以建筑物或构筑物各个分部分项工程为对象编制的定额，是以施工定额为基础综合扩大编制的，是计算建筑安装工程造价的基础，同时也是编制概算定额的基础。

二、预算定额的性质和特点

（一）预算定额是一种计价性定额

预算定额具有计价性是因为：第一，建筑安装工程预算定额本身就是国家建设行政主管部门编制、颁发的一项重要技术经济法规。它反映着现有生产力水平的条件下，工程建设产品生产和消费之间的客观数量关系，建筑安装工程预算定额的各项指标代表着国家规定的施工企业在完成施工任务中的人工、材料、施工机械台班消耗量的限度，这种限度决定了国家、建设工程投资者为最终完成建设工程能够对施工企业提供多少物质资料和生产资金。因此，从某种程度上看，建筑安装工程预算定额是与建设工程产品生产有关的各部门、各单位之间建立经济关系的基础，与工程建设产品生产有关的经济单位——建设单位、施工单位、设计单位、咨询单位、物资生产与供应单位、银行等，都应该按照预算定额的指导来处理经济关系。

第二，由于工程产品具有单件性的特点，每项产品不仅在实物形态上可能千差万别，而且在价值构成上也千变万化，对其价格进行合理的计算、确定与评价，远较一般的商品困难。建筑安装工程预算定额作为国家给工程建设产品提供的统一核算、评价尺度，把工程建设产品的价值以实物指标的形式反映出来，从而使有关单位能够合理地编制固定资产投资计划，正确地把握固定资产的投资规模，科学地对各地区、各部门的工程设计经济效果与施工管理水平进行统一的比较与考核，将各类工程建设的资源消耗控制在合理的水平上，按照预算定额的指导，有效地在工程建设领域内实行管理和经济监督等。

（二）预算定额科学地反映当前建筑业的劳动生产率水平

1. 预算定额的确定是以社会必要劳动量为依据的

预算定额的编制者是根据现实正常的施工生产条件、大多数企业的机械化水平、建筑业平均的劳动熟练程度和强度，以及现行的质量评定标准、安全操作规程、施工及验收规范等情况，来具体计算、确定建筑安装工程预算定额中每个分项工程或结构构件的人工、材料、施工机械台班消耗指标的。因此，每一分项工程或结构构件的预算定额所反映的都是生产该种单位合格建筑安装产品所需要的社会平均的活劳动和物化劳动的消耗量——社会必要劳动时间，体现的是马克思所揭示的价值规律等经济规律的客观要求。

2. 预算定额是应用科学方法制定的

预算定额中的各种消耗指标都是通过一系列必要的科学实验、理论计算，并在此基础上进行深入细致的调查研究、调整、修正，最终制定出来的。

综上分析，预算定额既有科学的理论依据，又符合当前的建筑业的劳动生产率水平。

（三）预算定额具有综合性

（1）预算定额中每一分项工程或结构构件的人工、材料、施工机械台班的消耗指标，都是按照正常设计施工情况下，完成一定计量单位的合格工程产品所需要的全部工序来确定的，是综合了设计规范、质量标准、验收规范、施工操作规程、安全技术规程等法规资料和定额客观存在着外延内涵的完整性要求，具有科学、技术、经济和法律的综合性。

（2）预算定额中消耗指标的确定既考虑了主要因素，又考虑了次要因素。

预算定额消耗指标的确定不仅注意了及时反映科学研究、技术进步的成果，尽量采用经过试验取得成功并推广使用的新材料、新技术、新工艺等，同时，还注意到确保工程质量，确保大多数施工企业能够达到。

（四）预算定额具有灵活性

由于建设工程具有产品单件性的特点，每一工程的设计和施工都难免会出现与预算定额中某些分项工程或结构构件不一致的情况。为了使预算定额在执行过程中能适应每一工程复杂的实际状况，使根据预算定额计算出的劳动耗费是完成一定量的合格工程产品所需的社会必要劳动耗费，并保证定额的适用性和使用的方便性，预算定额一般都明确规定：对于某些部分可以根据工程设计的具体情况，对定额中相应分项工程的有关实物消耗指标进行调整、换算。通常，将定额允许换算的部分称为“活口”，预算定额中适当留有活口，体现了其灵活性，这种灵活性是预算定额适用性的保证，有了灵活性，才便于预算定额更好地执行。

三、预算定额的作用

预算定额是用途最广的一种定额，在工程建设定额中占有很重要的地位。

1. 预算定额是编制施工图预算、确定和控制建筑安装工程造价的基础

施工图设计一经确定，工程预算造价就取决于预算定额水平和人工、材料及机械台班的价格。预算定额起着控制劳动消耗、材料消耗和机械台班使用的作用，进而起到控制建筑产品价格的作用。

2. 预算定额是编制施工组织设计的依据

施工组织设计的重要任务之一，是确定施工中所需人力、物力的供求量，并做出最佳安排。施工单位在缺乏本企业的施工定额的情况下，根据预算定额，也能够比较精确地计算出施工中各项资源的需要量，为有计划地组织材料采购、预制件加工、劳动力和施工机械的调配，提供可靠的计算依据。

3. 预算定额是工程结算的依据

工程结算是建设单位和施工单位按照工程进度对已完成的分部分项工程实现货币支付的行为。按进度支付工程款，需要根据预算定额将已完成的分项工程的造价算出。单位工程验收后，再按竣工工程量、预算定额和施工合同规定进行结算，以保证建设单位资金的合理使用和施工单位的经济收入。

4. 预算定额是施工单位进行经济活动分析的依据

预算定额规定的物化劳动和劳动消耗指标，是施工单位在生产经营中允许消耗的最高标准。施工单位必须以预算定额作为评价企业工作的重要标准，作为努力实现的目标。施工单位可根据预算定额对施工中的劳动、材料、机械的消耗情况进行具体的分析，以便找出并克服低工效、高消耗的薄弱环节，提高竞争力。只有在施工中尽量降低劳动消耗、采用新技术、提高劳动者素质、提高劳动生产率，才能取得更好的经济效益。

5. 预算定额是编制概算定额的基础

概算定额是在预算定额基础上综合扩大编制的。利用预算定额作为编制依据，不但可以节省编制工作的大量人力、物力和时间，收到事半功倍的效果，还可以使概算定额在水平上与预算定额保持一致，以免造成执行中的不一致。

6. 预算定额是合理编制招标控制价、投标报价的基础

在深化改革中，预算定额的指令性作用将日益削弱，但对施工单位按照工程成本报价的指导性作用仍然存在，因此预算定额作为编制招标控制价的依据和施工企业报价的基础性作用仍将存在，这也是由预算定额本身的科学性和指导性决定的。

四、预算定额的分类

（一）按专业性质划分

按专业性质划分，预算定额可分为建筑工程预算定额和安装工程预算定额两大类。

（1）建筑工程预算定额：按专业对象分为建筑工程预算定额、市政工程预算定

额、铁路工程预算定额、公路工程预算定额、房屋修缮工程预算定额、矿山井巷预算定额等。

(2) 安装工程预算定额：按专业对象分为电气设备安装工程预算定额、机械设备安装工程预算定额、通信设备安装工程预算定额、化学工业设备安装工程预算定额、工业管道安装工程预算定额、工艺金属结构安装工程预算定额、热力设备安装工程预算定额等。

(二) 按管理权限和执行范围划分

按管理权限和执行范围划分，预算定额可以分为全国统一预算定额、行业统一预算定额和地区统一预算定额等。

(1) 全国统一预算定额，就是由国家建设行政主管部门组织编制和发布，在全国范围内使用的基础性定额。如住建部颁布的自 2015 年 9 月起施行《房屋建筑与装饰工程消耗量定额》TY 01—31—2015，适用于工业与民用建筑的新建、扩建和改建房屋建筑与装饰工程。

(2) 行业统一预算定额，是指由行业建设行政主管部门组织，依据有关行业标准和规范，考虑行业工程建设以及施工生产和管理水平等情况编制和发布的，在本行业和相同专业性质的范围内使用的定额。如公路工程预算定额、矿井工程预算定额、铁路工程预算定额、通信设备安装工程预算定额、化学工业设备安装工程预算定额等。

(3) 地区统一预算定额，由省、自治区、直辖市建设行政主管部门结合本地区特点编制的定额，只在本地区范围内执行，如《湖北省房屋建筑与装饰工程消耗量定额及全费用基价表》(2018 版)、2017 年《〈北京市建设工程计价依据——预算消耗量定额〉绿色建筑工程》等。

(三) 按生产要素划分

按生产要素划分，预算定额可分为劳动预算定额、机械预算定额和材料消耗预算定额。

它们相互依存形成一个整体，作为编制预算定额的依据，各自不具有独立性。

五、预算定额与施工定额的关系

预算定额是在施工定额的基础上制定的，预算定额的人工、材料、机械台班消耗指标是施工定额的分项逐项计算出的消耗指标的综合。两者都是实现造价科学管理的工具，但是这两种定额又有不同之处，它们的主要区别表现在以下几个方面。

(一) 定额作用不同

施工定额是一种计量性的定额，施工定额的作用表现在它既是企业编制施工组织设计的依据，又是企业编制施工作业计划的依据；是编制施工预算，加强企业成本管理和经济核算的基础；是施工企业投标报价的依据。预算定额是一种计价性的定额，其主要作用表现在它是编制施工图预算，确定和控制项目投资、建筑安装工程造价的基础；是进行工程拨款和计算的依据；是施工企业投标报价和建设单位编制标底（招标控制价）的依据。

（二）定额水平不同

施工定额是社会平均先进水平，主要用于施工企业内部核算。预算定额是社会平均水平，是施工单位与建设单位之间结算用的。施工定额水平要高于预算定额。

（三）项目划分和定额内容不同

施工定额的编制主要以工程或施工过程为研究对象，所以定额项目划分详细，定额工作内容具体；预算定额是在施工定额的基础上经过综合扩大编制而成的。但是，这种综合不是简单的合并和相加，而需要在综合过程中增加两种定额之间的适当的幅度差，所以预算定额项目划分更加综合，每一个定额项目工作内容包括了若干个施工定额的工作内容。

任务二　预算定额的编制

一、预算定额的编制原则

为保证预算定额的质量、充分发挥预算定额的作用和实际使用简便，必须严格遵循以下原则进行编制。

（一）社会平均水平的原则

建筑安装工程预算定额是计算、确定建设工程产品价格的重要依据之一，那么，预算定额的水平理应遵循价值规律的要求，按生产该产品的社会平均必要劳动时间来确定其价值。也就是说，在正常的施工条件下，以平均的劳动强度、平均的技术熟练程度，在平均的技术装备条件下，完成单位合格产品所需的劳动消耗量就是预算定额的消耗水平。

这里的平均水平指的是：大多数施工企业能够达到，少数施工企业可以超过，少数施工企业必须通过努力才能达到的水平。只有按平均水平的原则编制预算定额，才能使预算定额反映完成建筑安装工程单位合格产品所必需的社会劳动消耗，成为建设工程产品统一的核算尺度，预算定额才能发挥合理确定工程产品价格、正确编制固定资产投资计划、适度把握固定资产投资规模、恰当地补偿工程施工中的劳动耗费、促进施工企业搞好经济核算、提高投资经济效益等重要作用。

（二）简明适用的原则

在编制预算定额，划分其中分项工程项目时，必须坚持简明适用的原则。

"简明"强调的是综合性，即在划分预算定额中的分项项目时，综合性一定要强，要在保证预算定额的分项项目相对准确的条件下，尽量使分项项目简明扼要，以尽可能地简化工程计价过程中的工程量计算工作。

"适用"则强调齐全性，指的是分项项目的划分在加强综合性的同时，必须注重实际情况，保证项目相对齐全，以利于预算定额的使用方便。

要体现简明适用的原则，就应在编制预算定额时采用"粗编细算"的方法。所谓"粗编"是指分项项目的划分不能过多、过细，必须保持一定的步距，以体现综合性；所谓"细算"是指在计算确定各分项工程的消耗指标时，必须全面细致、准确无误，既要进行理论计算和科学实验，又要进行大量深入、细致的调查研究及分析测算，既要考虑主要工序、主要因素，又要考虑次要工序、次要因素，使预算定额能满足"适用"的要求。

（三）坚持统一性和因地制宜的原则

所谓统一性，就是从培育全国统一的市场规范计价行为出发，由建设行政主管部门负责全国统一定额的制定或修订，这样有利于通过定额管理和工程造价的管理实现建筑安装工程价格的宏观调控。通过编制全国统一定额，使工程造价具有统一的计价依据，也使考核设计和施工的经济效果具备同一尺度。

所谓因地制宜，即在统一基础上的差别性。各部门和省市（自治区）、直辖市主管部门可以在自己管辖的范围内，依据部门（地区）的实际情况，制定部门和地区性定额、补充性制度和管理办法，以适应中国幅员辽阔、地区间发展不平衡和差异大的实际情况。

（四）集中领导、分级管理的原则

在预算定额的制定、管理权限上应该严格遵循这条原则。

"集中领导"是指对编制预算定额的方案、原则、办法等，由建设行政主管部门根据国家的方针、政策统一制定，并具体组织全国统一预算定额的编制或修订，颁发有关的规章制度和条例细则，颁发全国统一定额和费用标准等。实行集中领导，才能使建设工程产品能有统一的计价指导、参考依据，便于国家掌握统一的尺度和标准，对不同地区、不同部门的工程设计和施工的经济效果进行有效的监督，避免分散编制预算定额可能产生的定额水平高低不一、地区和部门之间的建设工程产品缺乏可比性等状况，才能促进建筑业降低完成建筑安装产品的劳动耗费，提高投资效益。

"分级管理"则是指应授权由各部门、省、市、自治区在自己所管辖的范围内，根据本辖区的特点，按照国家规定的有关定额编制原则，编制部门或地区性的补充预算定额及补充制度、条例等，并对预算定额实行日常管理。将预算定额的管理权限交给地区是非常必要的，这是因为我国幅员辽阔，各地区、部门间的经济发展不平衡，在施工方法、技术水平、材料资源、交通运输、地理条件、自然气候等诸多条件上存在相当大的差别，所以，除了普遍性的定额项目由国家统一编制外，对地区性的定额项目、尚未在全国普遍推行的新定额项目等，必须交由地方解决。这样才能使各部门、各地区的工程价格计算较好地体现工程的实际价值，才有利于预算定额的执行。

（五）专家编审责任制的原则

编制定额应以专家为主，这是实践经验的总结。编制定额要有一支经验丰富、技术与管理知识全面、有一定政策水平、稳定的专家队伍。通过他们积累的经验，保证编制定额的准确性。同时要在专家编制的基础上，注意走群众路线，因为广大建筑安装工人是施工生产的实践者，也是定额的执行者，最了解生产实际和定额的执行情况及存在的问题，这样有利于以后在定额管理中对其进行必要的修订和调整。

二、预算定额的编制依据

（一）定额类的资料

定额类的资料主要包括现行劳动定额和施工定额。国家有关部门编制的施工定额规定的是在正常施工生产条件下，完成合格的单位建筑安装产品所需消耗的劳动、材料、施工机械的数量标准，是建筑安装企业直接用于施工管理的定额。由于施工定额主要用于企业内部的管理，因此，它所规定的实物消耗指标的水平是按“平均、先进”的原则确定的。预算定额中实物消耗指标的水平要依据施工定额中相应实物指标的水平稍作降低后再取定，以便使预算定额的消耗指标能保持平均水平，另外，预算定额分项工程的设置和计量单位的确定也应参考施工定额，以保证两者的可比性，并简化预算定额的编制工作。

（二）图纸、图集类资料

图纸、图集类资料主要是指通用标准图集、典型设计图纸、有代表性的图纸或图集等。它们是编制预算定额时，选择施工方法、建筑结构，计算并综合取定各分项工程的工程量，进而计算、分析、确定预算定额中实物消耗指标的重要依据。

（三）标准、规范类资料

标准、规范类资料主要是指现行的、全国通用的设计规范、施工验收规范、质量评定标准、安全操作规程等。编制预算定额时，需依据此类资料确定建筑工程质量和安全操作标准的要求，并以此确定完成各分项工程或结构构件所应包括的工程内容、施工方法及应达到的质量标准。因为预算定额的实物消耗指标是针对建筑安装工程单位合格产品规定的，所谓“合格产品”也就是符合上述资料要求的产品。也就是说，只能是在产品合格的前提条件下来计算预算定额的人工、材料、施工机械台班消耗指标。

（四）其他有关资料

其他有关资料主要包括新技术、新材料、新结构、新施工方法和先进的施工经验资料，这类资料是调整定额水平和增加新的定额项目所必需的依据。有关的科学实验、测定、统计和经验分析资料；现行的工资标准、材料预算价格、施工机械台班预算单价等资料，这类文件是确定定额水平的重要依据。现行的预算定额、材料预算价格及有关文件规定等，包括过去定额编制过程中积累的基础资料，也是编制预算定额的依据和参考。

三、预算定额的编制程序及要求

预算定额的编制遵循一定的步骤，良好正确的编制步骤可以为企业制定切合工程实际、符合市场运行环境的科学合理的工程预算定额。其主要分为以下三个阶段。

（一）准备阶段

该阶段的工作主要是成立编制机构，拟定编制方案，确定定额项目，全面收集各项基础资料。该阶段的工作属于基础性工作，但是对于准确预算、合理分项具有重要意义，这个阶段的工作应该保证基础材料的可信度。

（二）编制初稿阶段

在定额编制需要的各种资料收集齐全以后，就可以进行定额的测算和分析工作，并编制初稿。初稿要按编制方案中确定的定额项目和典型工程图纸，计算工程量，再分别测算人工、材料和机械台班的消耗量指标，在此基础上编制定额项目表，并拟定相应的文字说明。

初稿的编制应该保证人工、材料、机械台班等指标的测算清晰明了，为定额水平的进一步审查、修改等提供蓝本。

（三）测算定额水平和审查、修改、报送审批阶段

初稿完成后应与原定额进行比较，测算定额水平，分析定额水平升降的原因，然后对初稿进行修改，定稿以后呈报主管部门审批。

定额水平的测算有以下几种方法：单项定额测算，即对主要定额项目的新旧定额水平进行比较，测算新定额升降的程度；预算造价水平测算，即对同一工程项目用新旧定额分别计算预算造价，测算定额总水平升降的程度；同实际施工水平比较，即按新定额中的人、机、料消耗与实际消耗水平进行比较，分析定额水平达到的程度，确保所制定的工程预算定额有较真实的可信度和较高的参考性。

预算定额编制的各阶段工作相互有交叉，有些工作还需多次反复。其中，预算定额的编制阶段的主要工作要求如下。

（1）确定编制细则。

编制细则主要包括：统一编制表格及编制方法；统一计算口径、计量单位和小数点位数的要求；有关统一性规定，名称统一、用字统一、专业用语统一、符号代码统一；简化字要规范，文字要简练明确。

预算定额与施工定额计量单位往往不同。施工定额的计量单位一般按照工序或施工过程确定；而预算定额的计量单位主要是根据分部分项工程和结构构件的形体特征及其变化确定。由于工作内容综合，预算定额的计量单位亦具有综合的性质。工程量计算规则的规定应确切反映定额项目所包含的工作内容。预算定额的计量单位关系到预算工作的繁简和准确性，因此，要正确地确定各分部分项工程的计量单位，它一般依据建筑结构构件形状的特点确定。

（2）确定定额的项目划分和工程量计算规则。

计算工程数量，是为了通过计算出典型设计图纸所包括的施工过程的工程量，以便在编制预算定额时，可以利用施工定额的人工、材料和施工机械台班消耗指标来确定预算定额所含工序的消耗量。

（3）定额人工、材料、机械台班消耗用量的计算、复核和测算。

四、预算定额人工、材料和机械台班消耗量的确定

（一）预算定额人工消耗量的确定

预算定额中人工消耗量指标是指完成单位分项工程或结构构件所必须消耗的人工工日数量，包括基本用工和其他用工两部分。人工消耗量可以有两种确定方法，一是以现行的《全国建筑安装工程统一劳动定额》为基础进行计算；二是以现场观察测定资料为基础进行计算。

1. 基本用工

基本用工是指完成该项分项工程所必须消耗的技术工种用工。例如，为完成各种监控摄像设备的开箱检查、设备组装、安装设备、接线、本体调试工作的用工量。基本用工按综合取定的工程量和劳动定额中相应的时间定额进行计算。

基本用工包括如下三个方面。

(1) 完成定额计量单位的主要用工。按综合取定的工程量和相应劳动定额进行计算。计算公式如下：

$$基本用工=\sum(综合取定的工程量\times时间定额) \tag{5-1}$$

(2) 按劳动定额规定应增加计算的用工量。例如，暗装摄像机小孔镜头，比起明装要增加用工，且预算定额中应按一定比例给予增加。

(3) 由于预算定额是以施工定额子目综合扩大的，包括的工作内容较多，施工视具体部位不同其效果也不一样，需要另外增加用工时，并列入基本用工内。

2. 其他用工

其他用工是辅助基本用工消耗的工日，包括超运距用工、辅助用工和人工幅度差用工。

(1) 超运距用工。

超运距是指劳动定额中已包括的材料、半成品在场内水平搬运距离与预算定额所考虑的现场材料、半成品堆放地点到操作地点的水平运输距离之差。其计算公式如下：

$$超运距=预算定额取定运距-劳动定额已包括的运距$$

$$超运距用工=\sum(超运距材料数量\times时间定额) \tag{5-2}$$

特别提示：

实际工程现场运距超过预算定额取定运距时，可另行计算现场二次搬运费。

(2) 辅助用工。

辅助用工是指技术工种劳动定额内不包括但在预算定额内必须考虑的用工。例如电视监控摄像机设备安装、调试（画线、定位、打孔）配合、紧固用工等。计算公式如下：

$$辅助用工=\sum(材料加工数量\times相应的加工劳动定额) \tag{5-3}$$

(3) 人工幅度差用工。

人工幅度差是指预算定额与劳动定额的差额，主要是指在劳动定额中未包括而在正常施工情况下不可避免但又很难准确计量的用工和各种工时损失。内容包括：

① 各工种间的工序搭接及交叉作业相互配合或影响所发生的停歇用工。

② 设备安装在单位工程之间转移及临时水电线路移动所造成的停工。

③ 质量检查和隐蔽工程验收工作的影响。

④ 班组操作地点转移用工。

⑤ 工序交接时对前一工序不可避免的修整用工。

⑥ 施工中不可避免的其他零星用工。

人工幅度差计算公式如下：

$$人工幅度差=(基本用工+辅助用工+超运距用工)\times人工幅度差系数 \tag{5-4}$$

人工幅度差系数一般为10%～15%。在预算定额中，人工幅度差的用工量列入其他用工量中。

由上述可知，预算定额中的人工消耗量为：

人工消耗量＝(基本用工＋超运距用工＋辅助用工)×(1＋人工幅度差系数)　(5-5)

例 5-1

已知完成50台摄像机的安装的基本用工为20工日，超运距用工为3工日，辅助用工为1.5工日，人工幅度差系数是10%，则预算定额中的人工消耗量为多少工日？

解析

预算定额人工消耗量＝(基本用工＋超运距用工＋辅助用工)×(1＋人工幅度差系数)

＝(20＋3＋1.5)×(1＋10%)工日＝26.95工日

（二）预算定额材料消耗量的确定

1. 材料消耗量的概念

材料消耗量是指在正常施工生产条件下，为完成单位合格产品的施工任务所必须消耗的材料、成品、半成品、构配件及周转性材料的数量标准。它按用途划分为以下四种。

(1) 主要材料。

主要材料是指直接构成工程实体的材料，其中也包括成品、半成品的材料。

(2) 辅助材料。

辅助材料是指构成工程实体除主要材料以外的其他材料。如膨胀螺栓、垫木、钉子、铅丝等。

(3) 周转性材料。

周转性材料是指脚手架、模板等多次周转使用的不构成工程实体的摊销性材料。

(4) 其他材料。

其他材料是指用量较少，难以计量的零星用量。如面纱、用于编号的油漆等。

2. 材料消耗量的组成

预算定额材料消耗量，既包括构成产品实体的材料净用量，又包括施工现场范围内材料堆放、运输、制备、制作及施工操作过程中不可避免的损耗量。

其计算公式如下：

材料消耗量＝材料净用量＋材料损耗量　(5-6)

或

$$材料消耗量=材料净用量\times(1+损耗率) \tag{5-7}$$

其中

$$损耗率=\frac{材料损耗量}{材料净用量}\times 100\% \tag{5-8}$$

3. 材料消耗量的计算方法

在建设工程成本中，材料费一般占70%左右，因此，正确确定材料消耗量，对合理使用材料，减少材料积压或浪费，正确计算、控制建设工程成本乃至建设工程产品价格等都具有十分重要的意义。预算定额材料消耗量的计算方法主要有以下几种。

(1) 按标准规格及规范要求计算。这种方法主要适用于标准的材料消耗，如铜芯塑料绝缘电线、铜接线端子、双绞线等。

(2) 凡设计图纸标注尺寸及下料要求的按设计图纸尺寸计算材料净用量，如订制机柜的铝合金面板、不锈钢零件等。

(3) 对于配合比用料，可采用换算法。如各种胶黏、涂料等材料。

(4) 现场测定法。包括实验室试验法和现场观察法。对于不能用其他方法确定定额消耗量的新材料、新结构，须用现场测定法来确定，根据不同条件可以采用写实记录法和观察法，得出定额的消耗量。

（三）预算定额施工机械台班消耗量的确定

施工机械台班消耗量是指在机械正常施工条件下，完成单位合格的建筑安装产品(定额计量单位制的分项工程或结构构件)所必需的各种施工机械的台班数量标准。

可根据施工定额确定机械台班消耗量。这种方法是指用施工定额中机械台班产量加机械台班幅度差计算预算定额的机械台班消耗量。

机械台班幅度差是指在施工定额中所规定的范围内没有包括，而在实际施工中又不可避免产生的影响机械或使机械停歇的时间。其内容包括：

(1) 施工机械转移工作面及配套机械相互影响损失的时间。

(2) 在正常施工条件下，机械在施工中不可避免的工序间歇。

(3) 工程开工或收尾时工作量不饱满所损失的时间。

(4) 检查工程质量影响机械操作的时间。

(5) 临时停机、停电影响机械操作的时间。

(6) 机械维修引起的停歇时间。

大型机械幅度差系数：土方机械为25%，打桩机械为33%，吊装机械为30%。砂浆、其他分部工程中如钢筋加工、木材、水磨石等各项专用机械的幅度差系数为10%。

综上所述，预算定额的机械台班消耗量按下式计算：

$$预算定额机械台班消耗量=施工定额机械台班消耗量\times(1+机械幅度差系数) \tag{5-9}$$

项目小结

掌握预算定额的概念，理解预算定额的性质和特点，掌握预算定额的作用和分类，了解预算定额和施工定额的关系，掌握预算定额的编制原则，了解预算定额的编制依据，掌握预算定额的编制程序及要求。掌握预算定额人工、材料和机械台班消耗量的确定方法。

思考与习题

1. 简述预算定额的概念及特点。
2. 简述预算定额的作用和分类。
3. 预算定额的编制原则是什么？
4. 简述预算定额的编制程序及要求。
5. 预算定额人工、材料和机械台班消耗量如何确定？

项目六

施工定额的编制

任务一　施工定额概述

一、施工定额的概念

施工定额是完成一定计量单位的某一施工过程或基本工序所需消耗的人工、材料和施工机具台班数量标准。它是以同一性质的施工过程为标定对象，以工序定额为基础综合而定的一种定额。

二、施工过程

1. 施工过程的含义

施工过程就是为完成某一项施工任务，在施工现场所进行的生产过程。其最终目的是要建造、改建、修复或拆除工业及民用建筑物和构筑物的全部或一部分。

建筑安装施工过程与其他物质生产过程一样，也包括生产力三要素，即劳动者、劳动对象、劳动工具，也就是说，施工过程是由不同工种、不同技术等级的建筑安装工人使用各种劳动工具（手动工具、小型工具、大中型机械和仪器仪表等），按照一定的施工工序和操作方法，直接或间接地作用于各种劳动对象（各种建筑、装饰材料，半成品，预制品和各种设备、零配件等），使其按照人们预定的目的，生产出建筑、安装以及装饰合格产品的过程。

每个施工过程的结束，获得了一定的产品，这种产品或者是改变了劳动对象的外表形态、内部结构或性质（由于制作和加工的结果），或者是改变了劳动对象在空间的位置（由于运输和安装的结果）。

2. 施工过程分类

根据不同的标准和需要，施工过程有如下分类：

(1) 根据施工过程组织上的复杂程度，可以分解为工序、工作过程和综合工作过程。

① 工序。工序是指施工过程中在组织上不可分割，在操作上属于同一类的作业环节。其主要特征是劳动者、劳动对象和使用的劳动工具均不发生变化，如果其中一个因素发生变化，就意味着由一项工序转入了另一项工序。如钢筋制作，它由平直钢筋、钢筋除锈、切断钢筋、弯曲钢筋等工序组成。

从施工的技术操作和组织观点看，工序是工艺方面最简单的施工过程。在编制施工定额时，工序是主要的研究对象。测定定额时只需分解和标定到工序为止。如果进行某项先进技术或新技术的工时研究，就要分解到操作甚至动作为止，从中研究可加以改进操作或节约工时。

工序可以由一个人来完成，也可以由小组或施工队内的几名工人协同完成；可以手动完成，也可以由机械操作完成。在机械化的施工工序中，还可以包括由工人自己完成的各项操作和由机器完成的工作两部分。

② 工作过程。工作过程是由同一工人或同一小组所完成的在技术操作上相互有机联系的工序的综合体。其特点是劳动者和劳动对象不发生变化，而使用的劳动工具可以变换。例如，砌墙和勾缝，抹灰和粉刷等。

③ 综合工作过程。综合施工过程是同时进行的，在组织上有直接联系的，为完成一个最终产品结合起来的各个施工过程的总和。例如，砌砖墙这一综合工作过程。由调制砂浆、运砂浆、运砖、砌墙等工作过程构成，它们在不同的空间同时进行。在组织上有直接联系，并最终形成的共同产品是一定数量的砖墙。

(2) 按照施工工序是否重复循环分类，施工过程可以分为循环施工过程和非循环施工过程两类。如果施工过程的工序或其组成部分以同样的内容和顺序不断循环，并且每重复一次可以生产出同样的产品，则称为循环施工过程，反之，则称为非循环施工过程。

(3) 按施工过程的完成方法和手段分类，施工过程可以分为手工操作过程（手动过程）、机械化过程（机动过程）和机手并动过程（半自动化过程）。

(4) 按劳动者、劳动工具、劳动对象所处位置和变化分类，施工过程可分为工艺过程、搬运过程和检验过程。

① 工艺过程。工艺过程是指直接改变劳动对象的性质、形状、位置等，使其成为预期的施工产品的过程。例如房屋建筑中的挖基础、砌砖墙、粉刷墙面、安装门窗等。由于工艺过程是施工过程中最基本的内容，因而是工作时间研究和制定定额的重点。

② 搬运过程。搬运过程是指将原材料、半成品、构件、机具设备等从某处移动到另一处，保证施工作业顺利进行的过程。但操作者在作业中随时拿起或存放在工作面上的材料等，是工艺过程的一部分，不应视为搬运过程。如砌筑工将已堆放在砌筑地点的砖块拿起砌在砖墙上，这一操作就属于工艺过程，而不应视为搬运过程。

③ 检验过程。主要包括对原材料、半成品、构配件等的数量、质量进行检验，判定其是否合格、能否使用；对施工活动的成果进行检测，判别其是否符合质量要求；对混凝土试块、关键零部件进行测试以及作业前对准备工作和安全措施的检查等。

3. 施工过程的影响因素

对施工过程的影响因素进行研究，其目的是正确确定单位施工产品所需要的作业时间消耗。施工过程的影响因素包括技术因素、组织因素和自然因素。

(1) 技术因素。包括产品的种类和质量要求，所用材料、半成品、构配件的类别、规格和性能，所用工具和机械设备的类别、型号、性能及完好情况等。

(2) 组织因素。包括施工组织与施工方法、劳动组织、工人技术水平、操作方法和劳动态度、工资分配方式、劳动竞赛等。

(3) 自然因素。包括酷暑、大风、雨、雪、冰冻等。

三、施工定额的作用

施工定额的作用，主要表现在以下几个方面：

(1) 施工定额是编制招标文件和决策投标报价，以及编制施工组织设计、施工进度计划、施工作业计划的依据。

(2) 施工定额是向施工队伍班组签发施工任务单和限额领料单的依据。

(3) 施工定额是实行按劳分配的有效手段。

(4) 施工定额是编制施工项目目标成本计划和项目成本核算的重要依据，也是加强企业成本管理和经济核算，进行工料分析和“核算对比”的基础。

(5) 施工定额是企业强化定额管理和编制补充施工消耗定额，实行定额信息化管理的重要基础。

四、施工定额的编制原则

1. 平均先进水平的原则

施工定额水平反映的劳动生产率水平和物质消耗水平，应当是平均先进水平。所谓平均先进水平，是指在正常的施工生产条件、劳动组织形式下，大多数生产者经过努力能够达到和超过的定额水平。平均先进水平是低于先进水平而略高于平均水平的一个标准，能起到鼓励先进、勉励中间、鞭策后进的作用。

需要注意的是，施工定额制定实施后，还应根据新技术和先进施工经验的出现，适时进行修订。

2. 简明适用的原则

所谓简明适用，是指施工定额项目划分要合理，步距大小要适当，内容具有鲜明性与概括性，文字通俗易懂，计算方法简便，章、节的编排要便于使用；具有多方面的适应性，能在较大的范围内，满足不同情况、不同用途的需要，便于定额的贯彻执行，易被从业人员掌握运用。

五、施工定额的表现形式和内容

施工定额的表现形式和内容，是以定额表为主体的方式汇编成册，主要内容包括三部分。

1. 文字说明部分

文字说明部分分为总说明、分册说明和分章（节）说明三部分。

总说明主要内容包括：定额的编制依据、编制原则、适用范围、用途、有关综合性工作内容、工程质量及安全要求、定额消耗指标的计算方法和有关规定。

分册说明主要内容包括：分册范围内的定额项目和工作内容、施工方法、质量及安全要求、工程量计算规则、有关规定和计算方法的说明。

分章（节）说明是指分章（节）定额的表头文字说明，其内容主要有工作内容、质量要求、施工说明、小组成员等。

2. 分节定额部分

分节定额部分包括定额的文字说明、定额表和附注。

定额表是分节定额的核心部分和主要内容，它包括工程项目名称、定额编号、定额单位和人工、材料、机械台班消耗指标，如表 6-1 所示。

表 6-1 建筑工程施工定额表

每 $1m^3$ 砌体的劳动定额与单价							
项目	单位	1 砖墙	1.5 砖墙	2 砖墙	2.5 砖墙	3 砖墙	3.5 砖墙
		1	2	3	4	5	6
小组成员	人	三一1 五一1	三一2 五一1	三一2 四一1 五一1	三一3 四一1 五一1		

续表

每 $1m^3$ 砌体的劳动定额与单价							
项目	单位	1 砖墙	1.5 砖墙	2 砖墙	2.5 砖墙	3 砖墙	3.5 砖墙
		1	2	3	4	5	6
时间定额	工日	0.294	0.244	0.222	0.213	0.204	0.918
每日小组产量	m^3	6.80	12.3	18.0	23.5	24.5	25.3
计件单价	元						
每 $1m^3$ 砌体的材料消耗定额							
砖	块	527	521	518.8	517.3	516.2	515.4
砂浆	m^3	0.2522	0.2604	0.2640	0.2663	0.2680	0.2692

注：1. 垫层以下为墙基（无防潮层以室内地坪以下为准），其厚度以防潮层处墙厚为标准。放脚部分已考虑在内，其工程量按平均厚度计算。

2. 墙基深度按地面以下 1.5 m 深以内为准；超过 1.5 m 但不超过 2.5 m 者，其时间定额及单价乘以 1.2；超过 2.5 m 者，其时间定额及单价乘以 1.25，但砖、砂浆能直接运入地槽者不另加工。

3. 墙基的墙角、墙垛及砌地沟（暖气沟）等内外出檐不另加工。

4. 本定额以混合砂浆及白灰砂浆为准，使用水泥砂浆者，其时间定额及单价乘以 1.11。

5. 砌墙基弧形部分，其时间定额及单价乘以 1.43。

（1）工作内容：包括砌砖、铺灰、递砖、挂线、吊直、找平、检查皮数杆、清扫落地灰及工作前清扫灰尘等工作。

（2）质量要求：墙基两侧所出宽度必须相等，灰缝必须平整均匀，墙基中线位移不得超过 10 mm。

（3）施工说明：使用铺灰耙或铺灰器，实行双手挤浆。

“附注”主要是根据施工内容及施工条件变动规定人工、材料、机械定额用量的调整。一般采用乘系数和增减工料的方法来计算，附注是对定额表的补充。

3. 定额附录部分

定额附录一般列于分册的最后，作为使用定额的参考，其主要内容包括：有关名词解释，图示，先进经验及先进工具的介绍，计算材料用量、确定材料质量等参考性资料，如砂浆、混凝土配合比表及使用说明等。

施工定额手册中虽然以定额表部分为核心，但在使用时必须同时了解其他两部分内容，这样才不至于发生错误。

任务二　工作时间的研究

研究施工中的工作时间最主要的目的是确定施工的时间定额和产量定额，其前提是对工作时间按其消耗性质进行分类，以便研究工时消耗的数量及其特点。

工作时间指的是工作班延续时间。例如 8 小时工作制的工作时间就是 8 h，午休时间不包括在内。对工作时间消耗的研究，可以分为两个系统进行，即工人工作时间的消耗和工人所使用的机器工作时间的消耗。

一、工人工作时间消耗的分类

工人在工作班内消耗的工作时间，按其消耗的性质，基本可以分为两大类：必须消耗的时间和损失时间。工人工作时间的一般分类如图 6-1 所示。

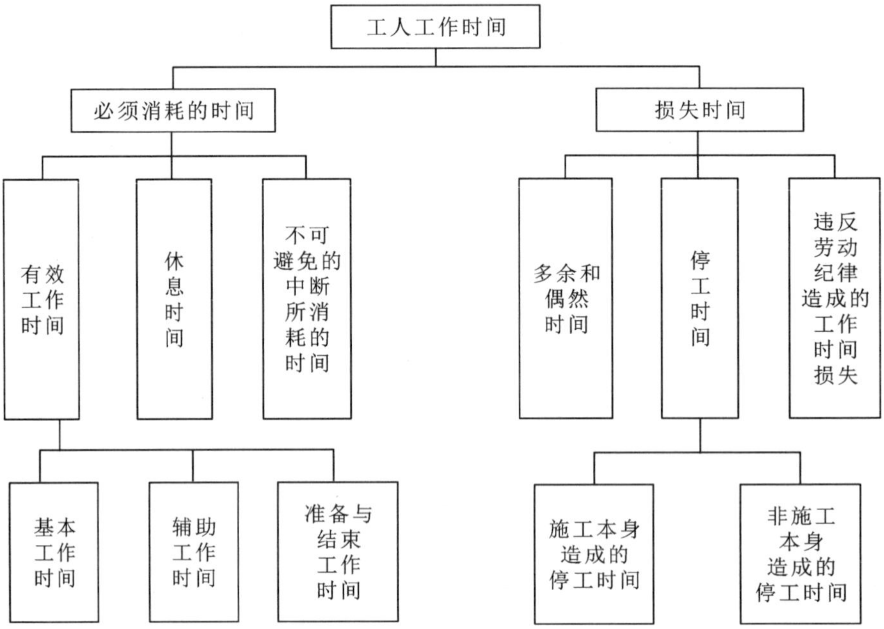

图 6-1　工人工作时间分类图

1. 必须消耗的时间

必须消耗的时间是工人在正常施工条件下，为完成一定合格产品（工作任务）所消耗的时间，是制定定额的主要依据，包括有效工作时间、休息时间和不可避免的中断所消耗的时间。

（1）有效工作时间，是从生产效果来看与产品生产直接有关的时间消耗。其中包括基本工作时间、辅助工作时间、准备与结束工作时间。

① 基本工作时间，是工人完成能生产一定产品的施工工艺过程所消耗的时间。通过这些工艺过程可以使材料改变外形，如钢筋煨弯等；可以使预制构配件安装组合成型；也可以改变产品外部及表面的性质，如粉刷油漆等。基本工作时间所包括的内容依工作性质各不相同。基本工作时间的长短和工作量大小呈正比。

② 辅助工作时间，是为保证基本工作能顺利完成所消耗的时间。在辅助工作时间里，不能使产品的形状大小、性质或位置发生变化。辅助工作时间的结束，往往就是基本工作时间的开始。辅助工作一般是手工操作。但如果在机手并动的情况下，辅助工作是在机械运转过程中进行的，为避免重复则不应再计辅助工作时间的消耗。辅助工作时间长短与工作量大小有关。

③ 准备与结束工作时间，是执行任务前或任务完成后所消耗的工作时间。如工作地点、劳动工具和劳动对象的准备工作时间；工作结束后的整理工作时间等。准备和结束工作时间的长短与所担负的工作量大小无关，但往往和工作内容有关。这项时间消耗可以分为班内的准备与结束工作时间和任务的准备与结束工作时间。其中任务的准备与结束时间是在一批任务的开始与结束时产生的，如熟悉图纸、准备相应的工具、事后清理场地等，通常不反映在每一个工作班里。

(2) 休息时间，是工人在工作过程中为恢复体力所必需的短暂休息和生理需要的时间消耗。这种时间是为了保证工人精力充沛地进行工作，所以在定额时间中必须进行计算。休息时间的长短与劳动性质、劳动条件、劳动强度和劳动危险性等密切相关。

(3) 不可避免的中断所消耗的时间，是由于施工工艺特点引起的工作中断所必需的时间。与施工过程工艺特点有关的工作中断时间，应包括在定额时间内，但应尽量缩短此项时间消耗。

2. 损失时间

损失时间是与产品生产无关，而与施工组织和技术上的缺点有关，与工人在施工过程中的个人过失或某些偶然因素有关的时间消耗。损失时间中包括有多余和偶然工作、停工、违反劳动纪律所引起的工时损失。

(1) 多余工作，就是工人进行了任务以外而又不能增加产品数量的工作。如重砌质量不合格的墙体。多余工作的工时损失，一般都是由于工程技术人员和工人的差错而引起的，因此，不应计入定额时间中。偶然工作也是工人在任务外进行的工作，但能够获得一定产品。如抹灰工不得不补上偶然遗留的墙洞等。由于偶然工作能获得一定产品，拟定定额时要适当考虑它的影响。

(2) 停工时间，就是工作班内停止工作造成的工时损失。停工时间按其性质可分为施工本身造成的停工时间和非施工本身造成的停工时间两种。施工本身造成的停工时间，是由于施工组织不善、材料供应不及时、工作面准备工作做得不好、工作地点组织不良等情况引起的停工时间。非施工本身造成的停工时间，是由于停电等外因引起的停工时间。前一种情况在拟定定额时不应该计算，后一种情况定额中则应给予合理的考虑。

(3) 违反劳动纪律造成的工作时间损失，是指工人在工作班开始和午休后的迟到、午饭前和工作班结束前的早退、擅自离开工作岗位、工作时间内聊天或办私事等造成的工时损失。由于个别工人违反劳动纪律而影响其他工人无法工作的时间损失，也包括在内。

二、机器工作时间消耗的分类

在机械化施工过程中，对工作时间消耗的分析和研究，除了要对工人工作时间的消耗进行分类研究之外，还需要分类研究机器工作时间的消耗。

机器工作时间的消耗，按其性质也分为必须消耗的时间和损失时间两大类，如图 6-2 所示。

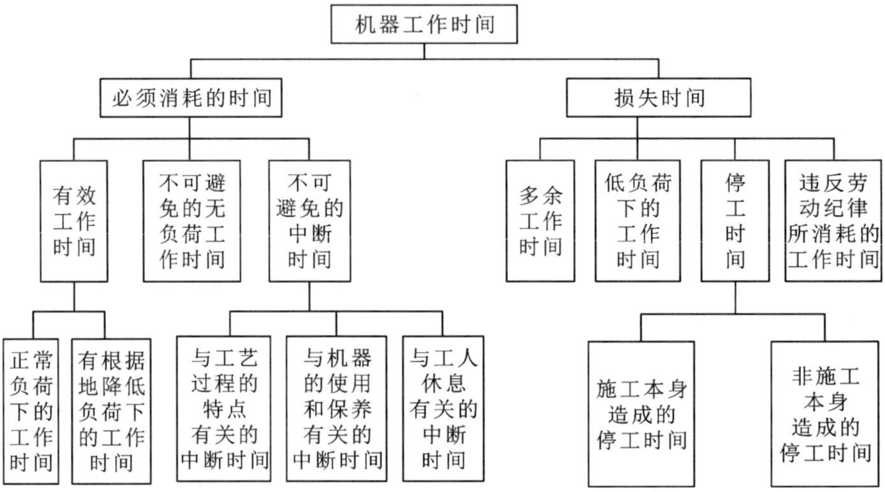

图 6-2 机器工作时间分类图

1. 必须消耗的时间

必须消耗的时间包括有效工作、不可避免的无负荷工作和不可避免的中断三项时间消耗。而在有效工作的时间消耗中又包括正常负荷下、有根据地降低负荷下的工时消耗。

（1）正常负荷下的工作时间，是机器在与机器说明书规定的额定负荷相符的情况下进行工作的时间。

（2）有根据地降低负荷下的工作时间，是在个别情况下由于技术上的原因，机器在低于其计算负荷下工作的时间。例如，汽车运输重量轻而体积大的货物时，不能充分利用汽车的载重吨位因而不得不降低其计算负荷。

（3）不可避免的无负荷工作时间，是由施工过程的特点和机器结构的特点造成的机器无负荷工作时间。例如，筑路机在工作区末端调头等，就属于此项工作时间的消耗。

（4）不可避免的中断时间是与工艺过程的特点、机器的使用和保养、工人休息有关的中断时间。

① 与工艺过程的特点有关的不可避免的中断时间，有循环的和定期的两种，循环的不可避免中断，是在机器工作的每一个循环中重复一次。如汽车装货和卸货时的停车。定期的不可避免中断，是经过一定时期重复一次。比如把灰浆泵由一个工作地点转移到另一个工作地点时的工作中断。

② 与机器有关的不可避免的中断时间，是由于工人进行准备与结束工作或辅助工作时，机器停止工作而引起的中断时间。它是与机器的使用和保养有关的不可避免的中断时间。

③ 工人休息时间，前面已经做了说明。这里要注意的是，应尽量利用与工艺过程有关的和与机器有关的不可避免的中断时间进行休息，以充分利用工作时间。

2. 损失时间

损失时间包括多余工作时间、停工时间、违反劳动纪律所消耗的工作时间和低负荷下的工作时间。

(1) 机器的多余工作时间：一是机器进行任务内和工艺过程内未包括的工作而延续的时间，如工人没有及时供料而使机器空运转的时间；二是机器在负荷下所做的多余工作，如搅拌机搅拌灰浆超过规定而多延续的时间。

(2) 机器的停工时间，按其性质也可分为施工本身造成的停工时间和非施工本身造成的停工时间。施工本身造成的停工是由于施工组织得不好而引起的停工现象，如由于未及时供给机器燃料而引起的停工。非施工本身造成的停工是由于气候条件所引起的停工现象，如暴雨时压路机的停工。上述停工中延续的时间，均为机器的停工时间。

(3) 违反劳动纪律引起的机器的时间损失，是指由于工人迟到早退或擅离岗位等原因引起的机器停工时间。

(4) 低负荷下的工作时间，是由于工人或技术人员的过错所造成的施工机器在降低负荷的情况下工作的时间。例如，工人装车的砂石数量不足、工人装入碎石机轧料口中的石块数量不够引起的汽车和碎石机在降低负荷的情况下工作所延续的时间。此项工作时间不能作为计算时间定额的基础。

三、测定时间消耗的基本方法

定额测定是制定定额的一个主要步骤。测定定额是用科学的方法观察、记录、整理、分析施工过程，为制定工程定额提供可靠依据。测定定额通常使用计时观察法，计时观察法是测定时间消耗的基本方法。

1. 计时观察法概述

计时观察法，是研究工作时间消耗的一种技术测定方法。它以研究工时消耗为对象，以观察测时为手段，通过密集抽样和粗放抽样等技术进行直接的时间研究。计时观察法用于建筑施工中时以现场观察为主要技术手段，所以也称之为现场观察法。

计时观察法的具体用途如下：

(1) 取得编制施工的劳动定额和机械定额所需要的基础资料和技术根据。

(2) 研究先进工作法和先进技术操作对提高劳动生产率的具体影响，并应用和推广先进工作法和先进技术操作。

(3) 研究减少工时消耗的潜力。

（4）研究定额执行情况，包括研究大面积、大幅度超额和达不到定额的原因，积累资料、反馈信息。

计时观察法能够把现场工时消耗情况和施工组织技术条件联系起来加以考察，它不仅能为制定定额提供基础数据，而且也能为改善施工组织管理、改善工艺过程和操作方法、消除不合理的工时损失和进一步挖掘生产潜力提供技术根据。计时观察法的局限性是考虑人的因素不够。

2. 计时观察前的准备工作

（1）确定需要进行计时观察的施工过程。计时观察前的第一个准备工作，是研究并确定有哪些施工过程需要进行计时观察。对于需要进行计时观察的施工过程要编出详细的目录，拟定工作进度计划，制定组织技术措施，并组织编制定额的专业技术队伍，按计划认真开展工作。在选择观察对象时，必须注意所选择的施工过程要完全符合正常施工条件，所谓施工的正常条件，是指绝大多数企业和施工队、班组，在合理组织施工的条件下所处的环境。与此同时，还需调查影响施工过程的技术因素、组织因素和自然因素。

（2）对施工过程进行预研究。目的是将所要测定的施工过程分别按工序、操作和动作划分为若干组成部分，以便准确地记录时间和分析研究。对于已确定的施工过程的性质应进行充分的研究，目的是正确地安排计时观察和收集可靠的原始资料。研究的方法，是全面地对各个施工过程及其所处的技术组织条件进行实际调查和分析，以便设计正常的（标准的）施工条件和分析研究测时数据。

① 熟悉与该施工过程有关的现行技术规范和技术标准等文件和资料。

② 了解新采用的工作方法的先进程度，了解已经得到推广的先进施工技术和操作，还应了解施工过程存在的技术组织方面的缺点和由于某些原因造成的混乱现象。

③ 注意系统地收集完成定额的统计资料和经验资料，以便与计时观察所得的资料进行对比分析。

④ 把施工过程划分为若干个组成部分（一般划分到工序），施工过程划分的目的是便于计时观察。如果计时观察法的目的是研究先进工作法，或是分析影响劳动生产率提高或降低的因素，则必须将施工过程划分到操作甚至动作。

⑤ 确定定时点和施工过程产品的计量单位。所谓定时点，即是上下两个相衔接的组成部分之间的分界点。确定定时点，对于保证计时观察的精确性是不容忽略的因素。确定产品计量单位，要能具体地反映产品的数量，并具有最大限度的稳定性。

（3）选择观察对象。所谓观察对象，就是对其进行计时观察完成该施工过程的工人。所选择的建筑安装工人，应具有与技术等级相符的工作技能和熟练程度，所承担的工作与其技术等级相符，同时应该能够完成或超额完成现行的施工劳动定额。

（4）选定正常的施工条件。施工的正常条件是指绝大多数施工企业和施工队、班组在合理组织施工的条件下所处的环境，一般包括工人的技术等级、工具及设备的种类和质量、工程机械化程度、材料实际需要量、劳动的组织形式、工资报酬形式、工作地点的组织和准备工作是否及时、安全技术措施的执行情况、气候条件等。

（5）其他准备工作。此外，还必须准备好必要的用具和表格。如测时用的秒表或电子计时器，测量产品数量的工具、器具，记录和整理测时资料用的各种表格等。如果有条件并且也有必要，还可以配备电子摄像和电子记录设备。

3. 计时观察法的分类

对施工过程进行观察、测时，计算实物和劳务产量、记录施工过程所处的施工条件和确定影响工时消耗的因素，是计时观察法的三项主要内容和要求。计时观察法种类很多，最主要的有三种，如图 6-3 所示。

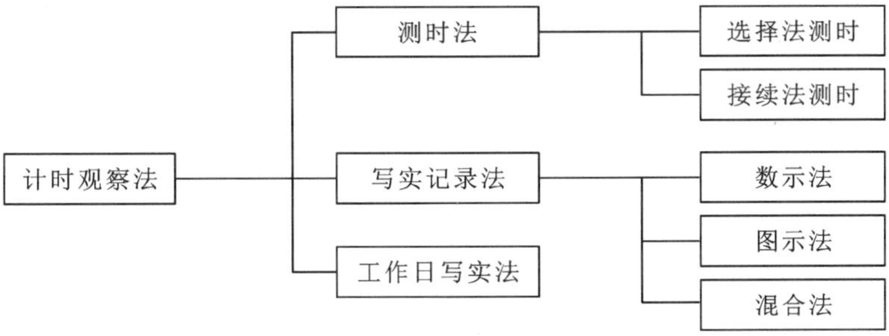

图 6-3　计时观察法的分类

1）测时法

测时法主要适用于测定定时重复的循环工作的工时消耗，是精确度比较高的一种计时观察法，一般可达到 0.2～15 s。测时法只用来测定施工过程中循环组成部分的工作时间消耗，不研究工人休息、准备与结束及其他非循环的工作时间。

（1）测时法的分类。根据具体测时手段的不同，可将测时法分为选择法测时和接续法测时两种。

① 选择法测时。它是间隔选择施工过程中非紧密连接的组成部分（工序或操作）测定工时，精确度达 0.5 s。

例如，要砌 100 块砖，选择法只测量其中某个砌砖动作的取砖开始到摆砖结束所用的时间，精度在 0.5 s。

选择法测时也称为间隔法测时。采用选择法测时，当被观察的某一循环工作的组成部分开始，观察者立即开动秒表，当该组成部分终止，则立即停止秒表。然后把秒表上指示的延续时间记录到选择法测时记录（循环整理）表上，并把秒针拨回到零点。下一组成部分开始，再开动秒表，如此依次观察，并依次记录下延续时间。

采用选择法测时，应特别注意掌握定时点。记录时间时仍在进行的工作组成部分，应不予观察。当所测定的各工序或操作的延续时间较短时，连续测定比较困难，用选择法测时比较方便且简单。

选择法测时简单而方便，适用于各工序或动作的延续时间较短的情况。

选择法测时记录实例见表 6-2。在测定中，如有某些工序遇到特殊技术上或组织上问题而导致工时消耗的骤增时，在记录表上应加以注明（如表 6-2 中①、②），供整理时参考。

表 6-2　选择法测时记录实例

<table>
<tr><td colspan="3" rowspan="3">观察对象：
单斗正铲挖土机挖土
（斗容量 1.0 m^3）
观察时间精度：1 s</td><td colspan="2" rowspan="3">选择法
测时</td><td colspan="5">施工单位名称</td><td colspan="3">工程名称</td><td colspan="2">日期</td><td colspan="2">开始时间</td><td colspan="2">结束时间</td><td colspan="2">延续时间</td><td colspan="2">观察号次</td><td>页次</td></tr>
<tr><td colspan="5">×建筑股份有限公司</td><td colspan="3">×学校</td><td colspan="2">×××</td><td colspan="2">上午 10:00</td><td colspan="2">上午 10:40</td><td colspan="2">40 分钟</td><td colspan="2">×</td><td>×</td></tr>
<tr><td colspan="19">施工过程：1 m^3 斗容量的正铲挖土机挖松土，由推土机推成堆，装上自卸汽车，斗臂回转角度在 120°～180°之间</td></tr>
<tr><td rowspan="2">序号</td><td rowspan="2">各组成
部分名称</td><td rowspan="2">定时点</td><td colspan="15">每一次循环的时间消耗</td><td colspan="5">时间整理</td><td rowspan="2">占每
循环
时间</td></tr>
<tr><td>1</td><td>2</td><td>3</td><td>4</td><td>5</td><td>6</td><td>7</td><td>8</td><td>9</td><td>10</td><td>11</td><td>12</td><td>13</td><td>14</td><td>15</td><td>时间
总和</td><td>循环
次数</td><td>最大</td><td>最小</td><td>平均
修正值</td></tr>
<tr><td>1</td><td>土斗挖土并提升斗臂</td><td>回转前
瞬间</td><td>16</td><td>17</td><td>15</td><td>17</td><td>17</td><td>16</td><td>17</td><td>15</td><td>18</td><td>16</td><td>17</td><td>20</td><td>17</td><td>16</td><td>18</td><td>252</td><td>15</td><td>20</td><td>15</td><td>16.8</td><td>0.36</td></tr>
<tr><td>2</td><td>回转斗臂</td><td>斗臂旋
转到位</td><td>14</td><td>12</td><td>12</td><td>15</td><td>10</td><td>10</td><td>12</td><td>11</td><td>12</td><td>15</td><td>14</td><td>10</td><td>14</td><td>30①</td><td>14</td><td>175</td><td>14</td><td>15</td><td>10</td><td>12.5</td><td>0.27</td></tr>
<tr><td>3</td><td>土斗卸土</td><td>土斗
卸完土</td><td>7</td><td>5</td><td>6</td><td>5</td><td>6</td><td>5</td><td>6</td><td>8</td><td>8</td><td>5</td><td>12②</td><td>4</td><td>4</td><td>8</td><td>4</td><td>81</td><td>14</td><td>8</td><td>4</td><td>5.8</td><td>0.12</td></tr>
<tr><td>4</td><td>反转斗臂并落下土斗</td><td>土斗
挖土</td><td>12</td><td>11</td><td>10</td><td>10</td><td>10</td><td>12</td><td>12</td><td>12</td><td>11</td><td>14</td><td>10</td><td>12</td><td>14</td><td>10</td><td>13</td><td>173</td><td>15</td><td>14</td><td>10</td><td>11.5</td><td>0.25</td></tr>
<tr><td colspan="3">合计</td><td></td><td></td><td></td><td></td><td></td><td></td><td></td><td></td><td></td><td></td><td></td><td></td><td></td><td></td><td></td><td></td><td></td><td></td><td></td><td>46.6</td><td>1.0</td></tr>
</table>

注：① 载重汽车组织不好，使挖土机等候不能卸土；

② 土与斗臂黏住，抖动后才使土卸落。

② 接续法测时。接续法测时每次要记录各工序或操作的终止时间，并计算出本工序的延续时间。

本工序延续时间＝本工序的终止时间－紧前工序的终止时间　　(6-1)

接续法测时也称为连续法测时。它比选择法测时更准确、完善，但观察技术也较之更复杂。它的特点是在工作进行中和非循环组成部分出现之前一直不停止秒表，秒针走动过程中，观察者根据各组成部分之间的定时点，记录它的终止时间，再用定时点终止时间之间的差表示各组成部分的延续时间。

接续法测时记录实例见表 6-3。

(2) 测时法观察数据的处理。

① 测时法的观察次数。由于测时法是属于抽样调查的方法，因此为了保证选取样本的数据可靠，需要对同一施工过程进行重复测时。一般来说，观测的次数越多，资料的准确性越高，但要花费较多的时间和人力，这样既不经济，也不现实。确定观测次数是较为科学的方法。表 6-4 给出了测时法观察次数的确定方法。很显然，需要的观察次数与要求的算术平均值精确度及数列的稳定系数有关。

② 整理测时法观察数据的基本方法。整理观察数据的方法基本上有两种，一种是平均修正法，一种是图示整理法。平均修正法是一种在对测时数列进行修正的基础上求出平均值的方法。修正测时数列，就是剔除或修正那些偏高、偏低的可疑数值，目的是保证不受偶然性因素的影响。确定偏高和偏低的时间数值方法是，计算出最大极限数值和最小极限值，以确定可疑数值。超过极限值的时间数值就是可疑数值。

2) 写实记录法

写实记录法是一种研究各种性质的工作时间消耗的方法，包括基本工作时间、辅助工作时间、不可避免中断时间、准备与结束工作时间以及各种损失时间。采用这种方法，可以获得分析工作时间消耗和制定定额所必需的全部资料。这种测定方法比较简便、易于掌握，并能保证必需的精确度。因此写实记录法在实际工程中得到了广泛应用。写实记录法的观察对象，可以是一个工人，也可以是一个工人小组。当观察由一个人单独操作或产品数量可单独计算时，采用个人写实记录。如果观察工人小组的集体操作，而产品数量又无法单独计算时，可采用集体写实记录。

(1) 写实记录法的种类。写实记录法按记录时间的方法不同分为数示法、图示法和混合法三种，计时一般采用有秒针的普通计时表即可。

① 数示法。数示法的特征是用数字记录工时消耗，是三种写实记录法中精确度较高的一种，精确度达 5 s，可以同时对两个工人进行观察，适用于组成部分较少而且比较稳定的施工过程。数示法用来对整个工作班或半个工作班进行长时间观察，因此能反映工人或机具工作日全部情况。

该方法精度较高，技术上也相对复杂。数示法实例见表 6-5。

表 6-3　接续法测时记录实例

观察对象：搅拌机拌制混凝土 观察时间精度：1 s	接续法测时	施工单位名称	工程名称	日期	开始时间	结束时间	延续时间	观察号次	页次
		×建筑股份有限公司	×住宅楼	×××	上午 9:00	上午 9:21	20′54″	×	×
		施工过程：用 CCM-02 式混凝土搅拌机拌制混凝土							

序号	各组成部分名称	时间	每一次循环的时间消耗																				时间整理					占每循环时间
			1		2		3		4		5		6		7		8		9		10		时间总和	循环次数	最大	最小	平均修正值	
			分	秒	分	秒	分	秒	分	秒	分	秒	分	秒	分	秒	分	秒	分	秒	分	秒						
1	装料入鼓	终止时间	0	15	2	16	4	20	6	30	8	33	10	39	12	44	14	56	17	4	19	5	148	10	19	12	14.8	0.12
		延续时间		15		13		13		17		14		15		16		19		12		14						
2	搅拌	终止时间	1	45	3	48	5	55	7	57	10	4	12	9	14	20	16	28	18	33	20	38	915	10	96	87	91.5	0.73
		延续时间		90		92		95		87		91		90		96		92		89		93						
3	卸料出鼓	终止时间	2	3	4	7	6	13	8	19	10	24	12	28	14	37	16	52	18	51	20	54	191	10	24	16	19.1	0.15
		延续时间		18		19		18		22		20		19		17		24		18		16						
合计																											125.4	1.0

表 6-4　测时法所需的观察次数

稳定系数 $K_p=\frac{l_{max}}{l_{min}}$	要求的算术平均值精确度 $E=\pm\frac{1}{\overline{X}}\sqrt{\frac{\sum\Delta^2}{n(n-1)}}$				
	5%以内	7%以内	10%以内	15%以内	25%以内
	观察次数				
1.5	9	6	5	5	5
2	16	11	7	5	5
2.5	23	15	10	6	5
3	30	18	12	8	6
4	39	25	15	10	7
5	47	31	19	11	8

注：表中 l_{max} 为最大观测值；l_{min} 为最小观测值；$\overline{X}$ 为算术平均值；n 为观测次数；Δ 为每次观察值与算术平均值之差。

表 6-5　数示法实例

工地名称	×办公楼	开始时间	8:00	延续时间	4 h	观察者	观察号次	页次
施工单位	×建筑安装公司	终止时间	12:00	记录时间	×年×月×日	×××	×	×

施工过程:砌一砖厚单面清水外墙(窗台以下)用三一砌砖法

号次	施工过程组成部分名称	延续时间总和	观察对象:李××						观察对象:王××					
			组成部分代号	起止时间			工序延续时间	附注	组成部分代号	起止时间			工序延续时间	附注
				时	分	秒				时	分	秒		
1	墙面浇水	3′50″/5′20″	×	8	(X)	0			×	8	00	0		
2	砌砖	158′55″/161′35″	1	8	03	50	3′50″		1	8	05	20	5′20″	
3	等立窗框	50′30″/—	2	10	20	20	136′30″		2	9	27	30	82′10″	
4	等砖	—/23′10″	8	10	27	40	7′20″	李××	4	9	50	40	23′10″	王××
5	拉线	5′5″/5′35″	2	10	50	05	22′25″	完成	2	11	10	05	79′25″	完成
6	校正墙面	—/32′45″	3	11	40	35	50′30″	$2.1m^3$	5	11	15	40	5′35″	$1.6m^3$
7	工作地点转移	14′20″/11′35″	5	11	45	40	5′5″		6	11	48	25	32′45″	
8	休息	7′20″/—	7	12	00	0	14′20″		7	12	00	0	11′35″	
合计		240′0″/240′0″					240′0″						240′0″	

② 图示法。图示法是在规定格式的图表上用时间进度线条表示工时消耗量的一种记录方式，精确度可达 30 s，可同时对 3 个以内的工人进行观察。这种方法的主要优点是记录简单，时间一目了然，原始记录整理方便。

用此种方法记录时间与数示法相比有许多优点，因此，在实际工作中，图示法较数示法的使用更为普遍。图示法示例如图 6-4 所示。

工地名称	501工地	开始时间	8:00	延续时间	1 h	调查号次	
施工单位		终止时间	9:00	记录日期	04.6.28	页次	
施工过程	砌1砖厚单面清水墙	观察对象	张××（四级工）、李××（四级工）、王××（三级工）				

号次	各组成部分名称	时间/min 5 10 15 20 25 30 35 40 45 50 55 60	时间合计/min	产品数量	附注
1	准备	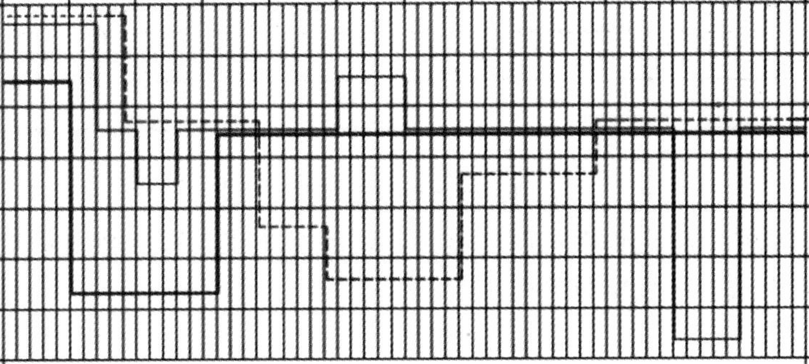	16		
2	拉线		10		
3	铺灰砌砖		119	0.76m³	
4	浇水		13		
5	摆放钢筋		5		
6	帮普工搬砖		21		
7	等灰浆		5		
合　计			180		

图 6-4　图示法示例

该施工过程有 7 个组成部分，每个工序横向分上、下两格，如果同时观测 2 个工人，则每个工人的工时分别绘制在上格或下格内，以示区别；当同时测定 3 个工人时，则在上格与下格的中心线上加绘 1 个工人的工时消耗（如图 6-4 中虚线所示）。

③ 混合法。混合法吸取数示和图示两种方法的优点，以图示法中的时间进度线条表示工序的延续时间，在进度线的上部加写数字表示各时间区段的工人数。混合法适用于 3 个以上工人工作时间的集体写实记录。混合法示例如图 6-5 所示。

图 6-5 为观测一个 6 人小组浇筑混凝土柱的过程，记录了每分钟工人在各工序工作及转移的情况。各时间区段竖向工人数之和必然是 6，最后统计出合计时间和产品数量。

（2）写实记录法的延续时间。与确定测时法的观察次数相同，为保证写实记录法的数据可靠性，需要确定写实记录法的延续时间。延续时间的确定，是指在采用写实记录法中任何一种方法进行测定时，对每个被测施工过程或同时测定两个以上施工过程所需的总延续时间的确定。

延续时间的确定，应立足于既不能消耗过多的观察时间，又能得到比较可靠和准确的结果。影响写实记录法延续时间的主要因素有：所测施工过程的广泛性和经济价值；

工程名称	104工地	开始时间	9:00	延续时间	1 h	调查号次	
施工单位		终止时间	10:00	记录日期	84.8.24	页次	1
施工过程	浇筑混凝土（机拌人捣）	观察对象	四级工：3人；三级工：3人				

号次	各组成部分名称	时间/min（5 10 15 20 25 30 35 40 45 50 55 60）	时间合计/min	产品数量	附注
1	撒锹	2 1 2 2 1 2 1 1 2 1 2	78	1.85m³	
2	捣固	4 2 4 2 1 2 1 4 3 4 2 1 1 4 2 3	148	1.85m³	
3	转移	5 1 3 2 5 6 3 5 6 4 6 3 3	103	3次	
4	等混凝土	6 3 3	21		
5	其他工作	1 1 1	10		
	合 计		360		

图 6-5　混合法示例

已经达到的功效水平的稳定程度；同时测定不同类型施工过程的数目；被测定的工人人数以及测定完成产品的可能次数等。

3）工作日写实法

工作日写实法是一种研究整个工作班内的各种工时消耗的方法。运用工作日写实法主要有两个目的，一是取得编制定额的基础资料；二是检查定额的执行情况，找出缺点，改进工作。当用于第一个目的时，工作日写实的结果要获得观察对象在工作班内工时消耗的全部情况，以及产品数量和影响工时消耗的因素。其中工时消耗应该按其性质分类记录。在这种情况下，通常需要测定 3～4 次。当用于第二个目的时，通过工作日写实应该做到：查明工时损失量和引起工时损失的原因，制定消除工时损失、改善劳动组织和工作地点组织的措施，查明熟练工人是否能发挥自己的专长，确定合理的小组编制和合理的小组分工，确定机器在时间利用和生产率方面的情况，找出使用不当的原因，制定改善机器使用情况的技术组织措施，计算工人或机器完成定额的实际百分比和可能百分比。在这种情况下，通常需要测定 1～3 次。工作日写实法与测时法、写实记录法相比较，具有技术简便、费力不多、应用面广和资料全面的优点，在我国是一种采用较广的编制定额的方法。工作日写实法的缺点：由于有观察人员在场，即使在观察前做了充分准备，仍不免在工时利用上有一定的虚假性；工作日写实法的观察工作量较大，费时较多，费用亦高。

任务三 人工消耗定额

一、人工消耗定额的概念和表达形式

1. 人工消耗定额的概念

人工消耗定额（也称劳动消耗定额）是指在正常技术组织条件和合理劳动组织条件下，生产单位合格产品所需消耗的工作时间，或在一定时间内生产的合格产品数量。在各种定额中，人工消耗定额都是很重要的组成部分。

2. 人工消耗定额的表达形式

时间定额和产量定额是人工定额的两种表现形式。拟定出时间定额，也就可以计算出产量定额。

1）时间定额

时间定额是完成单位合格产品所必须消耗的工时，它以正常的施工技术和合理的劳动组织为条件，以一定技术等级的工人小组或个人完成质量合格的产品为前提。

定额时间包括准备与结束工作时间、基本工作时间、辅助工作时间、不可避免的中断时间及必需的休息时间等。

时间定额以“工日”为单位，每一个工日工作时间按 8 h 计算。用公式表示如下：

$$\text{单位产品时间定额(工日)}=\frac{1}{\text{每工日产量}}$$

或

$$\text{单位产品时间定额(工日)}=\frac{\text{小组成员工日数总和}}{\text{小组台班产量}}$$

2）产量定额

产量定额就是在一定的生产技术和生产组织条件下，劳动者在单位时间（工日）内生产合格产品的数量或完成工作任务量的数量标准。

产量定额根据时间定额计算，用公式表示如下：

$$\text{每工日产量}=\frac{1}{\text{单位产品时间定额(工日)}}$$

或

$$\text{小组台班产量}=\frac{\text{小组成员工日数总和}}{\text{单位产品时间定额(工日)}}$$

产量定额的计量单位是以产品的单位计量，如以 m、m^3、m^3、t、块、件等为计量单位。

从以上公式可以看出，时间定额与产量定额两者互为倒数。

$$时间定额=\frac{1}{产量定额}$$

即时间定额×产量定额=1，产量定额和时间定额可以相互换算。

3）劳动定额示例

现行的全国《建设工程劳动定额》包括 LD/T 72.1～LD/T 72.11—2008 建筑工程劳动定额、LD/T 99.1～LD/T 99.8—2008 市政工程劳动定额、LD/T 73.1～LD/T 73.4—2008 装饰工程劳动定额、LD/T 74.1～LD/T 74.4—2008 安装工程劳动定额、LD/T 75.1～LD/T 75.3—2008 园林绿化工程劳动定额，它改变了传统劳动定额的形式和结构编排，变传统的复式表现形式为单式表现形式，即采用时间定额（工日/××）表示。表 6-6～表 6-8 所示为摘录《建设工程劳动定额》中的 LD/T 72.4—2008 建设工程劳动定额：建筑工程—砌筑工程中的砖墙劳动定额。

砖墙工作内容包括：砌墙面艺术形式、墙垛、平旋及安装平旋模板，梁板头砌砖，梁板下塞砖，楼楞间砌砖，留楼梯踏步斜槽，留孔洞，砌各种凹进外、山墙、女儿墙泛水槽，安放木砖、铁件及体积≤0.024 m^3 的预制混凝土门窗过梁、隔板、垫块，以及调整立好后的门窗框等。

表 6-6　砖墙项目示例 A　　工日/m^3

项目		双面清水墙			单面清水墙					序号
		1 砖	1.5 砖	2 砖及 2 砖以外	0.5 砖	0.75 砖	1 砖	1.5 砖	2 砖及 2 砖以外	
综合	塔吊	1.27	1.20	1.12	1.52	1.48	1.23	1.14	1.07	一
	机吊	1.18	1.41	1.33	1.73	1.69	1.44	1.35	1.28	二
砌砖		0.726	0.653	0.568	1.00	0.956	0.684	0.593	0.52	三
运输	塔吊	0.44	0.44	0.44	0.434	0.437	0.44	0.44	0.44	四
	机吊	0.652	0.652	0.652	0.642	0.645	0.652	0.652	0.652	五
调制砂浆		0.101	0.106	0.107	0.085	0.089	0.101	0.106	0.107	六
编号		4	5	6	7	8	9	10	11	

表 6-7　砖墙项目示例 B　　工日/m^3

项目		混水内墙				混水外墙					序号
		0.5 砖	0.75 砖	1 砖	1.5 砖及 1.5 砖以外	0.5 砖	0.75 砖	1 砖	1.5 砖	2 砖及 2 砖以外	
综合	塔吊	1.38	1.34	1.02	0.994	1.5	1.44	1.09	1.04	1.01	一
	机吊	1.59	1.55	1.24	1.21	1.71	1.65	1.3	1.25	1.22	二

续表

项目		混水内墙				混水外墙					序号
		0.5 砖	0.75 砖	1 砖	1.5 砖及 1.5 砖以外	0.5 砖	0.75 砖	1 砖	1.5 砖	2 砖及 2 砖以外	
砌砖		0.865	0.815	0.482	0.448	0.98	0.915	0.549	0.491	0.458	三
运输	塔吊	0.434	0.437	0.44	0.44	0.434	0.437	0.44	0.44	0.44	四
	机吊	0.642	0.645	0.654	0.654	0.642	0.645	0.652	0.652	0.652	五
调制砂浆		0.085	0.089	0.101	0.106	0.085	0.089	0.101	0.106	0.107	六
编号		12	13	14	15	16	17	18	19	20	

表 6-8 砖墙项目示例 C

工日/m^3

项目		空斗墙		空心砖墙						序号
				内墙			外墙			
				墙体厚度/cm						
		清水	混水	15 以内	25 以内	25 以外	15 以内	25 以内	25 以外	
综合	塔吊	0.864	0.722	0.909	0.758	0.671	0.965	0.804	0.712	一
	机吊	0.967	0.825	1.14	0.943	0.840	1.20	0.989	0.881	二
砌砖		0.619	0.477	0.500	0.417	0.370	0.556	0.463	0.411	三
运输	塔吊	0.218	0.218	0.364	0.296	0.256	0.364	0.296	0.256	四
	机吊	0.321	0.321	0.595	0.481	0.425	0.595	0.481	0.425	五
调制砂浆		0.027	0.027	0.045	0.045	0.045	0.045	0.045	0.045	六
编号		21	22	23	24	25	26	27	28	

注：① 砌外墙不分里外架子，均执行本标准。

② 女儿墙按外墙相应项目的时间定额执行。

③ 地下室墙按内墙塔吊相应项目时间定额执行。

④ 空斗墙以不加填充料为准，工程量包括实砌部分。如加填充料时，则按《砖墙加工表》加工。

⑤ 平房、围墙按砖墙机吊相应项目时间定额执行。围墙砌筑包括搭拆简易架子，其墙垛、墙头、出檐不另加工。

⑥ 框架填充墙按相应项目的时间定额执行。

⑦ 空心砖墙包括镶砌标准砖。

4）时间定额和产量定额的用途

时间定额和产量定额虽同是劳动定额的不同表现形式，但其用途却不相同。前者以单位产品的工日数表示，便于计算完成某一分部（项）工程所需的总工日数，便于核算工资，便于编制施工进度计划和计算分项工期。后者以单位时间内完成的产品数量表示，便于小组分配施工任务，考核工人的劳动效率和签发施工任务单。

二、人工消耗定额的制定方法

技术测定法是指应用本项目前面所述的几种计时观察法获得工时消耗数据，进而制定劳动消耗定额。

在全面分析了各种影响因素的基础上，通过计时观察资料，可以获得定额的各种必须消耗时间。将这些时间进行归纳，有的是经过换算，有的是根据不同的工时规范附加，最后把各种定额时间加以综合和类比，就是整个工作过程的人工消耗的时间定额。

1. 确定工序作业时间

根据计时观察资料的分析和选择，可以获得各种产品的基本工作时间和辅助工作时间，将这两种时间合并，可以称之为工序作业时间。它是各种因素的集中反映，决定着整个产品的定额时间。

（1）拟定基本工作时间。

基本工作时间在必须消耗的工作时间中占的比重最大。在确定基本工作时间时，必须细致、精确。基本工作时间消耗一般应根据计时观察资料来确定。其做法是，先确定工作过程中每一组成部分的工时消耗，然后再综合出工作过程的工时消耗。如果组成部分的产品计量单位和工作过程的产品计量单位不符，就需先求出不同计量单位的换算系数，进行产品计量单位的换算，然后再相加，求得工作过程的工时消耗。

① 各组成部分单位与最终产品单位一致时的基本工作时间计算。此时，单位产品基本工作时间就是施工过程各组成部分的基本工作时间的总和，计算公式为：

$$T_1=\sum_{i=1}^{n}t_i$$

式中：T_1——单位产品基本工作时间；

t_i——各组成部分的基本工作时间；

n——组成部分的个数。

② 各组成部分单位与最终产品单位不一致时的基本工作时间计算。此时，各组成部分基本工作时间应分别乘以相应的换算系数。计算公式为：

$$T_1=\sum_{i=1}^{n}k_i\times t_i$$

式中：k_i——对应的换算系数。

例 6-1

砌砖墙勾缝的计量单位是平方米，但若将勾缝作为彻砖墙施工过程的一个组成部分对待，即将勾缝时间按砌墙厚度、砌体体积计算，设每平方米墙面所需的勾缝时间为 10 min，试求各种不同墙厚每立方米砌体所需的勾缝时间。

解析

① 1 砖厚的砖墙，其每立方米砌体墙面面积的换算系数为 4.17，则每立方米砌体所需的勾缝时间是：

$$4.17\times10\ \text{min}=41.7\ \text{min}$$

② 标准砖规格为 240 mm×115 mm×53 mm，灰缝宽 10 mm，故

$$\text{一砖半墙的厚度}=(0.24+0.115+0.01)\ \text{m}=0.365\ \text{m}$$

一砖半厚的砖墙，其每立方米砌体墙面面积的换算系数为 2.74，则每立方米砌体所需的勾缝时间是：

$$2.74\times10\ \text{min}=27.4\ \text{min}$$

（2）拟定辅助工作时间。

辅助工作时间的确定方法与基本工作时间的确定方法相同。如果在计时观察时不能取得足够的资料，也可采用工时规范或经验数据来确定。如果有现行的工时规范，可以直接利用工时规范中规定的辅助工作时间的百分比来计算。举例见表 6-9。

表 6-9　木作工程各类辅助工作时间的百分比参考表

工作项目	占工序作业时间/（%）	工作项目	占工序作业时间/（%）
磨刨刀	12.3	磨线刨	8.3
磨槽刨	5.9	锉锯	8.2
磨凿子	3.4	—	—

2. 确定规范时间

规范时间内容包括工序作业时间以外的准备与结束工作时间、不可避免的中断时间以及休息时间。

（1）确定准备与结束工作时间。

准备与结束工作时间分为班内的和任务的两种。任务的准备与结束时间通常不能集中在某一个工作日中，而要采取分摊计算的方法，分摊在单位产品的时间定额里。

如果在计时观察资料中不能取得足够的准备与结束工作时间的资料，也可根据工时规范或经验数据来确定。

（2）确定不可避免的中断时间。

在确定不可避免的中断时间的定额时，必须注意由工艺特点所引起的不可避免的中断时间才可列入工作过程的时间定额。

不可避免的中断时间也需要根据测时资料通过整理分析获得，还可以根据经验数据或工时规范，以占工作日的百分比表示此项工时消耗的时间定额。

（3）拟定休息时间。

休息时间应根据工作班作息制度、经验资料、计时观察资料，以及对工作的疲劳程度做全面分析来确定。同时，应考虑尽可能利用不可避免的中断时间作为休息时间。

规范时间均可利用工时规范或经验数据确定，常用的参考数据如表 6-10 所示。

表 6-10　准备与结束工作时间、休息时间、不可避免的中断时间占工作时间的百分比参考表

序号	时间分类 工种	准备与结束工作时间占工作时间的百分比/（%）	休息时间占工作时间的百分比/（%）	不可避免的中断时间占工作时间的百分比/（%）
1	材料运输及材料加工	2	13～16	2
2	人力土方工程	3	13～16	2
3	架子工程	4	12～15	2
4	砖石工程	6	10～13	4
5	抹灰工程	6	10～13	3
6	手工木作工程	4	7～10	3
7	机械木作工程	3	4～7	3
8	模板工程	5	7～10	3
9	钢筋工程	4	7～10	4
10	现浇混凝土工程	6	10～13	3
11	预制混凝土工程	4	10～13	2
12	防水工程	5	25	3
13	油漆玻璃工程	3	4～7	2
14	钢制品制作及安装工程	4	4～7	2
15	机械土方工程	2	4～7	2
16	石方工程	4	13～16	2
17	机械打桩工程	6	10～13	3
18	构件运输及吊装工程	6	10～13	3
19	水暖电气工程	5	7～10	3

3. 拟定定额时间

确定的基本工作时间、辅助工作时间、准备与结束工作时间、不可避免的中断时间与休息时间之和，就是劳动定额的时间定额。根据时间定额可计算出产量定额，时间定额和产量定额互成倒数。

利用工时规范，可以计算劳动定额的时间定额，其计算公式如下：

$$\text{工序作业时间} = \text{基本工作时间} + \text{辅助工作时间}$$

$$\text{规范时间} = \text{准备与结束工作时间} + \text{不可避免的中断时间} + \text{休息时间}$$

$$\text{工序作业时间} = \text{基本工作时间} + \text{辅助工作时间} = \frac{\text{基本工作时间}}{1 - \text{辅助工作时间}(\%)}$$

$$\text{定额时间} = \frac{\text{工序作业时间}}{1 - \text{规范时间}(\%)}$$

例 6-2

通过计时观察资料得知：人工挖 1 m^3 二类土的基本工作时间为 6 h，辅助工作时间占工序作业时间的 2%。准备与结束工作时间、不可避免的中断时间、休息时间分别占工作日的 3%、2%、18%。求该人工挖二类土的时间定额是多少？

解析

$$基本工作时间 = 6\ h = 0.75\ 工日/m^3$$

$$工序作业时间 = [0.75/(1-2\%)]\ 工日/m^3 = 0.765\ 工日/m^3$$

$$时间定额 = [0.765/(1-3\%-2\%-18\%)]\ 工日/m^3 = 0.994\ 工日/m^3$$

任务四　材料消耗定额

材料消耗定额是指在合理和节约使用材料的前提下，生产单位合格产品所必须消耗的建筑材料（半成品、配件、燃料、水、电）的数量标准。

在一般工业与民用建筑工程中，材料消耗占工程成本的 60%～70%，材料消耗定额就是利用定额这个经济杠杆，对材料消耗进行控制和监督，以达到降低物资消耗和工程成本的目的。

一、材料的分类

合理确定材料消耗定额，必须研究和区分材料在施工过程中的类别。

1. 根据材料消耗的性质划分

施工中材料的消耗可分为必须消耗的材料和损失的材料两类。

（1）必须消耗的材料，是指在合理用料的条件下，生产合格产品所必须消耗的材料。它包括：直接用于建筑和安装工程的材料；不可避免的施工废料；不可避免的材料损耗。

必须消耗的材料＝直接用于建筑和安装工程的材料＋不可避免的施工废料＋不可避免的材料损耗

必须消耗的材料属于施工正常消耗，是确定材料消耗定额的基本数据。其中，直接用于建筑和安装工程的材料，就是材料的净用量，编制材料净用量定额；不可避免的施工废料和材料损耗，就是材料损耗，编制材料损耗定额。

（2）损失的材料，是指不可避免的施工废料和施工操作损耗。

材料净用量与材料损耗量之和称为材料总消耗量，材料损耗量与材料总消耗量之比称为材料损耗率。

2. 根据材料消耗与工程实体的关系划分

施工中的材料可分为实体材料和非实体材料两类。

（1）实体材料，是指直接构成工程实体的材料。它包括工程直接性材料和辅助材料。工程直接性材料主要是指一次性消耗、直接用于工程构成建筑物或结构本体的材料，如钢筋混凝土柱中的钢筋、水泥、砂、碎石等；辅助材料主要是指虽也是施工过程中所必需的，却并不构成建筑物或结构本体的材料，如土石方爆破工程中所需的炸药、引信、雷管等。直接性材料用量大，辅助材料用量少。

（2）非实体材料，是指在施工中必须使用但又不能构成工程实体的施工措施性材料。非实体材料主要是指周转性材料，如模板、脚手架、支撑等。

二、确定材料消耗量的基本方法

确定实体材料的净用量定额和材料损耗定额的计算数据，是通过现场技术测定、实验室试验、现场统计和理论计算等方法获得的。

1. 现场技术测定法

现场技术测定法又称为观测法，是根据对材料消耗过程的测定与观察，通过完成产品数量和材料消耗量的计算，从而确定各种材料消耗定额的一种方法。现场技术测定法主要适用于确定材料损耗量，因为该部分数值用统计法或其他方法较难得到。通过现场观察，还可以区别出哪些是可以避免的损耗，哪些是难以避免的损耗，明确定额中不应列入可以避免的损耗。

2. 实验室试验法

实验室试验法主要用于编制材料净用量定额。通过试验，能够对材料的结构、化学成分和物理性能以及按强度等级控制的混凝土、砂浆、沥青、油漆等配比做出科学的结论，给编制材料消耗定额提供有技术依据的、比较精确的计算数据。这种方法的优点是能更深入、更详细地研究各种因素对材料消耗的影响，其缺点在于无法估计施工现场某些因素对材料消耗量的影响。

试验法是通过专门的仪器和设备在实验室内确定材料消耗定额的一种方法。这种方法适用于能在实验室条件下进行测定的塑性材料和液体材料（如混凝土、砂浆、沥青、油漆涂料等）。

例如：可测定出混凝土的配合比，然后计算出每 1 m^3 混凝土中的水泥、砂、石、水的消耗量。由于实验室比施工现场具有更好的工作条件，所以能更深入、详细地研究各种因素对材料消耗的影响，从中得到比较准确的数据。但是，在实验室中无法充分估计施工现场某些外界因素对材料消耗的影响。因此，要求实验室条件尽量与施工过程中的正常施工条件一致，同时在测定后用观察法进行审核和修正。

3. 现场统计法

现场统计法是以施工现场积累的分部分项工程使用材料数量、完成产品数量、完成工作原材料的剩余数量等统计资料为基础，经过整理分析，获得材料消耗的数据。这种方法比较简单易行，不需组织专人观察和试验。但也有缺陷：一是该方法一般只能确定材料总消耗量，不能确定净用量和损耗量；二是其准确程度受到统计资料和实际使用材料的影响。因而其不能作为确定材料净用量定额和材料损耗定额的依据，只能作为编制定额的辅助性方法使用。

4. 理论计算法

理论计算法是根据施工图和建筑构造要求，用理论计算公式计算出产品的材料净用量的方法。该方法较适合于不易产生损耗，且容易确定废料的材料消耗量的计算。这种方法主要适用于块状、板状和卷筒状产品（如砖、钢材、玻璃、油毡等）的材料消耗定额。

1）标准砖墙材料用量计算。

每立方米砖墙的用砖数和砌筑砂浆的用量可用下列理论计算公式计算各自的净用量。

用砖数：

$$A=\frac{1}{\text{墙厚}\times(\text{砖长}+\text{灰缝})\times(\text{砖厚}+\text{灰缝})}\times k$$

式中：k——墙厚的砖数×2。

砂浆用量：

$$B=1-\text{砖数}\times\text{每块砖体积}$$

材料的损耗一般以损耗率表示。材料损耗率可以通过观察法或统计法确定。材料损耗率及材料损耗量的计算通常采用以下公式：

$$\text{损耗率}=\frac{\text{损耗量}}{\text{净用量}}\times 100\%$$

例 6-3

计算 1 m^3 标准砖一砖外墙砌体砖数和砂浆的净用量。

解析

$$A=\frac{1}{0.24\times(0.24+0.01)\times(0.053+0.01)}\times 1\times 2\text{ 块}=529\text{ 块}$$

$$\text{砂浆净用量}=[1-529\times(0.24\times 0.115\times 0.053)]\text{m}^3=0.226\text{ m}^3$$

2）块料面层的材料用量计算。

每 100 m^2 面层块料净用量、灰缝材料净用量及结合层材料用量的计算公式如下：

$$100\ m^2 面层块料净用量=\frac{100}{(块料长+灰缝宽)\times(块料宽+灰缝宽)}$$

$$100\ m^2 灰缝材料净用量=[100-(块料长\times块料宽\times100\ m^2 面层块料净用量)]\times灰缝深$$

$$结合层材料用量=100\ m^2\times结合层厚度$$

例 6-4

用 1∶1 水泥砂浆贴 150 mm×150 mm×5 mm 瓷砖墙面，结合层厚度为 10 mm，试计算每 100 m^2 瓷砖墙面中瓷砖和砂浆的消耗量（灰缝宽为 2 mm）。假设瓷砖损耗率为 1.5%，砂浆损耗率为 1%。

解析

$$每 100\ m^2 瓷砖墙面中瓷砖的净用量=\frac{100}{(0.15+0.002)\times(0.15+0.002)}块=4328.25 块$$

每 100 m^2 瓷砖墙面中瓷砖的总消耗量=4328.25×（1+1.5%）块=4393.17 块

每 100 m^2 瓷砖墙面中结合层砂浆净用量=100×0.01 m^3=1 m^3

每 100 m^2 瓷砖墙面中灰缝砂浆净用量=[100－（4328.25×0.15×0.15）]×0.005 m^3=0.013 m^3

每 100 m^2 瓷砖墙面中水泥砂浆总消耗量=（1+0.013）×（1+1%）m^3=1.02 m^3

任务五　机械台班消耗定额

机械台班消耗定额，是指在正常施工、合理的劳动组织和合理使用施工机械的条件下，生产单位合格产品所必需的一定品种、规格施工机械作业时间的消耗标准。

所谓“台班”就是一台机械工作一个工作班（即 8 h）。

一、确定机械 1 h 纯工作正常生产率

机械纯工作时间，就是指机械的必须消耗时间。机械 1 h 纯工作正常生产率，就是在正常施工组织条件下，具有必需的知识和技能的技术工人操纵机械 1 h 的生产率。

根据机械工作特点的不同，机械 1 h 纯工作正常生产率的确定方法也有所不同。

1. 循环动作机械

确定循环动作机械纯工作 1 h 正常生产率的计算公式如下：

$$\text{机械一次循环的正常延续时间}=\sum(\text{正常循环各组成部分正常延续时间})-\text{交叠时间}$$

$$\text{机械纯工作 1 h 循环次数}=\frac{60\times 60(\text{s})}{\text{一次循环的正常延续时间}}$$

$$\text{循环动作机械纯工作 1 h 正常生产率}=\text{机械纯工作 1 h 循环次数}\times\text{一次循环生产的产品数量}$$

2. 连续动作机械

确定连续动作机械纯工作 1 h 正常生产率要根据机械的类型和结构特征，以及工作过程的特点来进行。计算公式如下：

$$\text{连续动作机械纯工作 1 h 正常生产率}=\frac{\text{工作时间内生产的产品数量}}{\text{工作时间（h）}}$$

工作时间内生产的产品数量和工作时间的消耗，要通过多次现场观察和机械说明书来取得数据。

二、确定施工机械的时间利用系数

机械的时间利用系数和机械在工作班内的工作状况有着密切的关系。所以，确定机械的时间利用系数，首先要拟定机械工作班的正常工作状况，保证合理利用工时。其计算公式如下：

$$\text{机械的时间利用系数}=\frac{\text{机械在一个工作班内纯工作时间}}{\text{一个工作班延续时间（8 h）}}$$

三、计算施工机械台班定额

计算施工机械台班定额是编制机械定额工作的最后一步。在确定了机械工作的正常条件、机械 1 h 纯工作正常生产率和机械的时间利用系数之后，采用下列公式计算施工机械的台班产量定额：

$$\text{施工机械台班产量定额}=\text{机械 1 h 纯工作正常生产率}\times\text{工作班纯工作时间}$$

或

$$施工机械台班产量定额=机械1\ h纯工作正常生产率\times 工作班延续时间\times 机械的时间利用系数$$

$$施工机械时间定额=\frac{1}{机械台班产量定额指标}$$

例 6-5

某工程现场采用出料容量 500 L 的混凝土搅拌机，每一次循环中，装料、搅拌、卸料、中断需要的时间分别为 1 min、3 min、1 min、1 min，机械的时间利用系数为 0.9，求该机械的台班产量定额。

解析

该搅拌机一次循环的正常延续时间=（1+3+1+1=6）min=0.1 h

该搅拌机纯工作 1 h 循环次数=10 次

该搅拌机纯工作 1 h 正常生产率=10×500 L=5000 L=5 m^2

该搅拌机台班产量定额=5×8×0.9 m^3/台班=36 m^3/台班

项目小结

本项目对工程造价定额和施工定额做了较详细的阐述，包括工程造价定额的概念、分类、特点，定额制定的基本方法；施工定额的概念、人工消耗定额、材料消耗定额和机械台班消耗定额等。

具体内容包括：定额和工程定额的概念；按照 4 种不同的原则和方法对工程定额进行分类，重点讲述了按定额的编制程序和用途进行分类；工程定额的特点；定额的制定与修订，包括制定、全面修订、局部修订、补充；施工定额的概念、分类、影响因素；工人和机械工作时间消耗的分类；测定时间消耗的基本方法——计时观察法；人工消耗定额、材料消耗定额、机械台班消耗定额的确定方法。

本项目的教学目标是使学生掌握工程造价定额的概念，按照不同的原则和方法对工程定额进行分类，了解工程造价定额的特点和定额制定的基本方法，掌握施工定额的概念、工人和机械工作时间消耗的分类，会通过计算确定人工消耗定额、材料消耗定额和机械台班消耗定额。

思考与习题

1. 简述施工定额的概念及特点。
2. 简述施工定额的作用。
3. 简述测定时间消耗的基本方法。
4. 简述人工消耗定额的确定方法。
5. 简述材料消耗定额的确定方法。
6. 如何计算机械台班消耗定额?

项目七
企业定额的编制

任务一　企业定额概述

一、企业定额的概念

企业定额是施工企业根据本企业的施工技术和管理水平，以及有关工程造价资料制定的，并供本企业使用的人工、材料和机械台班消耗量标准。企业定额只在企业内部使用，是企业素质的一个标志。企业定额水平一般应高于国家现行定额，才能满足生产技术发展、企业管理和市场竞争的需要。

企业定额反映企业的施工生产与生产消费之间的数量关系，是施工企业生产力水平的体现，每家企业均应拥有反映自己企业能力的企业定额。企业的技术和管理水平不同，企业定额的定额水平也就不同。因此，企业定额是施工企业进行施工管理和投标报价的基础和依据，从一定意义上讲，企业定额是企业的商业秘密，是企业参与市场竞争的核心竞争能力的具体表现。

二、企业定额的特点

目前大部分施工企业是以国家或行业制定的预算定额作为进行施工管理、工料分析和计算施工成本的依据。随着市场化改革的不断深入和发展，施工企业可以预算定额和基础定额为参照，逐步建立起反映企业自身施工管理水平和技术装备程度的企业定额。

企业定额必须具备有以下特点。

（1）其各项平均消耗要比社会平均水平低，体现其先进性。

(2) 可以表现本企业在某些方面的技术优势。

(3) 可以表现本企业局部或全面管理方面的优势。

(4) 所有匹配的单价都是动态的，具有市场性。

(5) 与施工方案能全面接轨。

(6) 实行工程量清单计价要求企业自主报价，企业定额的作用变得十分重要。

企业定额与施工定额的概念容易混淆，两者是施工企业内部定额的两个层次，有着不同的作用。企业定额与施工定额的比较见表 7-1。

表 7-1　企业定额与施工定额的比较

比较内容	企业定额	施工定额
编制主体	企业总部	各地区、各行业、各部门
使用范围	企业内部	社会范围
主要作用	企业内部施工管理； 工程投标报价的基础	企业定额编制的依据； 行业部门控制投标报价的依据
定额水平	企业平均先进	社会平均先进
定额性质	生产性、计价性定额	生产性定额

任务二　企业定额的作用

1. 企业定额是企业管理和施工计划管理的基础

企业定额在企业计划管理方面的作用，表现在它既是企业编制施工组织设计的依据，也是企业编制施工作业计划的依据，同时还是投标报价的依据。

2. 企业定额是组织和指挥施工生产的有效工具

企业组织和指挥施工班组进行施工，是按照作业计划，通过下达施工任务单和限额领料单来实现的。

3. 企业定额是计算工人劳动报酬的根据

企业定额是衡量工人劳动数量和质量、计算工人工资的基础依据，真正体现了按劳取酬的分配原则。

4. 企业定额是企业激励工人的条件

企业定额是实现激励的标准尺度。

5. 企业定额有利于推广先进技术

企业定额水平中包含着某些已成熟的、先进的施工技术和经验，工人要达到和超过定额，就必须掌握和运用这些先进技术。

6. 企业定额是编制施工预算，加强企业成本管理的基础

施工预算是施工单位用以确定单位工程人工、机械、材料和资金需要量的计划文件。

7. 企业定额是施工企业进行工程投标、编制投标报价的基础和主要依据

在确定工程投标报价时，首先是依据企业定额计算出施工企业拟完成投标工程的计划成本；在掌握工程成本的基础上，再根据所处的环境和条件，确定在该工程上拟获得的利润、预计的工程风险费用和其他应考虑的因素，从而确定投标报价。

任务三　企业定额的组成（构成）内容和表现形式

从内容构成上讲，企业定额一般应由施工消耗量定额、施工费用定额、投标报价定额、工期定额等构成。

一、施工消耗量定额

施工消耗量定额是指在正常施工条件下，以施工过程为标定对象而规定的单位合格产品所需消耗的人工、材料、机械台班的数量标准。

1. 工程实体消耗量定额

工程实体消耗量定额即构成工程实体的分部分项工程的人工、材料、机械的消耗量标准。其中人工消耗量要根据企业工程的操作水平确定；材料消耗量不仅包括施工过程中的净消耗量，还应包括施工损耗；机械消耗量应考虑机械的损耗率。

2. 措施性消耗量定额

措施性消耗量定额即有助于工程实体形成的临时设施、技术措施等消耗量标准。

措施性消耗量定额是指定额分项工程项目内容以外，为保证工程项目施工，发生于该工程施工前和施工过程中非工程实体项目的消耗量或费用开支。措施性消耗是指为了保证工程完成施工所采用的措施消耗、配置与周转，脚手架等的合理使用与搭拆，各种机械设备的合理配置等措施性项目。

二、施工费用定额

施工费用定额主要是指施工过程中不以人工、材料、机械消耗量形式出现的费用，即在建筑施工生产过程中所支出的措施费、企业管理费、利润和税金等费用标准的总称。

企业需要根据建筑市场竞争情况和企业定额管理水平、财务状况等编制一些费用定额。如现场施工措施费定额、间接费定额等。为了计算方便，还要编制计费规则、计价程序及相关说明等有关规定。

施工费用定额的编制类型，应分为多种表现形式。如对内进行的劳务分包、对外进行的投标报价和包定额工日等各项费率应有所区别，其中对外进行投标报价的费率应该最高，而且应该有一定的幅度范围和分类，以便快速报价。

三、投标报价定额

投标报价定额是指在正常施工条件下，以施工过程为标定对象而规定的单位合格产品所需消耗的人工、材料、机械台班数量及其费用的标准。

投标报价定额表又称工程量清单报价表或单位估价表，简称报价表。报价表是依据施工消耗量定额中的人工、材料、机械台班消耗数量（考虑一定幅度差系数），乘以当时当地现行人工、材料、机械台班单价（可以考虑价格风险因素），计算出以货币形式表现的完成分部分项工程量清单或措施项目清单人工、材料、机械费单价，再计入单位假定产品的管理费和利润，最后汇总出综合单价。

投标报价定额表主要由定额编号、工程项目名称、综合单价、人工费、材料费、机械费、管理费、利润以及人工、材料、机械单价和消耗数量等组成。

四、工期定额

工期定额是指在一定的生产技术和自然条件下，完成某个单位（或群体）工程平均需用的标准天数。包括建设工期定额和施工工期定额两个层次。

1. 建设工期

建设工期是指建设项目或独立的单项工程从开工建设起到全部建成投产或交付使用时止所经历的时间。因不可抗拒的自然灾害或重大设计变更造成的停工，经签证后，可顺延工期。

建设工期是建设项目或独立的单项工程在建设过程中所耗用的时间总量。一般以月数或天数表示。它从开工建设时算起，到全部建成投产或交付使用时停止。但不包括由于决策失误而停（缓）建所延误的时间。

2. 施工工期

施工工期是指正式开工至完成设计要求的全部施工内容并达到国家验收标准的天数，施工工期是建设工期中的一部分。

施工工期一般是指单项工程或单位工程从开工到完工所经历的时间。如单位工程施工工期，是指从正式开工起至完成承包工程全部设计内容并达到国家验收标准的全部有效天数。

3. 工期定额的作用

建设工期是评价投资效果的重要指标，直接标志着建设速度的快慢。在工期定额中已经考虑了季节性施工因素对工期的影响、地区性特点对工期的影响、工程结构和规模对工期的影响、工程用途对工期的影响，以及施工技术与管理水平对工期的影响。因此，工期定额是评价工程建设速度、编制施工计划、签订承包合同、评价全优工程的可靠依据。可见，编制和完善工期定额是很有积极意义的。

建筑安装工程工期定额，是依据国家建筑工程质量检验评定标准施工及验收规范有关规定，结合各施工条件，本着平均、经济合理的原则制定的，工期定额是编制施工组织设计、安排施工计划和考核施工工期的依据，是编制招标标底、投标标书和签订建筑安装工程合同的重要依据。

施工工期有日历工期与有效工期之分。两者的区别在于前者不扣除法定节假日、休息日而后者扣除。

4.《全国统一建筑安装工程工期定额》简介

由建设部组织修订的《全国统一建筑安装工程工期定额》以建标〔2000〕38 号批准发布，自 2000 年 2 月 16 日施行。工期定额分三个部分和六项工程。三部分中，第一部分是民用建筑工程；第二部分是工业及其他建筑工程；第三部分是专业工程。民用建筑工程中分单项和单位工程。工业及其他建筑工程分工业建筑工程及其他建筑工程。专业工程分设备安装工程及机械施工工程。

任务四 企业定额的编制原则、编制依据、编制步骤和编制方法

一、企业定额的编制原则

1. 与国家规范保持一致性的原则

企业定额作为参与市场经济竞争和承发包计价的依据，在确定划分定额项目时，应与国家标准《建设工程工程量清单计价规范》保持一致，这样既有利于报价组价的需要，又有利于企业尽快建立自己的定额标准，更有利于企业个别成本与社会平均成本的比较分析。

2. 平均先进性原则

平均先进是就定额的水平而言的，定额水平是指规定消耗在单位产品上的劳动、机械和材料数量的多少。

3. 内容和形式简明适用的原则

简明适用是就企业定额的内容和形式而言的，要方便定额的贯彻和执行。适用性要求，是指企业定额必须满足适用于企业内部管理和对外投标报价等多种需要。

4. 量、价、费分离的原则

企业定额必须能够客观真实地反映企业的综合实力和个体施工及施工管理成本的差异，使企业能够客观实际地确定企业工程成本和投标报价。

5. 时效性和相对稳定性原则

企业定额是一定时期内技术发展和管理水平的反映，所以在一段时间内表现出稳定的状态。

6. 独立自主编制原则

施工企业作为具有独立法人地位的经济实体，应根据企业的具体情况，结合政府的价格政策和产业导向，以盈利为目标，独立自主地编制企业定额。企业独立自主地制定定额，主要是自主地确定定额水平，自主地划分定额项目，自主地根据需要增加新的定额项目。

7. 以专家为主全员参与的原则

企业定额编制和管理属于应用科学的范畴，是施工企业管理和施工项目管理的重要组成部分。编制企业定额，要以专家为主，全员参与。

8. 动态管理原则

企业定额是一定时期内企业技术发展和管理水平的反映。当前建筑市场新材料、新工艺层出不穷，施工机具及人工市场变化也日新月异，同时，企业作为独立的法人盈利实体，其自身的技术水平在逐步提高，生产工艺在不断改进，企业的管理水平也在不断提升。要根据企业新技术、新材料的应用更新企业定额，使定额处于动态管理状态，保证企业定额体现企业实力和加强企业竞争力。

9. 保密性原则

建筑市场强手林立、竞争激烈，企业定额的指标体系及标准要严格保密，如被竞争对手获取，会使本企业陷入十分被动的境地，给企业带来不可估量的损失。

二、企业定额的编制依据

根据目前大部分建筑施工企业的定额管理水平和建设工程项目的特点，企业定额的编制依据主要有以下几个方面。

（1）国家的有关法律、法规，政府的价格政策，现行劳动保护法律、法规。

（2）现行的建筑安装工程施工及验收规范，安全技术操作规程，国家设计规范。

（3）各种类型具有代表性的标准图集、施工图样。

（4）《建设工程工程量清单计价规范》《全国统一建筑工程基础定额》《建设工程劳动定额》《建筑工程消耗量定额》《全国统一施工机械台班费定额》《建筑工程施工工料定额》，各地区统一预算定额和取费标准。

（5）企业技术与管理水平，工程施工组织方案，现场实际调查和测定的有关数据，工程具体结构和程度状况，以及采用新工艺、新技术、新材料、新方法的情况等。

（6）企业历年施工积累的经验资料等。

三、企业定额的编制步骤

1. 成立企业定额编制领导和实施机构

企业定额编制一般应由专业分管领导全权负责，抽调各专业骨干成立企业定额编制组，以公司定额编制组为主，以工程管理部、材料机械管理部、财务部、人力资源部以及各现场项目经理部配合，进行企业定额的编制工作，编制完成后归口部门对相关内容进行相应的补充和不断完善。

2. 制订企业定额编制详细方案

根据企业经营范围及专业分布确定企业定额编制大纲和范围，合理选择定额各分项及其工作内容，确定企业定额各章节及定额说明，确定工程量计算规则，调整确定子目调节系数及相关参数等。

3. 确定定额子目的实物消耗量

（1）由定额编制专家组根据《建设工程工程量清单计价规范》《全国统一建筑工程基础定额》《建筑工程消耗量定额》，结合企业自身的施工管理模式、内部核算方式、投标报价方式和惯例确定所需编制定额的步距和工程内容。

（2）由定额编制组根据《建设工程工程量清单计价规范》《全国统一建筑工程基础定额》《建筑工程消耗量定额》，结合定额编制专家组确定的所需编制定额的步距和工程内容，对《全国统一建筑工程基础定额》《建筑工程消耗量定额》中的定额子目进行拆分或整合，形成初步的企业定额。

（3）将企业定额子目的实物消耗量报送工程技术管理专家和企业内各工程处征求意见并对各方面的意见进行汇总，提交定额编制组讨论。

（4）定额编制组对各方面的意见进行讨论后拿出修订方案，定额编制人员将企业定额子目消耗量进行修订后报定额编制专家组审定，企业领导审批。

4. 确定费用定额指标

由定额编制组根据近期本企业不同类型工程的竣工结算和财务成本情况对各项费用指标进行测算，产生不同类型工程各项费用指标。

5. 开发定额管理应用软件

在本企业信息管理专家或软件开发公司的专业人员的支持下，与定额编制同步进行企业定额软件的开发。

6. 企业定额的补充完善

企业定额的补充完善是企业定额体系中的一个重要内容，也是一项必不可少的内容。

（1）当设计图样中某个工程采用了新的工艺和材料，而在企业定额中未编制此类项目时，为了确定工程的完整造价，就必须编制补充定额。

（2）当企业的经营范围扩大时，为满足企业经营管理的需要，就应对企业定额进行补充完善。

(3) 在应用过程中，企业定额所确定的各类费用参数与实际有偏差时，需再对企业定额进行调整修改。

四、企业定额的编制方法

编制企业定额最关键的工作是：确定人工、材料和机械台班的消耗量，计算分项工程单价或综合单价。企业定额的编制一般有以下五种方法。

1. 定额修正法

定额修正法是依据全国定额、行业定额，结合企业的实际情况和工程量清单计价规范的要求，调整定额的结构、项目范围等，在自行测算的基础上形成企业定额。这种方法的优点是继承了全国定额、行业定额的精华，使企业定额有模板可依，有改进的基础。这种方法既比较简单易行，又相对准确，是补充企业一般工程项目人、材、机和管理费标准的较好方法之一，不过这种方法制定的定额水平要在实践中得到检验和完善。在实际编制企业定额的过程中，对一些企业实际施工水平与传统定额所反映的平均水平相近的定额项目，也可采用该方法，结合企业现状对传统定额进行调增或调减。

2. 经验统计法

经验统计法是依据已有的施工经验，综合企业已有的经验数据，运用抽样统计的方法，对有关项目的消耗数据进行统计测算，最终形成自己的定额消耗数据。运用这种方法，首先要建立一系列数学模型，对以往不同类型的样本工程项目成本降低情况进行统计、分析，然后得出同类型工程成本的平均值或平均先进值。由于典型工程的经验数据权重不断增加，使其统计数据资料越来越完善、真实、可靠。此方法的特点是积累过程长，但统计分析细致，使用时简单易行，方便快捷。缺点是模型中考虑的因素有限，而工程实际情况则要复杂得多，对各种变化情况不能一一适应，准确性也不够，因此这种方法对设计方案较规范的一般住宅民用建筑工程的常用项目的人、材、机消耗及管理费测定较适用。

3. 现场观察测定法

现场观察测定法是以研究工时消耗为对象，以观察测时为目标，通过密集抽样和粗放抽样等技术手段进行直接的实践研究，确定人工、材料消耗和机械台班消耗量的方法。该方法以研究消耗量为对象、以观察测定为手段，深入施工现场，在项目相关人员的配合下，通过分析研究，获得该工程施工过程中的技术组织措施和人工、材料、机械消耗量的基础资料，从而确定人工、材料、机械定额消耗水平。这种方法的特点，是能够把现场工时消耗情况和施工组织条件联系起来加以观察、测时、计量和分析，以获得一定技术条件下工时消耗的基础资料。这种方法技术简便、应用面广、资料全面，适用于影响工程造价大的主要项目及新技术、新工艺，常用于测定工时和设备的消耗水平。

4. 理论计算法

理论计算法是依据施工图纸、施工规范及材料规格，用理论计算的方法求出定额中的理论消耗量，将理论消耗量加上合理的损耗，得出定额实际消耗水平的方法。

用该方法编制企业定额有一定的局限性。但这种方法可以节约大量的人力、物力和时间。适用于计算主要材料的消耗等与图纸数量相差很小的项目，在工程计算中较为常用，例如用来计算钢材用量、油漆用量等。

5. 造价软件法

造价软件法是使用计算机编制和维护企业定额的方法。由于计算机具有运行速度快、计算准确、能对工程造价和资料进行动态管理的优点，因此不仅可以利用工程造价软件和有关的数字建筑网站，快速准确地计算工程量、工程造价，查出各地的人工、材料价格，还能够通过企业长期的工程资料的积累形成企业定额。条件不成熟的企业可以考虑在保证数据安全的情况下与专业公司签订协议进行合作开发或委托开发。

以上五种方法各有优缺点，它们不是绝对独立的，企业要从实际工作情况出发，通过综合运用上述编制方法，确定适合自己的方法体系来完成企业定额的编制。

任务五 企业定额的应用

要正确使用企业定额，首先应熟悉定额总说明、各章节说明及附注等有关文字说明的部分，以便了解定额有关规定及说明、工程量计算规则、施工操作方法、项目的工作内容及调整的规定要求等。

企业定额一般由文字说明、定额项目表及附录三部分组成。

（1）文字说明主要包括总说明、分册说明和章、节说明。

（2）定额项目表是分节定额中的核心部分和主要内容，定额项目表主要包括工作内容、分项工程名称、定额单位、定额表及附注等，见表 7-2。

（3）附录一般放在定额分册后面，包括有关名词解释、图示、做法及有关参考资料。如材料消耗计算表，砂浆、混凝土配合比表及计算公式等。

表 7-2　干粘石

工作内容：包括清扫、打底、弹线、嵌条、筛洗石渣、配色、抹光、起线、粘石等　单位：10 m^2

编号	项目			人工			水泥	砂子	石渣	107 胶	甲基硅醇钠
				综合	技工	普工	kg				
147	墙面墙裙			2.62	2.08	0.54	92	324	60		
148	砼墙面	不打底	干粘石	1.85	1.48	0.37	53	104	60	0.26	
149			机喷石	1.85	1.48	0.37	49	46	60	4.25	0.4
150	柱		方柱	3.96	3.10	0.86	96	340	60		
151			圆柱	4.21	3.24	0.97	92	324	60		
152	窗盘心			4.05	3.11	0.94	92	324	60		

一、直接套用

当工程项目的设计要求、施工条件及施工方法与定额项目表的内容、规定完全一致时，可直接套用定额。

例 7-1

某住宅楼外墙干粘石（墙面分格），按照某企业定额工程量计算规则计算，干粘石工程量为 2200 m^2，试计算其工料数量。

解析

假定某企业定额见表 7-2，直接套用该企业定额编号 147，工料数量为：

$$工日消耗量=220\times2.62\ 工日=576.40\ 工日$$

$$水泥用量=220\times92\ \text{kg}=20240\ \text{kg}$$

$$砂子用量=220\times324\ \text{kg}=71280\ \text{kg}$$

$$石子用量=220\times60\ \text{kg}=13200\ \text{kg}$$

例 7-2

某办公楼砖外墙干粘石（墙面分格），按企业定额工程量计算规则计算，干粘石面积为 3200 m^2，试计算其工料数量。

解析

由表 7-2，查得定额编号为 147，该设计项目与定额工作内容完全相符，可直接套用施工定额。其工料数量为：

$$工日消耗量=2.62\times320\ 工日=838.4\ 工日$$

$$水泥用量=92\times320\ kg=29440\ kg$$

$$砂子用量=324\times320\ kg=103680\ kg$$

$$石子用量=60\times320\ kg=19200\ kg$$

二、换算调整

当工程项目的设计要求、施工条件及施工方法与定额项目表的内容、规定不完全相符时，按定额有关规定进行换算调整。调整的方法一般采用系数调整和增减工日、材料数量调整。

例 7-3

某宿舍工程按某企业定额工程量计算规则计算，干粘石工程量为 320 m^2，试计算其工料数量。

解析

由表 7-2 查得定额编号为 147，附注 1 规定：墙面（裙）、方柱以分格为准，不分格者，综合时间定额乘以 0.85。

做法与规定不同需要调整，其工料数量为：

$$工日消耗量=32\times2.62\times0.85\ 工日=71.26\ 工日$$

$$水泥用量=32\times92\ kg=2944\ kg$$

$$砂子用量=32\times324\ kg=10368\ kg$$

$$石子用量=32\times60\ kg=1920\ kg$$

项目小结

本项目对概算定额、概算指标、投资估算指标、企业定额做了较详细的阐述，包括概算定额的概念、作用、分类、编制和组成内容；概算指标的概念、作用、分类、编制和组成内容；投资估算指标的概念、作用、内容和编制；企业定额的概念、作用、编制、组成内容和应用等。

具体内容包括：概算定额、概算指标、投资估算指标、企业定额的编制依据、编制原则、步骤和方法等。

特别要注意对这些定额的灵活应用；结合各地区概算定额、概算指标、投资估算指标、企业定额表现形式，加深对这些定额组成内容的理解。

本项目的教学目标是使学生能理解概算定额、概算指标、投资估算指标、企业定额的概念、组成及其编制内容；对工程造价计价依据有更深入、更具体的了解。会根据建设项目不同阶段来理解这些定额之间的关系，结合实际编制运用这些定额；会根据工程造价计价要求选择重点学习的内容。

思考与习题

1. 简述概算定额、概算指标、投资估算指标、企业定额的概念和区别。
2. 企业定额的编制原则和编制依据是什么？其组成内容是什么？
3. 试述概算定额的编制原则和编制依据。
4. 概算定额的组成内容和表现形式是什么？
5. 概算指标的分类及组成内容是什么？
6. 简述投资估算指标的作用与编制要求。

项目八

工程造价的计价

学习目标

掌握定额计价和清单计价的区别和联系；熟悉费用定额的组成内容、计算程序；灵活运用费用定额。

任务一 工程造价的计价模式

工程计价的基本原理在于项目的分解与组合。建筑产品的单件性与多样性的特点决定了每一个建设项目都需要按业主的特定需要单独设计、单独施工，不能批量生产和按整个项目确定价格，只能采用特殊的计价程序和计价方法，即将项目进行分解、划分，按有关技术经济参数测算价格的基本构成要素，基本子项确定实物量后，再确定其单位价格。目前我国工程造价行业主要有两种单价确定方式，即工料单价和综合单价。因此，工程的计价方法也就相应主要有两种，即工程定额计价法和工程量清单计价法。

一、工程定额计价模式

工程定额计价是根据国家、省、自治区、直辖市等相关部门颁布的投资估算指标、概算指标、概算定额、预算定额（单位估价表）及其他相关计价定额等，按照规定的计算程序对工程产品实现有计划的计价与管理。

工程定额计价法主要采用工料单价法计算工程造价。所谓工料单价法，指工程项目的基价仅仅包括人工、材料、施工机具三项资源要素的价格，是一种不完全价格形式，还需要按照特定的取费程序计算企业管理费、利润、措施项目费、规费和增值税，才能形成相应的工程造价。

（一）工程定额计价的程序

采用工程定额计价方法编制工程造价文件，即采用传统的定额计价体系计算工程造价，虽然与市场经济及市场竞争的要求有一定差距，但由于这种工程定额子项划分清楚，价格与构成清晰且明确，在一定时期内，其价格确定也具有相对稳定性，适当加上工、料、机价差调整及取费动态调整即可，采用这种方法编制工程造价文件还是有成熟实用的一面。工程定额计价法计价时通常采用工料单价法，按照单价形成方式不同，工料单价法又可以分为定额单价法和实物量法。这两种方法，在计价程序上基本一致。

1. 定额单价法

定额单价法，又称预算单价法，就是利用各地区造价主管部门颁发的预算定额（单位估价表)，并根据预算定额（单位估价表）的分部分项工程量计算规则，按照施工图计算出分部分项工程量，乘以相应项目的基价，汇总后得出工、料、机的费用合计，再以定额中的人工费与施工机具使用费之和为计费基础，按照费用定额的规定计算各项费用，汇总之后形成单位工程的工程预算造价。

定额单价法具有计算简单、工作量相对较小、编制速度快、便于工程造价统一管理等特点。需要引起注意的是，由于预算定额（单位估价表）是“三合一”，即“定额单价”“消耗量指标”“计算规则”三方面统编在一起的，特别是定额单价，是事先按一定的工、料、机单价复合计算好的，因而，其定额的编制水平、定额消耗量指标的确定、分项工程基价的高低等因素，都会直接影响工程预算造价的准确性及合理性，加上这种编制方法涉及“量”“价”“费”三方面，其“量”“价”与定额水平有关，而取费的构成、费率标准高低也都会影响工程预算造价编制的准确性。

针对这种方式的不足，可对主要材料进行价差调整，当市场价格波动较大时，可在取费基础中去掉材料费用，仅用人工费与施工机具使用费作为基础。当然，这些措施和手段，在方法上是可行的，但往往在时间上有一定的滞后性，加上定额本身具有静态计划性，因此工程预算造价并不能完全反映工程的实际价值，特别是对于投标工程而言，不能完全反映施工企业的真实水平。这也是市场经济条件下，定额计价方式的不足之处。

2. 实物量法

实物量法是首先根据预算定额的分部分项工程量计算规则及施工图计算出分部分项工程量，然后套用相应人工、材料、机械台班的定额消耗量，再分别乘以工程所在地的人工、材料、机械台班的实际单价，求出单位工程的人工费、材料费和施工机具使用费，并汇总求和，最后按规定计取其他各项费用，汇总得出单位工程预算造价。

由于定额单价法的“价”通常是静态的，按其计算出来的工、料、机费用作为取费基础也是不变的，故据此计算出的相应其他费用也是静态的（工程量一定时）。这显然无法反映采用相同定额的该地区各工程所在地的工、料、机真实价格及取费水平。为了克服定额基价带来的取费影响，实物量法把“量”“价”分离开，先计算出工程量，在套用相应预算定额（单位估价表）中人工、材料、机械台班的定额消耗量后，不再去套用静态的定额基价，而用这些实物量去乘以该地区当时的工、料、机的实际市场单价。这种方法避免了定额单价法没有考虑价格动态性的问题，也是这两种编制方法的核心区别。

（二）采用工程定额计价法编制工程预算的步骤

采用工程定额计价法编制工程预算的步骤，如图 8-1 所示。

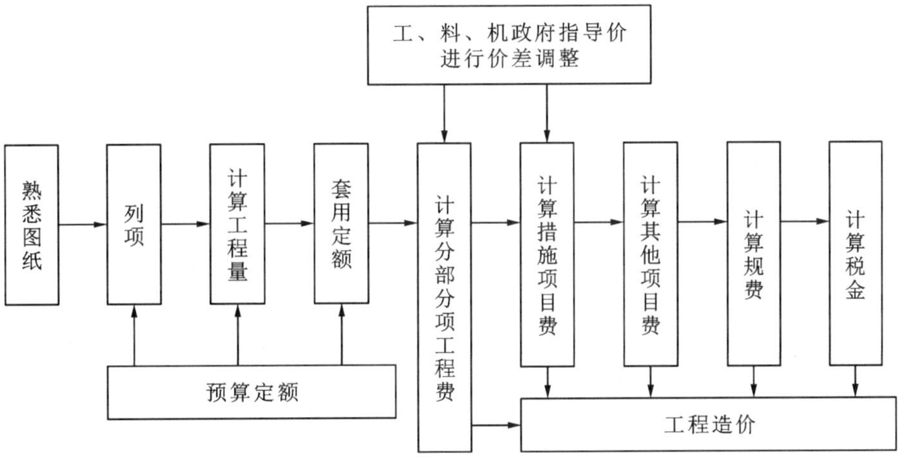

图 8-1　采用工程定额计价法编制工程预算的步骤

1. 准备工作

采用工程定额计价法编制工程预算，不仅要严格遵守国家计价法规、政策，严格按照图纸计量，而且还要考虑施工现场实际条件因素，这是一项复杂而细致的工作，也是一项政策性和技术性都很强的工作，因此必须事前做好充分准备。准备工作主要包括两大方面：一是组织准备，二是收集编制工程预算的编制依据。其中主要包括现行建筑安装工程定额、费用定额、工程量计算规则、地区市场材料和机械台班市场价格等。

2. 熟悉施工图

施工图文件不仅是施工的依据，也是编制工程预算最重要的基础资料，只有对施工图所表述的工程构件、材料做法、材料及设备的规格品种及质量、设计尺寸等基本内容仔细阅读后，才能结合计算规则的要求，及时、准确无误地计算出工程量。

在熟悉施工图时，应将建施图、结施图、其他设备图、相关大样图、所采用的标准图集、材料做法等相互结合起来，并对构造要求、构件连接、装饰要求等有一个全面认识，对设计施工图形成概念。

3. 了解和掌握现场情况及施工组织设计或施工方案等资料

对施工现场的施工条件、施工方法、技术组织措施、施工进度、施工机械设备、材料供应等情况也应了解。同时，对现场的地貌、土质、水位、施工场地、自然地坪标高、土石方挖填运状况及施工方式、总平面布置等与工程预算有关的资料有详细了解。

4. 熟练掌握计价定额及有关规定

正确掌握计价定额及有关规定，熟悉定额的全部内容和项目划分、定额子目的工程内容、施工方法、材料规格、质量要求、计量单位、工程量计算规则及方法、项目之间的相互关系、定额允许换算的规定条件及方法等。只有对这些定额内容、形式及使用方法有了全面了解，才能迅速而准确地计算出全部分项工程的工程量。

5. 划分工程项目

划分工程项目是工程造价计价的重要环节。工程计量计价最大的失误就是缺项、漏项或重复计算项目，其结果将造成编制的工程造价存在重大误差，对建设单位（业主）或施工单位带来重大经济损失。因此，为了准确划分工程项目，必须正确细致地理解施工图，掌握基本施工技术和施工方案，熟练运用预算定额（单位估价表）。划分的工程项目必须与定额的项目一致，这样才能正确地套用定额，选择正确的计算规则，既不能重复列项计算，也不能漏算少算。

6. 计算工程量

无论任何计价模式，工程量的计算都是预算编制步骤的关键环节。这是一项烦琐而又要求细致的工作，要求认真、及时、准确、完整的计算。计算时，根据施工图的内容要求、定额的分项划分及计算规则，按照一定的统筹顺序，详细地计算出具体分部分项工程原始的工程数量。

7. 套用预算定额（单位估价表）计算基价

当分部分项工程量计算完毕经检验无误后，就按定额分项工程的排列顺序，套用定额单价，计算分部分项工程费。这部分工作可以由计算机软件完成。但需要注意的是，在上机套用定额项目时，要注意分项工程名称、材料品种、规格、配合比、强度等级、工程做法等要与所套用分项相符合。要注意定额如何换算、补充定额如何编制及使用等事项，才能保证其计算的准确性。

8. 工料分析、计算费用形成工程预算造价

按照规定的取费项目、取费标准及程序，计算出其他几项费用，并经工料分析，对主要材料进行价差调整，最后汇总形成预算造价。这部分工作也可以由软件完成，但应

注意工程类别划分、取费类别及标准。材料价格及来源，实际费用、税率等要认真复核并保证无误。

9. 编制说明及复核

对编制依据、施工方法、施工措施、材料价格、费用标准等主要情况加以说明，使有关单位人员在使用本预算时，了解其编制前提，以便当实际前提发生变化时，对预算价格做相应调整，最后再对预算的“量”“项”“价”“费”做全面复核。

10. 装订及签章

把预算按照其组成内容的一定顺序装订成册，再填写封面内容，签字完成备案，加盖参加编写的工程造价人员的资格证章，经有关负责人审定后签字，再加盖公章。至此，工程预算书编制完成。

二、工程量清单计价模式

工程量清单计价法是区别于传统的定额计价法的一种计价方法，即市场定价的方法。它由建设工程产品的买方和卖方在建设市场上根据供求关系的状况，在掌握工程造价信息的情况下进行公平、公开的竞争定价，最终形成的工程价格即为工程造价。

（一）工程量清单计价的特点

1. 强制性

工程量清单计价的强制性主要表现在以下几点：首先，规定全部使用国有资金投资或以国有资金投资为主的工程建设项目，必须采用工程量清单计价；其次，规定了工程量清单计价的组成内容及编制格式，并规定采用工程量清单招标的，工程量清单必须作为招标文件的组成部分；最后，明确了施工企业在投标报价中不能作为竞争的费用范围，如规费、税金、安全文明施工费等。

特别提示：

“国有资金”指国家财政性预算内或预算外资金，国家机关、国有企事业单位和社会团体的自有资金及借贷资金；国家通过发行政府债券或外国政府及国际金融机构举借主权外债所筹集的资金也应视为国有资金。

“以国有资金投资为主”的工程是指国有资金占总投资额50%以上或虽不足50%，但国有资产投资者实质上拥有控股权的工程。

2. 实用性

工程量清单计价依据计价规范，而计价规范内容全面，涵盖了建设工程施工准备阶段的工程量清单编制、建设工程招投标控制价和建设工程投标报价的编制，建设工程承、发包施工合同的签订及合同价款的约定；工程施工过程中工程量的计量与价款支付，索赔与现场签证，工程价款调整；工程竣工后竣工结算的办理和工程计价争议的处理等。工程量清单计价法使每一个设计阶段都有“章”可依，有“规”可循。“暂列金额”“暂估价”“计日工”等项的设立，更与国际惯例接轨，具有很现实的指导意义。

3. 满足竞争的需要

招标投标过程本身就是一个竞争的过程，招标人给出工程量清单，投标人根据统一的工程量清单，依据企业的定额和市场价格信息填报综合单价，不同的投标人其综合单价是不同的，综合单价的高低取决于投标人及其企业的技术和管理水平等因素；工程量清单规定的措施项目中，投标人具体采用什么措施，如模板、脚手架、临时设施、施工排水等详细内容可由投标人根据企业的施工组织设计等确定，从而形成了企业整体实力的相互竞争。

4. 提供了一个平等的竞争条件

采用原来的工程预算来投标报价，由于诸多原因，不同投标企业编制人员水平有差异，计算出的工程量也不同，报价相差甚远，容易造成招标投标过程中的不合理。而工程量清单报价为投标者提供了一个平等竞争的条件，相同的工程量，由企业根据自身的实力来填报不同的综合单价，符合商品交换的一般性原则。

5. 体现公开、公平、公正的原则

采用工程量清单计价方式招标时，工程量清单必须作为招标文件的组成部分，其准确性和完整性由招标人负责。投标人依据工程量清单进行投标报价，对工程量清单不负有核实义务，更不具有修改和调整的权利。工程量清单作为投标人报价的公共平台，其准确性和完整性均应由招标人负责。

计价规范还特别规定实行工程量清单招标时，应依据规范编制招标控制价，在招标时公布，不上调或下浮，并报造价管理机构备案。如果投标人的投标报价高于招标控制价，其投标应予以拒绝。计价规范同时也赋予了投标人对招标人不按规范规定编制招标控制价进行投诉的权利，真正体现了招标投标的公开、公平、公正原则。

6. 有利于工程款的拨付和工程造价的最终确定

中标后，业主要与中标施工企业签订施工合同，工程量清单报价基础上的中标价就成了合同价的基础。已标价工程量清单上的综合单价也成了拨付工程款的依据。业主根据施工企业完成的工程量，可以很容易地确定进度款的拨付额。工程竣工后，业主再根据设计变更和工程量的增减乘以相应单价，也很容易确定工程的最终造价。

7. 有利于实现风险的合理分担

采用工程量清单计价的方式，投标人只对自己所报的成本、单价等负责，而对工程量的变更或计算错误等不负责任，相应的，对于这一部分风险则应由业主承担，因此符合风险合理分担与责权利关系对等的一般原则。

8. 有利于业主对投资的控制

采用工程量清单计价的方法，在发生设计变更或工程量增减时，能马上知道其工程造价的变化大小，这样业主就能根据投资情况决定是否变更或进行方案比较，采用最为合理、经济的处理方法，使用这种方法即可在“过程”中有效控制投资额。

（二）工程量清单计价的作用

1. 提供了一种市场形成价格的新的计价方法

工程造价形成的主要阶段在招标投标阶段。在工程招标投标过程中，招标人依据规范编制统一的工程量清单，各投标企业在这一相同的平台上进行投标报价时必须考虑工程本身特点，企业自身施工技术水平、管理能力和市场竞争能力，同时还必须考虑诸如工程进度、投资规模、资源计划等因素。在综合分析这些因素影响后，对投标报价做出灵活机动的调整，使报价能够比较准确地反映工程实际并与市场条件吻合。

2. 简化了工程造价的计价方法，方便清单招标快速报价，提高了工程计价效率

和传统定额计价模式相比，清单计价规范中工程费用的构成更为清晰，有利于发包人对工程造价构成的理解和管理。并且清单计价中采用实体和非实体分离，分部分项工程量清单项目按综合实体划分，项目设置不含施工方法。施工方法、施工手段等措施项目单列，由投标人自主决定采取合理施工方案，项目划分清楚，互不包含，既有利于投标人对投标报价的编制，又有利于评标。

3. 为承发包双方解决工程计价纠纷提供了依据

清单计价规范中规定了招投标阶段的招标控制价和投标报价的编制方法，将现行法规与工程实施全过程中遇到的实际问题融于一体，对工程施工过程中工程量的计量与价款支付方式和方法做了明确规定，并且对索赔与现场签证、工程价款调整、工程竣工后竣工结算的办理和工程计价争议的处理方式进行了明确说明，使得清单计价规范成为工程施工中承发包双方工程计价和解决争端的有效依据。

（三）工程量清单及招标控制价编制步骤

工程量清单及招标控制价编制步骤，如图 8-2 所示。

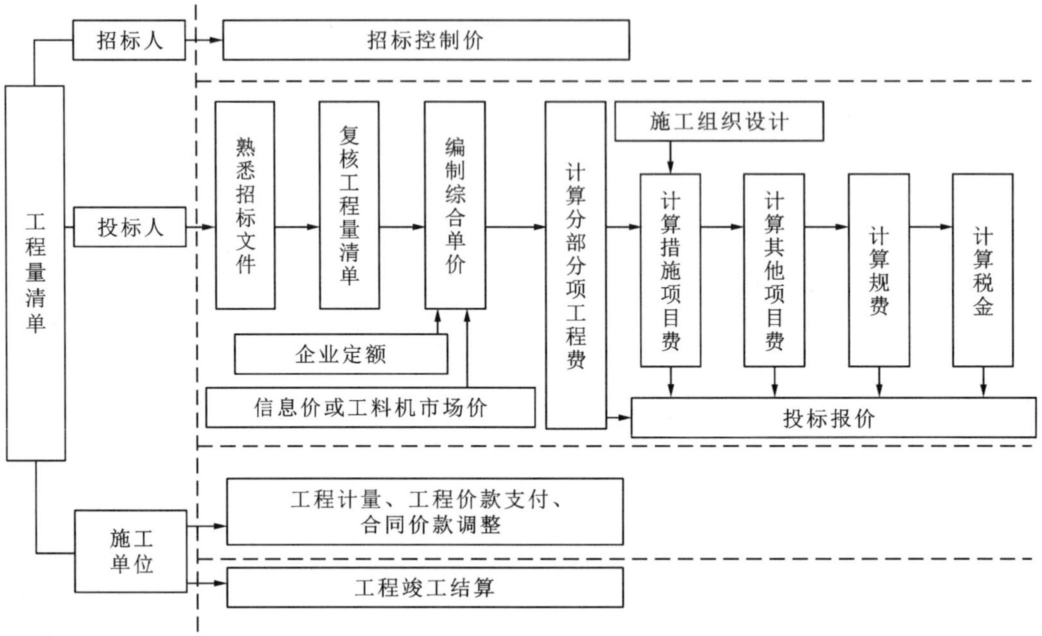

图 8-2　工程量清单及招标控制价编制步骤

1. 准备工作

准备工作的要求与工程定额计价法基本一致，只是收集的编制依据中包括了《建设工程工程量清单计价规范》GB 50500—2013 和《房屋建筑与装饰工程工程量计算规范》GB 50854—2013 等。

2. 划分工程项目

工程量清单计价方法下的划分工程项目，必须与现行国家发布的各专业工程计量规范的项目一致。这样才能正确地选用计量规范，选择正确的计算规则，编制正确的招标工程量清单。

3. 计算工程量

计算工程量的总体要求与工程定额计价法的要求一致。但由于此时采用的计算依据不同，初学者也容易混淆。在工程定额计价中，计算工程量的依据来源于定额的工程量计算规则，而在工程量清单计价法中，计算工程量必须采用国家颁布的各专业工程计量规范的相关计算规则，而不能采用与工程量清单计价配套的定额计价规则。

4. 编制招标工程量清单

招标工程量清单是招标人依据国家标准、招标文件、设计文件以及施工现场实际情况，按照《建设工程工程量清单计价规范》GB 50500—2013 以及《房屋建筑与装饰工程工程量计算规范》GB 50854—2013 等计量规范的规定编制的，包括对其的说明和表格。招标工程量清单随招标文件发布，作为编制招标控制价的依据，也是所有投标人投标报价的共同基础。

5. 工程量清单项目组价

组价的方法和注意事项与工程定额计价法套用定额的方式基本相同。但需要注意的是，由于工程量清单编制的综合性，每个工程量清单项目可能包含一个或几个子目，每个子目对应一个定额编码。所不同的是，工程量清单项目套价的结果是该清单项目的综合单价。

6. 分析全费用综合单价

全费用综合单价，即单价中综合了分项工程人工费、材料费、机械费、管理费、利润、规费以及有关文件规定的调价、税金、一定范围内的风险费等全部费用。以各分项工程量乘以全费用综合单价计算出相应合价，合价汇总后，再加上措施项目的完全价格，就生成了单位工程造价。

$$\text{全费用综合单价} = \sum(\text{人工费} + \text{材料费} + \text{机械费} + \text{措施费} + \text{管理费} + \text{利润} + \text{税金} + \text{规费})$$

$$\text{全费用综合单价总造价} = \sum(\text{工程量 }1 \times \text{全费用综合单价 }1 + \text{工程量 }2 \times \text{全费用综合单价 }2 + \cdots + \text{工程量 }n \times \text{全费用综合单价 }n)$$

全费用综合单价费用表不再是传统定额意义上的费用表或费率表，它只有工程量与全费用综合单价的乘积之和。除了材料价差风险费可约定调整外，不能再计算其他任何费用。

工程量清单复核、编制说明、装订与签章的要求，与工程定额计价法的要求完全一致。

三、两种计价模式的区别

（一）两种模式最大差别在于体现了我国建设市场发展过程中的不同定价阶段

(1) 我国建筑产品价格市场化经历了“国家定价—国家指导价—国家调控价”三个阶段。工程定额计价法是以概预算定额、各种费用定额为基础依据，按照规定的计算程序确定工程造价的特殊计价方法。因此，利用工程建设定额计算工程造价就价格形成而言，介于国家定价和国家指导价之间。在定额计价模式下，工程价格或直接由国家决定，或是由国家给出一定的指导性标准，承包商可以在该标准的允许幅度内实现有限竞争。

(2) 工程量清单计价模式则反映了市场定价阶段。在该阶段中，工程价格是在国家有关部门间接调控和监督下，由工程承发包双方根据工程市场中建筑产品供求关系变化自主确定的工程价格。其价格的形成可以不受国家工程造价管理部门的直接干预，而此时的工程造价是根据市场具体情况确定的，具有竞争性、自发波动和自发调节的特点。

（二）两种模式的主要计价依据及其性质不同

定额计价模式的主要依据是国家、省（自治区、直辖市）有关专业部门制定的各种定额，其具有指导性，定额的项目划分一般按施工工序分项，每个分项工程项目所含的工程内容一般是单一的。工程量清单计价模式的主要依据是《建设工程工程量清单计价规范》GB 50500—2013，其性质是含有强制性条文的国家标准，清单的项目划分一般是按“综合实体”进行分项的，每个分项工程一般包含多项工程内容。

（三）编制工程量的主体不同

定额计价模式下，建设工程的工程量由招标人和投标人分别按施工图计算工程量。而在工程量清单计价模式下，工程量由招标人统一计算或委托有关工程造价咨询单位统一计算，工程量清单是招标文件的重要组成部分，各投标人依据招标人提供的工程量清单，根据自身的技术装备、施工经验、企业成本、企业定额、管理水平自主完成单价与合价的填写。

任务二　工程造价计价的费用定额

一、费用定额的概念和作用

（一）费用定额的概念

建设工程费用定额是指除了耗用在工程实体上的人工费、材料费、施工机具使用费等工程费用以外，还在工程施工生产管理及企业生产经营管理活动中所必须发生的各项费用开支的标准。

在建设工程施工过程中，除了直接耗用在工程实体上的人工费、材料费、施工机具使用费外，还存在一些虽然无法构成项目实体，但又与工程施工生产和维持企业的生产经营管理活动有关的费用，例如安全文明施工费、夜间施工增加费、企业管理人员工资、劳动保险费、五险一金、增值税等。这些费用内容多，性质复杂，对工程造价的影响也很大。为了平衡各方的经济管理，保证建设资金的合理使用，也为了方便计算，在全面深入的调查研究基础上，经认真分析测算，形成了这种按照一定的计算基础，以百分比的形式，分别制定的上述各项费用的取费费率标准。

（二）费用定额的作用

1. 费用定额是合理确定工程造价的依据之一

建设项目工程造价由建筑安装工程费、设备及工器具购置费、工程建设其他费、预备费和建设期贷款利息组成。其中，建筑安装工程费又由分部分项工程费、措施项目费、其他项目费、规费和税金组成。上述费用中分部分项工程费中的人工费、材料费、施工机具使用费可以通过消耗量定额得到，而企业管理费、利润、总价措施项目费等费用虽然属于建设工程造价范畴之内，但必须通过制定费率标准，按照人工费与机具使用费之和或者人工费为基础计取。因此，建设工程费用定额是合理确定工程造价必不可少的重要依据之一。

2. 费用定额是施工企业提高经营管理水平的重要工具

费用定额是编制招标控制价、施工图预算、工程竣工结算、设计概算及投资估算的依据，是建设工程实行工程量清单计价的基础，是企业投标报价、内部管理和核算的重要参考。企业要想达到以收抵支、降低非生产性开支、增加盈利、提高投资效益的目的，就必须在费用定额规定的范围内加强经济核算，改善经营管理，提高劳动生产率，不断降低工程成本。

二、建设安装工程费用定额的组成

以 2018 年《湖北省建筑安装工程费用定额》为例。建设安装工程费用定额主要包括分部分项工程费、措施项目费、其他项目费、规费和税金五大部分。

1. 分部分项工程费

分部分项工程费指各专业工程分部分项工程应予列支的各项费用。分部分项工程指按现行国家计量规范对各专业工程划分的项目，是分部工程和分项工程的总称。如房屋建筑与装饰工程划分的土石方工程、地基处理与边坡支护工程、桩基工程、砌筑工程、混凝土及钢筋混凝土工程等。

2. 措施项目费

措施项目费指为完成建设工程项目施工，发生于该工程施工前和施工过程中技术、生活、安全、环境保护等方面的费用。措施项目费分为总价措施项目费和单价措施项目费。

3. 其他项目费

其他项目费指工程量清单计价中，除分部分项工程费和措施项目费之外的其他工程费用，包括暂列金额、暂估价、计日工和总承包服务费等。

4. 规费

规费指按国家法律、法规规定，由省级政府和省级有关权力部门规定必须缴纳或计取的费用，包括社会保险费、住房公积金和工程排污费。

5. 税金

税金指国家税法规定的应计入建筑安装工程造价内的增值税。

三、湖北省建筑安装工程费用定额的应用

本节内容以2018年《湖北省建筑安装工程费用定额》为例，相关费率都引用自该册定额。

（一）各专业工程的适用范围

1. 房屋建筑工程

房屋建筑工程：适用于工业与民用临时性和永久性的建筑（含构筑物）。包括各种房屋、设备基础、钢筋混凝土、砖石砌筑、木结构、钢结构、门窗工程及零星金属构件、烟囱、水塔、水池、围墙、挡土墙、化粪池、窨井、室内外管道沟砌筑等。

2. 装饰工程

装饰工程：适用于楼地面工程、墙柱面装饰工程、天棚装饰工程、玻璃幕墙工程及油漆、涂料、裱糊工程等。

3. 通用安装工程

通用安装工程：适用于机械设备安装工程、热力设备安装工程、静置设备与工艺金属结构制作安装工程、电气设备安装工程、建筑智能化工程、自动化控制仪表安装工程、通风空调工程、工业管道工程、消防工程、给排水、采暖、燃气工程、通信设备及线路工程、刷油、防腐蚀、绝热工程等。

4. 市政工程

市政工程：适用于城镇管辖范围内的道路工程、桥涵工程、隧道工程、管网工程、水处理工程、生活垃圾处理工程、钢筋工程、拆除工程、路灯工程。

5. 园林绿化工程

园林绿化工程：适用于园林建筑及绿化工程。内容包括：绿化工程、园建工程（园路、园桥、园林景观）。

（二）各专业工程的计费基数

以人工费与施工机具使用费之和为计费基数。

（三）费率管理模式

本定额费率是根据湖北省各专业工程消耗量定额及全费用基价表编制的人工、材料、机械价格水平进行测算的，省造价管理机构应根据人工、机械台班市场价格变化，适时调整总价措施费、企业管理费、利润、规费等费率。

（四）总承包服务费计取

总承包服务费应依据招标人在招标文件中列出的分包专业工程内容和供应材料、设备情况，按照招标人提出的协调、配合和服务要求及施工现场管理需要自主确定，也可参照下列标准计算。

（1）招标人仅要求对分包的专业工程进行总承包管理和协调时，按分包的专业工程造价的1.5%计算。

（2）招标人要求对分包的专业工程进行总承包管理和协调，并同时要求提供配合服务时，根据招标文件列出的配合服务内容和提出的要求，按分包的专业工程造价的3%～5%计算。配合服务的内容包括：对分包单位的管理、协调和施工配合等费用；施工现场水电设施、管线敷设的摊销费用；共用脚手架搭拆的摊销费用；共用垂直运输设备、加压设备的使用、折旧、维修费用等。

（3）招标人自行供应材料、工程设备的，按招标人供应材料、工程设备价值的1%计算。

（五）甲供材价格的处理

发包人提供的材料和工程设备（简称“甲供材”）价格不计入综合单价和工程造价中。

（六）增值税

2018年《湖北省建筑安装工程费用定额》根据增值税的性质，将计税方法分为一般计税法和简易计税法。

1. 一般计税法

一般计税法下的增值税指国家税法规定的应计入建筑安装工程造价内的增值税销项税。

一般计税法下，分部分项工程费、措施项目费、其他项目费等的组成内容为不含进项税的价格，计税基础为不含进项税额的不含税工程造价。

应纳税额＝当期销项税额－当期进项税额

当期销项税额＝销售额×增值税税率（11%）（该税率受税收政策影响为动态税率）

销售额：纳税人发生应税行为取得的全部价款和价外费用。

2. 简易计税法

简易计税法下的增值税指国家税法规定的应计入建筑安装工程造价内的应交增值税。

简易计税法下，分部分项工程费、措施项目费、其他项目费等的组成内容均为含进项税的价格，计税基础为含进项税额的不含税工程造价。

应纳税额＝销售额×征收率（3%）

销售额：纳税人发生应税行为取得的全部价款和价外费用，扣除支付的分包款后的余额。应纳税额的计税基础是含进项税额的工程造价。

特别提示：

湖北省各专业消耗量定额及全费用基价表中的增值税是按一般计税方法的税率（11%）计算的。而受到国家税收政策调整的影响，现今所用的增值税税率为9%，故消耗量定额及全费用基价表中的全费用因为增值税额有变化，不能直接引用，需要重新计取。

（七）人工单价

人工单价如表8-1所示。

表8-1　人工单价　　单位：元/工日

人工级别	普工	技工	高级技工
工日单价	92	142	212

注：1. 此价格为2018年定额编制期的人工发布价。

2. 普工为技术等级1～3级的技工，技工为技术等级4～7级的技工，高级技工为技术等级7级以上的技工。

（八）费率标准

1. 一般计税法的费率标准

（1）一般计税安全文明施工费如表 8-2 所示。

表 8-2 一般计税安全文明施工费

单位：%

专业		房屋建筑工程	装饰工程	通用安装工程	市政工程	园建工程	绿化工程
计费基数		人工费＋施工机具使用费					
费率		13.64	5.39	9.29	12.44	4.30	1.76
其中	安全施工费	7.72	3.05	3.67	3.97	2.33	0.95
	文明施工费 环境保护费	3.15	1.20	2.02	5.41	1.19	0.49
	临时设施费	2.77	1.14	3.60	3.06	0.78	0.32

（2）一般计税其他总价措施项目费如表 8-3 所示。

表 8-3 一般计税其他总价措施项目费

单位：%

专业		房屋建筑工程	装饰工程	通用安装工程	市政工程	园建工程	绿化工程
计费基数		人工费＋施工机具使用费					
费率		0.70	0.60	0.66	0.90	0.49	0.49
其中	夜间施工增加费	0.16	0.14	0.15	0.18	0.13	0.13
	二次搬运费	按施工组织设计					
	冬雨季施工增加费	0.40	0.34	0.38	0.54	0.26	0.26
	工程定位复测费	0.14	0.12	0.13	0.18	0.10	0.10

（3）一般计税企业管理费如表 8-4 所示。

表 8-4 一般计税企业管理费

单位：%

专业	房屋建筑工程	装饰工程	通用安装工程	市政工程	园建工程	绿化工程
计费基数	人工费＋施工机具使用费					
费率	28.27	14.19	18.86	25.61	17.89	6.58

（4）一般计税利润如表 8-5 所示。

表 8-5　一般计税利润

单位：%

专业	房屋建筑工程	装饰工程	通用安装工程	市政工程	园建工程	绿化工程
计费基数	人工费＋施工机具使用费					
费率	19.73	14.64	15.31	19.32	18.15	3.57

（5）一般计税规费如表 8-6 所示。

表 8-6　一般计税规费

单位：%

专业		房屋建筑工程	装饰工程	通用安装工程	市政工程	园建工程	绿化工程
计费基数		人工费＋施工机具使用费					
费率		26.85	10.15	11.97	26.34	11.78	10.67
其中	社会保险费	20.08	7.58	8.94	19.70	8.78	8.50
	养老保险费	12.68	4.87	5.75	12.45	5.65	5.55
	失业保险费	1.27	0.48	0.57	1.24	0.56	0.55
	医疗保险费	4.02	1.43	1.68	3.94	1.65	1.62
	工伤保险费	1.48	0.57	0.67	1.45	0.66	0.52
	生育保险费	0.63	0.23	0.27	0.62	0.26	0.26
	住房公积金	5.29	1.91	2.26	5.19	2.21	2.17
	工程排污费	1.48	0.66	0.77	1.45	0.79	—

（6）一般计税增值税如表 8-7 所示。

表 8-7　一般计税增值税

单位：%

增值税计税基数	税率
不含税工程造价	9

注：增值税税率按照最新文件为 9%，该税率为动态税率。

2. 简易计税法的费率标准

（1）简易计税安全文明施工费如表 8-8 所示。

表 8-8　简易计税安全文明施工费

单位：%

专业	房屋建筑工程	装饰工程	通用安装工程	市政工程	园建工程	绿化工程
计费基数	人工费＋施工机具使用费					
费率	13.63	5.38	9.28	12.37	4.30	1.74

续表

专业		房屋建筑工程	装饰工程	通用安装工程	市政工程	园建工程	绿化工程
其中	安全施工费	7.71	3.05	3.66	3.94	2.33	0.94
	文明施工费 环境保护费	3.15	1.19	2.02	5.38	1.19	0.48
	临时设施费	2.77	1.14	3.60	3.05	0.78	0.32

（2）简易计税其他总价措施项目费如表 8-9 所示。

表 8-9　简易计税其他总价措施项目费

单位：%

专业		房屋建筑工程	装饰工程	通用安装工程	市政工程	园建工程	绿化工程
计费基数		人工费＋施工机具使用费					
费率		0.70	0.60	0.66	0.90	0.49	0.49
其中	夜间施工增加费	0.16	0.14	0.15	0.18	0.13	0.13
	二次搬运费	按施工组织设计					
	冬雨季施工增加费	0.40	0.34	0.38	0.54	0.26	0.26
	工程定位复测费	0.14	0.12	0.13	0.18	0.10	0.10

（3）简易计税企业管理费如表 8-10 所示。

表 8-10　简易计税企业管理费

单位：%

专业	房屋建筑工程	装饰工程	通用安装工程	市政工程	园建工程	绿化工程
计费基数	人工费＋施工机具使用费					
费率	28.22	14.18	18.83	25.46	17.88	6.55

（4）简易计税利润如表 8-11 所示。

表 8-11　简易计税利润

单位：%

专业	房屋建筑工程	装饰工程	通用安装工程	市政工程	园建工程	绿化工程
计费基数	人工费＋施工机具使用费					
费率	19.70	14.63	15.29	19.21	18.14	3.55

（5）简易计税规费如表 8-12 所示。

表 8-12　简易计税规费

单位：%

专业		房屋建筑工程	装饰工程	通用安装工程	市政工程	园建工程	绿化工程
计费基数		人工费＋施工机具使用费					
费率		26.79	10.14	11.96	26.20	11.77	10.62
其中	社会保险费	20.04	7.57	8.93	19.60	8.77	8.46
	养老保险费	12.66	4.87	5.74	12.38	5.64	5.52
	失业保险费	1.27	0.48	0.57	1.24	0.56	0.55
	医疗保险费	4.01	1.43	1.68	3.92	1.65	1.61
	工伤保险费	1.47	0.56	0.67	1.44	0.66	0.52
	生育保险费	0.63	0.23	0.27	0.62	0.26	0.26
	住房公积金	5.28	1.91	2.26	5.16	2.21	2.16
	工程排污费	1.47	0.66	0.77	1.44	0.79	—

（6）简易计税增值税如表 8-13 所示。

表 8-13　简易计税增值税

单位：%

增值税计税基数	税率
不含税工程造价	3

四、费用定额的计价模式

2018 年《湖北省建筑安装工程费用定额》（以下简称“本定额”）和以往的费用定额相比，最大的区别在于，2018 年新版费用定额主要内容包括两种计税方式：一般计税方式和简易计税方式。这两种计税方式下都包含了三种计价模式，即工程量清单计价模式、定额计价模式和全费用基价表清单计价模式。

（一）定额计价

1. 说明

（1）定额计价是以全费用基价表中的全费用为基础，依据本定额的计算程序计算工程造价。

（2）材料市场价格指发、承包人双方认定的价格，也可以是当地建设工程造价管理机构发布的市场信息价格。双方应在相关文件上约定。

（3）人工发布价、材料市场价格、机械台班价格计入全费用。

(4) 包工不包料工程、计时工按定额计算出的人工费的25%计取综合费用。综合费用包括总价措施项目费、企业管理费、利润和规费。施工用的特殊工具，如手推车等，由发包人解决。综合费用中不包括税金，由总包单位统一支付。

(5) 总承包服务费和以费用形式表示的索赔与现场签证费均不包含增值税。

(6) 二次搬运费按施工组织设计计取。

2. 计算程序

计算程序如表8-14所示。

表8-14 定额计价模式计算程序表

序号	费用项目		计算方法
1	分部分项工程和单价措施项目费		1.1+1.2+1.3+1.4+1.5
1.1	其中	人工费	$\sum$（人工费）
1.2		材料费	$\sum$（材料费）
1.3		施工机具使用费	$\sum$（施工机具使用费）
1.4		费用	$\sum$（费用）
1.5		增值税	$\sum$（增值税）
2	其他项目费		2.1+2.2+2.3
2.1	总承包服务费		项目价值×费率
2.2	索赔与现场签证费		$\sum$（价格×数量）/ $\sum$ 费用
2.3	增值税		(2.1+2.2) ×税率
3	含税工程造价		1+2

（二）工程量清单计价

1. 说明

(1) 工程量清单指载明建设工程分部分项工程项目、措施项目、其他项目的名称和相应数量以及规费、税金等项目内容的明细清单。

(2) 工程量清单计价指投标人完成由招标人提供的工程量清单所需的全部费用，包括分部分项工程费、措施项目费、其他项目费和规费、税金。

(3) 综合单价指完成一个规定清单项目所需的人工费、材料和工程设备费、施工机具使用费和企业管理费、利润，以及一定范围内的风险费用。

(4) 措施项目清单包括总价措施项目清单和单价措施项目清单。单价措施项目清单计价的综合单价，按消耗量定额，结合工程的施工组织设计或施工方案计算。总价措施项目清单计价按本定额中规定的费率和计算方法计算。

（5）采用工程量清单计价招投标的工程，在编制招标控制价时，应按本定额规定的费率计算各项费用。

（6）暂列金额、专业工程暂估价、总承包服务费、结算价和以费用形式表示的索赔与现场签证费均不含增值税。

2. 计算程序

（1）分部分项工程及单价措施项目综合单价计算程序如表 8-15 所示。

表 8-15　分部分项工程及单价措施项目综合单价计算程序表

序号	费用项目	计算方法
1	人工费	$\sum$（人工费）
2	材料费	$\sum$（材料费）
3	施工机具使用费	$\sum$（施工机具使用费）
4	企业管理费	（1＋3）×费率
5	利润	（1＋3）×费率
6	风险因素	按招标文件或约定
7	综合单价	1＋2＋3＋4＋5＋6

（2）总价措施项目费计算程序如表 8-16 所示。

表 8-16　总价措施项目费计算程序表

<table>
<tr><th>序号</th><th colspan="2">费用项目</th><th>计算方法</th></tr>
<tr><td>1</td><td colspan="2">分部分项工程和单价措施项目费</td><td>$\sum$（分部分项工程和单价措施项目费）</td></tr>
<tr><td>1.1</td><td rowspan="2">其中</td><td>人工费</td><td>$\sum$（人工费）</td></tr>
<tr><td>1.2</td><td>施工机具使用费</td><td>$\sum$（施工机具使用费）</td></tr>
<tr><td>2</td><td colspan="2">总价措施项目费</td><td>2.1＋2.2</td></tr>
<tr><td>2.1</td><td colspan="2">安全文明施工费</td><td>（1.1＋1.2）×费率</td></tr>
<tr><td>2.2</td><td colspan="2">其他总价措施项目费</td><td>（1.1＋1.2）×费率</td></tr>
</table>

（3）其他项目费计算程序如表 8-17 所示。

表 8-17　其他项目费计算程序表

序号	费用项目		计算方法
1	暂列金额		按招标文件
2	专业工程暂估价/结算价		按招标文件/结算价
3	计日工		3.1+3.2+3.3+3.4+3.5
3.1	其中	人工费	$\sum$（人工价格×暂定数量）
3.2		材料费	$\sum$（材料价格×暂定数量）
3.3		施工机具使用费	$\sum$（机械台班价格×暂定数量）
3.4		企业管理费	（3.1+3.3）×费率
3.5		利润	（3.1+3.3）×费率
4	总承包服务费		4.1+4.2
4.1	其中	发包人发包专业工程	$\sum$（项目价值×费率）
4.2		发包人提供材料	$\sum$（项目价值×费率）
5	索赔与现场签证费		$\sum$(价格×数量)/$\sum$ 费用
6	其他项目费		1+2+3+4+5

（4）单位工程造价计算程序如表 8-18 所示。

表 8-18　单位工程造价计算程序表

序号	费用项目		计算方法
1	分部分项工程和单价措施项目费		$\sum$（分部分项工程和单价措施项目费）
1.1	其中	人工费	$\sum$（人工费）
1.2		施工机具使用费	$\sum$（施工机具使用费）
2	总价措施项目费		$\sum$（总价措施项目费）
3	其他项目费		$\sum$（其他项目费）
3.1	其中	人工费	$\sum$（人工费）
3.2		施工机具使用费	$\sum$（施工机具使用费）

续表

序号	费用项目	计算方法
4	规费	（1.1+1.2+3.1+3.2）×费率
5	增值税	（1+2+3+4）×税率
6	含税工程造价	1+2+3+4+5

（三）全费用基价表清单计价

1. 说明

（1）工程造价计价活动中，可以根据需要选择全费用清单计价方式。全费用计价依据下面的计算程序，需要明示相关费用的，可根据全费用基价表中的人工费、材料费、施工机具使用费和本定额的费率进行计算。

（2）选择全费用清单计价方式，可根据投标文件或实际的需求，修改或重新设计适合全费用清单计价方式的工程量清单计价表格。

（3）暂列金额、专业工程暂估价、结算价和以费用形式表示的索赔与现场签证费均不含增值税。

2. 计算程序

（1）分部分项工程及单价措施项目综合单价计算程序如表8-19所示。

表8-19　分部分项工程及单价措施项目综合单价计算程序表

序号	费用名称	计算方法
1	人工费	$\sum$（人工费）
2	材料费	$\sum$（材料费）
3	施工机具使用费	$\sum$（施工机具使用费）
4	费用	$\sum$（费用）
5	增值税	$\sum$（增值税）
6	综合单价	1+2+3+4+5

（2）其他项目费计算程序如表8-20所示。

表8-20　其他项目费计算程序表

序号	费用名称	计算方法
1	暂列金额	按招标文件

续表

序号	费用名称		计算方法
2	专业工程暂估价		按招标文件
3	计日工		3.1+3.2+3.3+3.4
3.1	其中	人工费	∑（人工价格×暂定数量）
3.2		材料费	∑（材料价格×暂定数量）
3.3		施工机具使用费	∑（机械台班价格×暂定数量）
3.4		费用	（3.1+3.3）×费率
4	总承包服务费		4.1+4.2
4.1	其中	发包人发包专业工程	∑（项目价值×费率）
4.2		发包人提供材料	∑（项目价值×费率）
5	索赔与现场签证费		∑（价格×数量）/∑费用
6	增值税		（1+2+3+4+5）×税率
7	其他项目费		1+2+3+4+5+6

注：3.4中费用包含企业管理费、利润、规费。

（3）单位工程造价计算程序如表8-21所示。

表8-21　单位工程造价计算程序表

序号	费用名称	计算方法
1	分部分项工程和单价措施项目费	∑（分部分项工程和单价措施项目费）
2	其他项目费	∑（其他项目费）
3	单位工程造价	1+2

例8-1

某安全防范系统工程安装主动红外探测器100对，合同约定项目采用一般计税法报价。请用：

（1）工程量清单计价方式计算该项目综合单价和含税工程造价。

（2）定额计价方式计算该项目的含税造价。

（3）全费用清单计价方式计算该项目的含税造价。

套用湖北省建设工程标准定额管理总站编制的《湖北省通用安装工程消耗量定额及全费用基价表》第五册《建筑智能化工程》，主动红外探测器可套用消耗量定额，见表 8-22。

表 8-22　入侵探测设备安装、调试 消耗量定额及全费用基价表［主动红外探测器（对）］

工作内容：开箱检查、设备组装、检查基础、画线、定位、接线、本体安装调试计量　　单位：套

定额编号		C5-6-7		
项目		主动红外探测器（对）		
全费用/元		261.06		
其中	人工费/元	147.60		
	材料费/元	4.38		
	机械费/元	0.27		
	费用/元	82.94		
	增值税/元	25.87		
名称		单位	单价/元	数量
人工	普工	工日	92.00	0.540
	技工	工日	142.00	0.600
	高级技工	工日	212.00	0.060
材料	其他材料费	元	—	4.370
	电（机械）	kW·h	0.75	0.008
机械	工业用真有效值万用表	台班	5.47	0.050

解析

（1）定额计价计算过程如表 8-23 所示。

表 8-23　定额计价计算过程

序号	费用项目		计算方法	计算值/元	费用或费率/元
1	分部分项工程和单价措施项目费		1.1＋1.2＋1.3＋1.4＋1.5	26106	
1.1	其中	人工费	$\sum$（人工费）	14760	147.6
1.2		材料费	$\sum$（材料费）	438	4.38
1.3		施工机具使用费	$\sum$（施工机具使用费）	27	0.27
1.4		费用	$\sum$（费用）	8294	82.94
1.5		增值税	$\sum$（增值税）	2587	25.87

续表

序号	费用项目	计算方法	计算值/元	费用或费率/元
2	其他项目费	2.1＋2.2＋2.3		
2.1	总承包服务费	项目价值×费率		
2.2	索赔与现场签证费	$\sum$（价格×数量）/ $\sum$ 费用		
2.3	增值税	（2.1＋2.2）×税率		
3	含税工程造价	1＋2	26106	

（2）工程量清单计价计算过程如表8-24所示。

表8-24　工程量清单计价计算过程

序号	费用项目		计算方法	计算过程	计算值/元	费用或费率/元
1	分部分项工程和单价措施项目费		$\sum$（分部分项工程和单价措施项目费）		20277.718	
1.1	其中	人工费	$\sum$（人工费）	（92×0.54＋142×0.6＋212×0.06）×100＝14760	14760.000	147.6
1.2		材料费	$\sum$（材料费）	0.75×0.008×100＝0.6	438.000	4.38
1.3		施工机具使用费	$\sum$（施工机具使用费）	5.47×0.050×100＝27.35	27.000	0.27
1.4		企业管理费	（1.1＋1.3）×费率	（14760＋27.35）×18.86%＝2788.894	2788.828	0.1886
1.5		利润	（1.1＋1.3）×费率	（14760＋27.35）×15.31%＝2263.943	2263.890	0.1531
1.6		风险因素	按招标文件或约定		0.000	
1.7		综合单价	1.1＋1.2＋1.3＋1.4＋1.5＋1.6	（14760＋0.6＋27.35＋2788.894＋2263.943）/100＝198.40787	202.777	

续表

序号	费用项目		计算方法	计算过程	计算值	费用或费率/元
2	总价措施项目费		∑（总价措施项目费）		1471.307	0.66%+9.29%
3	其他项目费		∑（其他项目费）		0	
3.1	其中	人工费	∑（人工费）			
3.2		施工机具使用费	∑（施工机具使用费）			
4	规费		（1.1＋1.2＋3.1＋3.2）×费率		1770.004	0.1197
5	增值税		（1＋2＋3＋4）×税率		2587.093	0.11
6	含税工程造价		1＋2＋3＋4＋5		26106.121	

（3）全费用清单计价计算过程如表8-25所示。

表8-25　全费用清单计价计算过程

序号		费用名称	计算方法	计算值/元	费用或费率/元
1		分部分项工程和单价措施项目费	∑（分部分项工程和单价措施项目费）	26106	261.06
		人工费	∑（人工费）	14760	147.6
		材料费	∑（材料费）	438	4.38
		施工机具使用费	∑（施工机具使用费）	27	0.27

续表

序号		费用名称	计算方法	计算值/元	费用或费率/元
		费用	$\sum$（费用）	8294	82.94
		增值税	$\sum$（增值税）	2587	25.87
		综合单价	1+2+3+4+5	26106	261.06
2		其他项目费	$\sum$（其他项目费）	0	0
	2.1	暂列金额	按招标文件		
	2.2	专业工程暂估价	按招标文件		
	2.3	计日工	3.1+3.2+3.3+3.4		
	2.4	总承包服务费	4.1+4.2		
	2.5	索赔与现场签证费	$\sum$(价格×数量)/$\sum$费用		
	2.6	增值税	(1+2+3+4+5)×税率		
3		单位工程造价	1+2	26106	

注：原定额中增值税税额是按照11%的增值税税率计提，为数值保持一致，本题中增值税税额是按照11%的增值税税率计提。

五、简易计税方式介绍

在工程造价活动中，符合简易计税法规定，且承发包双方约定采用简易计税方式的，计价时可根据材料与机械台班的含税价和各专业消耗量定额、本费用定额计算工程造价。

简易计税方式和一般计税方式相比，两者都包含了三种计价模式，并且两者所用的计费基数都是人工费与施工机具使用费之和。但是两者最大的区别在于，一般计税方式所用的材料单价和机械台班单价都是不含进项税额的价格，而简易计税方式所用到的材料单价和机械台班单价都是含进项税额的价格。简易计税方式最终是用销售额乘以征收率（3%）计提增值税。

例 8-2

某工程安装防爆摄像机100台，合同约定项目采用简易计税法报价。请用湖北省2018版费用定额中全费用清单计价方式分别计算该项目的全费用基价及含税工程造价。

解析

防爆摄像机安装定额套用湖北省建设工程标准定额管理总站编制的《湖北省通用安装工程消耗量定额及全费用基价表》第五册《建筑智能化工程》，防爆摄像机可套用消耗量定额，见表 8-26。

表 8-26 监控摄像设备消耗量定额及全费用基价表（防爆摄像机）

工作内容：开箱检查、设备组装、检查基础、安装设备、接线、本体调试　　　　计量单位：台

定额编号		C5-6-85		
项目		防爆摄像机安装、调试		
全费用/元		265.73		
其中	人工费/元	147.60		
	材料费/元	5.70		
	机械费/元	2.12		
	费用/元	83.98		
	增值税/元	26.33		
名称		单位	单价/元	数量
人工	普工	工日	92.00	0.540
	技工	工日	142.00	0.600
	高级技工	工日	212.00	0.060
材料	其他材料费	元	—	5.320
	电（机械）	kW·h	0.75	0.508
机械	彩色监视器	台班	3.70	0.500
	工业用真有效值万用表	台班	5.47	0.050

全费用清单计价计算过程如表 8-27 所示。

表 8-27 全费用清单计价计算过程

序号	费用名称	计算方法	计算值/元	费用/元	费率
1	分部分项工程和单价措施项目费	$\sum$（分部分项工程和单价措施项目费）	25698.294		
1.1	人工费	$\sum$（人工费）	14760.000	147.6	
1.2	材料费	$\sum$（材料费）	632.700	5.7	0.11

续表

序号	费用名称	计算方法	计算值/元	费用/元	费率
1.3	施工机具使用费	∑（施工机具使用费）	235.320	2.12	0.11
1.4	费用	∑（费用）	9321.780	83.98	0.11
1.5	增值税	∑（增值税）	748.494	26.33	0.03
1.6	综合单价	1.1＋1.2＋1.3＋1.4＋1.5	256.983		
2	其他项目费	∑（其他项目费）	0		
2.1	暂列金额	按招标文件			
2.2	专业工程暂估价	按招标文件			
2.3	计日工	3.1＋3.2＋3.3＋3.4			
2.4	总承包服务费	4.1＋4.2			
2.5	索赔与现场签证费	∑（价格×数量）/∑ 费用			
2.6	增值税	（1＋2＋3＋4＋5）×税率			
3	单位工程造价	1＋2	25698.294		

全费用基价为256.983元/台。

项目小结

本项目对工程造价的两种计价模式，建筑安装工程费用定额的组成、计算程序、取费率做了具体介绍；还专门介绍某地区费用定额的应用等。

本项目的教学目标是使学生能理解工程造价计价的依据和特点；能区别工程造价计价两种方法（模式）；会根据各地区费用定额来取费，对费用组成有更深入的理解，熟悉工程造价计算程序，结合实际完成工程的各项费用的组价、税率的计算，更加理解工程造价的政策性、区域性。

思考与习题

1. 什么是费用定额?
2. 定额计价的方法有哪些?
3. 简述定额计价的程序。
4. 简述清单计价的程序。
5. 简述定额计价模式与清单计价模式的区别。
6. 一般计税法和简易计税法的相同点和不同点有哪些?
7. 简述一般计税法的三种计价模式。

项目九

工程造价的计量

学习目标

理解工程量的概念、工程量的计算依据、工程量的计算原则、工程量的计算顺序；对工程造价计量有更深入、更具体的了解。会根据建设项目不同阶段来理解这些定额之间的关系，结合实际编制运用这些定额。

任务一　工程计量概述

工程计量是指建设工程项目以工程设计图纸、施工组织设计或施工方案及有关技术经济文件为依据，按照相关工程国家标准的计算规则、计量单位等规定，进行工程数量的计算活动。它是工程计价活动的重要环节。工程计量具有阶段性和多次性的特点，工程计量工作在不同计价过程中有不同的具体内容，工程计量的结果就是工程量。

一、工程量的概念

工程量是指按一定规则并以物理计量单位或自然计量单位所表示的建设工程各分部分项工程、措施项目或结构构件的数量。

物理计量单位是指以公制度量表示的长度、面积、体积和重量等计量单位。如砌筑墙体以“m^3”为计量单位，钢筋工程以“t”为计量单位。自然计量单位指建筑成品表现在自然状态下的简单点数所表示的个、条、套、块等计量单位。如入侵探测设备可以以“套”为计量单位。

二、工程量计算依据

工程量计算的主要依据如下。

1. 工程量计算规范和消耗量定额

国家发布的工程量计算规范中的工程量计算规则主要用于工程计量、编制工程量清单、结算中的工程计量等方面。国家、地方和行业发布的消耗量定额及其工程量计算规则主要用于工程计价（或组价）。故工程计量不能采用消耗量定额中的计算规则。

工程量计算规范和消耗量定额的联系与区别如下：消耗量定额是工程量清单计价的依据，因此消耗量定额和工程量计算规范之间既有区别也有联系。以湖北省 2018 年版消耗量定额为例，其章节划分、工程量计算规则与工程量计算规范均保持基本一致。但两者在用途、工作内容、计算口径以及计量单位等方面有明显的区别。

2. 施工设计图纸

经审定的施工设计图纸能全面反映建筑物的结构构造、各部位的尺寸及工程做法，是工程量计算的基础资料和基本依据。另外还应配合有关的标准图集进行工程量计算。

3. 施工组织设计或施工方案

在计算工程量时，往往还需要明确分项工程的具体施工方法及措施。比如计算挖基础土方工程时，施工方法是采用人工开挖还是机械开挖，是采用放坡还是支撑防护，都会影响工程量的计算结果。

4. 其他有关的技术经济文件

工程施工合同、招标文件的商务条款等经审定的相关技术经济文件也会影响工程量计算范围及结果。

任务二　工程量计算方法

在工程量计算过程中，为了防止错算、漏算和重算，应遵循一定的计算原则和顺序。

一、工程量计算原则

1. 计算口径一致

计算工程量时，所列项目包括的工作内容和范围，必须与依据的计量规范或消耗量定额的口径一致。比如在计算土方开挖的工程量时，计量规范的工作内容包括土方开挖、运输、基底钎探等多项内容，因此按“土方开挖”列一项计算清单工程量，与计量规范的计算规则口径一致；而在组价时，消耗量定额中土方开挖、运输、基底钎探均属于不同的定额子目，因此需要分别列项计算定额工程量，与消耗量定额计算规则口径一致。

2. 计量单位一致

计算工程量时，所采用的单位必须与计量规范或消耗量定额相应项目中的计量单位一致。例如计算砖砌台阶清单工程量时，应按计量规范规定的“m^2”为单位计算；而在组价时，应按消耗量定额规定的“m^3”计算。

3. 计算规则一致

计算工程量时，必须严格遵循计量规范或消耗量定额的工程量计算规则，才能保证工程量的准确性。例如楼地面的整体面层按主墙间净空面积计算，而块料面积按饰面的实铺面积计算。

4. 与设计图纸一致

工程量计算项目必须与图纸规定的内容保持一致，不得随意修改内容去高套或低套定额；计算数据必须严格按照图纸所示尺寸计算，不得任意加大或缩小。工程计量单位及有效位数的规定：以“t”为计量单位，应保留小数点后三位数字，第四位小数四舍五入；以“m”“m^2”“m^3”“kg”为单位，应保留小数点后两位数字，第三位小数四舍五入；以“台”“个”“套”“根”“组”“系统”等为单位，应取整数。

二、工程量计算顺序

1. 单位工程计算顺序

一个单位工程，其工程量计算顺序一般有以下几种。

1）按图纸顺序计算

计算工程量时，可以根据图纸排列的先后顺序，由建施到结施；每个专业图纸由前向后，按“先平面，再立面，再剖面；先基本图，再详图”的顺序计算。例如先计算场地平整、室内回填土、楼地面装饰工程量，再计算墙柱面装饰、墙体工程量。

2）按工程量计算规范或消耗量定额的顺序计算

计算工程量时，按照工程量计算规范或消耗量定额的章、节、子目次序，逐项对照计算。例如由土石方工程开始，逐步进行桩基础、砌筑墙体、混凝土工程、屋面防水、装饰工程量的计算。

3）按施工顺序计算

计算工程量时，按先施工的先算，后施工的后算的方法进行。例如，由平整场地、基础挖土开始算起，再到基础、框架梁柱板，最后进行装饰工程量的计算。

4）按统筹顺序计算

单独按照图纸顺序、施工顺序或计算规范顺序计算工程量，往往不适应工程量计算规则的要求，容易造成重算、漏算，浪费时间和精力，还易出现计算错误。统筹顺序是运用统筹法原理来合理安排工程量的计算顺序，达到节约时间、简化计算，提高工效的目的。例如，对于框架结构建筑物的工程量，可以统筹安排为先混凝土工程，再模板工程、墙体工程、土方工程、屋面防水工程，最后装饰工程的顺序计算。

2. 单个分部分项工程计算顺序

1）按顺时针方向计算

按顺时针方向计算，即先从平面图的左上角开始，按顺时针方向依次进行工程量的计算。在计算外墙、外墙基础等分项工程量时，可按这种顺序计算。

2）按“先横后竖、先上后下、先左后右”顺序计算

按“先横后竖、先上后下、先左后右”顺序计算，即在平面图上从左上角开始，按“先横后竖、先上后下、先左后右”顺序计算工程量。在计算房屋的条形基础土方、砖石基础、砖墙砌筑、门窗过梁、墙面抹灰等分部分项工程量时，可按这种顺序计算。

3）按构件编号顺序计算

按构件编号顺序计算，即按图纸上所标注结构构件、配件的编号顺序进行工程量的计算。在计算混凝土构件、门窗等分项工程量时，可按这种顺序计算。

4）按轴线编号顺序计算

按轴线编号顺序计算，即可以根据施工图纸轴线标号来确定工程量的计算顺序。例如某房屋墙体分项，可按⑥轴上，①～③轴，③～④轴这样的顺序进行工程量计算。

三、工程量计算中信息技术的应用

工程量计算是编制工程计价的基础工作，工作量占工程计价工作量的50%～70%，计算精度和速度直接影响工程计价文件的质量。随着计算机技术的发展，出现了利用软件表格法算量的计量工具，之后逐渐发展到目前广泛使用的自动计算工程量软件。近年来又发展到BIM和云计算等更为先进的信息技术。

任务三　工程量的表达方式

一、定额计价方式

定额工程量：根据地区定额规则、施工图纸及其他依据计算的工程量。

二、清单计价方式

1. 清单工程量

清单工程量：根据计量规范、施工图纸及其他依据计算的工程量。

2. 计价工程量

计价工程量：根据地区定额规则或企业定额、施工图纸及其他依据计算的工程量。

项目小结

本项目对工程造价的计量做了较详细的阐述，包括工程量的概念、计算依据、计算原则、计算顺序和工程量的表达式。

具体内容包括：工程量的概念、工程量的计算依据、工程量的计算原则、工程量的计算顺序等。

本项目的教学目标是使学生能理解工程量的概念、工程量的计算依据、工程量的计算原则、工程量的计算顺序；对工程造价计量有更深入、更具体的了解。会根据建设项目不同阶段来理解这些定额之间的关系，结合实际编制运用这些定额，会根据工程造价计量要求选择重点学习的内容。

思考与习题

1. 什么是工程量？
2. 工程量计算规范和消耗量定额的联系与区别是什么？
3. 工程量计算原则有哪些？

项目十

通用安装工程造价实训

学习目标

1. 掌握建筑智能化工程项目工程量统计和图纸绘制；
2. 掌握消防工程项目工程量统计和图纸绘制；
3. 掌握电气设备防雷接地计量与计价。

任务一　建筑智能化工程项目实训

一、内容介绍

（1）该部分适用于新建和扩建项目中的智能化系统设备的安装调试工程。

（2）下列内容执行其他相应定额项目：

① 线缆敷设、电缆托架铁件制作、电线槽安装、桥架安装、电线管敷设、电缆沟工程、电缆保护管敷设、土石方工程，执行《电气设备安装工程》和其他相关项目。

② 该部分中设备安装不包含防雷接地装置的安装，如发生时，执行《通信设备及线路工程》和《电气设备安装工程》相关项目。

二、工程量计算

1. 通信系统设备

（1）安装调试机柜、接口单元、基站（用户站）室外单元以“个”为计量单位。

(2) 安装调试基站(用户站)设备、会议电话机、多点控制器、编解码器以“台”为计量单位。

(3) 微波无线接入系统联调及试运行、安装调测会议电视设备网管以“系统”为计量单位。

(4) 安装调测汇接机以“架”为计量单位。

(5) 会议电话设备联网(全分配式)以“端”为计量单位。

(6) 会议电视设备联网系统试验以“对端”为计量单位。

2. 计算机网络系统设备安装工程

(1) 安装调试计算机终端设备、附属设备、交换机、路由器、防火墙、调制解调器以“台”为计量单位。

(2) 安装调试网络终端设备、普通型集线器以“台”为计量单位。

(3) 安装调试接口卡、堆叠式集线器、服务器系统软件、网管软件以“套”为计量单位。

(4) 安装调试各种卡以“个”为计量单位。

(5) 安装调试内存条以“条”为计量单位。

(6) 安装调试投影机屏幕以“副”为计量单位。

(7) 网络调试及试运行以“系统”为计量单位。

3. 楼宇、小区多表远传系统

安装调试远传基表、抄表系统设备配套设施、通信接口转换器以“个”为计量单位。

4. 楼宇、小区自控系统

(1) 调试楼宇自控用户、安装调试智能布线箱内配线架以“套”为计量单位。

(2) 安装调试中央站计算机、控制网络通信设备、控制器、流量计、住宅(小区)智能化设备以“台”为计量单位。

(3) 安装调试终端电阻、控制器远端模块、第三方设备通信接口、阀门及执行机构以“个”为计量单位。

(4) 安装调试传感器及变送器以“支”为计量单位。

(5) 调试小区家居智能系统以“户”为计量单位。

(6) 楼宇自控系统调试、住宅(小区)智能化系统调试及试运行以“系统”为计量单位。

5. 有线电视系统

(1) 安装调试微型地面站接收设备、光端设备、有线电视系统管理设备、播控设备以“台”为计量单位。

（2）安装电视设备箱以“个”为计量单位。

（3）安装天线杆基础及天线杆、电视墙、前端射频设备、光终端盒以“套”为计量单位。

（4）安装电视共用天线以“副”为计量单位。

（5）穿放同轴电缆以“100 m”为计量单位。

（6）安装前端机柜、传输网络设备、放大器、用户终端盒以“个”为计量单位。

（7）安装用户分支器及分配器、暗盒、制作同轴电缆接头以“10 个”为计量单位。

6. 扩声、背景音乐系统

（1）安装调试扩声系统设备、扩声系统设备级间调试、安装调试背景音乐系统设备以“台”为计量单位。

（2）安装专用机柜、机房配线箱、接线箱、风扇单元以“个”为计量单位。

（3）调试传声器以“只”为计量单位。

（4）调试耳机以“副”为计量单位。

（5）扩声系统调试与试运行、背景音乐系统试运行以“系统”为计量单位。

7. 停车场管理系统

（1）安装调试车辆检测识别设备、出入口设备、显示和信号设备、监控中心控制台以“套”为计量单位。

（2）监控管理中心设备分系统调试以“系统”为计量单位。

8. 楼宇安全防范系统

（1）安装调试入侵探测器、入侵报警控制器、报警中心设备、报警信号传输发射器、报警信号传输接收机、无线报警发送及接收设备、出入口目标识别设备、防护罩及支架以“套”为计量单位。

（2）安装调试主动红外探测器、微波墙式探测器以“对”为计量单位。

（3）安全防范系统调试和试运行以“系统”为计量单位。

（4）安装调试模拟盘以“m^2”为计量单位。

（5）安装监视器柜以“个”为计量单位。

（6）调试入侵报警系统以“点”为计量单位。

（7）调试电视监控系统、安装调试出入口控制设备、出入口执行机构设备、电视监控摄像设备、视频控制设备、控制台机架、监视器吊架、音/视频及脉冲分配器、视频补偿器、视频传输设备、录像/记录设备、监控中心设备、CRT 显示终端以“台”为计量单位。

（8）入侵探测器、报警声音复核装置（拾音器）、无线传输报警等按钮按数量以“套”计算。周界（地音）探测器按长度以“米”计算。

(9) 入侵报警控制器按数量以“套”计算。

(10) 报警信号接收机(器)按数量以“系统”计算。

(11) 出入口目标识别设备中，指纹采集器和识别器、面部采集器和识别器以及密码键盘等按数量以“台”计算。

(12) 出入口执行机构设备中，电子密码锁、可视对讲门铃、户口机等按数量以“台”计算。

(13) 安全防范高度以“系统”计算。

(14) 电子巡更系统中，巡更站、信息钮、通信座、控制器、主机安装、软件安装调试等均按数量以“台”计算。

(15) 不间断电源系统中，电源柜、监控盘(软件)安装以及不间断电源等安装、调试均按数量以“台(套)”计算。

楼宇智能化工程量的计算不仅包括楼宇智能化工程的内容，还包括入侵报警系统、视频安防监控系统、出入口控制(门禁)系统、访客(可视)对讲系统、电子巡查系统、停车场(库)管理系统、火灾自动报警及消防联动系统、建筑设备监控系统、智能化系统集成系统、卫星电视及有线电视系统、公共广播及紧急广播系统、综合布线系统、住宅小区智能化系统等内容。

9. 计算机应用、网络系统工程

(1) 输入(出)设备、控制设备、存储设备等：按设计图示数量以“台”为单位计算。工程内容包括：本体安装、单体调试。

(2) 插箱、机柜：按设计以“台”为单位计算。工程内容包括：本体安装、接电源线、保护接地、接功能地线。

(3) 互连电缆：按设计以“条”为单位计算。工程内容包括：制作、安装。

(4) 接卡口、集线器、路由器、收发器、防火墙、交换机等：按设计以“台(套)”为单位计算。工程内容包括：本体安装、单体调试。

(5) 网络服务器：按设计以“台(套)”为单位计算、工程内容包括：本体安装、插件安装、接信号线、电源线、地线。

(6) 计算机网络系统接地：按“系统”计算。工程内容包括：安装焊接、检测。

(7) 计算机应用、网络系统联调：按“系统”计算。工程内容包括：系统调试。

(8) 计算机应用、网络系统试运行：按“系统”计算。工程内容包括：试运行。

(9) 软件：按设计以“套”为单位计算。工程内容包括：安装、调试、试运行。

10. 综合布线工程

(1) 机柜、机架：按设计以“台”为单位计算。工程内容包括：本体安装、相关固定件的连接。

(2) 抗震底座、分线接线箱(盒)、电视、电话插座：按“个”计算。工程内容包括：本体安装、底盒安装。

（3）双绞线缆、光缆、光纤线、光缆外护套：按设计图示以长度“米”为单位计算，不考虑附加长度。工程内容包括：敷设、标记、卡接。

（4）跳线：按“条”计算。工程内容包括：插接跳线、整理跳线。

（5）配线架、跳线架：按“个（块）”计算。工程内容包括：安装、卡接。

（6）信息插座、光纤盒：按“个（块）”计算。工程内容包括：端接模块、安装面板。

（7）光纤连接：按“芯（端口）”计算。工程内容包括：连接、调试。

（8）光缆终端盒：按“个”计算。工程内容包括：连接、调试。

（9）布放尾纤：按“根”计算。工程内容包括：连接、调试。

（10）线管理器：按“个”计算。工程内容包括：本体安装。

（11）跳块：按“个”计算。工程内容包括：安装、卡接。

（12）双绞线缆测试、光纤测试：按“链路（点、芯）”计算。工程内容包括：测试。

11. 建筑设备自动化系统工程

（1）中央管理系统：按“系统（套）”计算。工程内容包括：本体组装、连接、系统软件安装、单体调整、系统连接、接地。

（2）通信网络控制设备、控制器：按“台（套）”计算。工程内容包括：本体安装、软件安装、单体调整、联调联试、接地。

（3）控制箱：按“台（套）”计算。工程内容包括：本体安装、标识、控制器、控制模块组装、单体调整、联调联试、接地。

（4）第三方通信设备接口：按“台（套）”计算。工程内容包括：本体安装、连接、接口软件安装调试、单体调整、联调联试。

（5）传感器：按“支（台）”计算。工程内容包括：本体安装、连接、通电检查、单体调整测试、系统联调。

（6）电动机调节阀执行机构、电动阀门、电磁阀门：按“个”计算。工程内容包括：本体安装连线、单体测试。

（7）建筑设备自控化系统调试：按“台（户）”计算。工程内容包括：整体调试。

（8）建筑设备自控化系统试运行：按“系统”计算。工程内容包括：试运行。

12. 建筑信息综合管理系统工程

（1）服务器、服务器显示设备：按“台”计算。工程内容包括：安装调试。

（2）通信接口输入输出设备：按“个”计算。工程内容包括：本体安装、调试。

（3）系统软件、基础应用软件、应用软件接口：按“套”计算。工程内容包括：安装调试。

(4) 应用软件二次：按“项（点）”计算。工程内容包括：按系统点数进行二次软件开发和定制、调试。

(5) 各系统联动试运行：按“系统”计算。工程内容包括：调试、试运行。

13. 有线电视、卫星接收系统工程

(1) 共用天线：按“副”计算。工程内容包括：电视设备箱安装、天线杆基础安装、天线杆安装、天线安装。

(2) 卫星电视天线、馈线系统：按“副”计算。工程内容包括：安装、调试。

(3) 前端机柜：按“个”计算。工程内容包括：本体安装、连接电源、接地。

(4) 电视墙：按“套”计算。工程内容包括：机架、监视器安装、信号分配系统安装、连接电源、接地。

(5) 射频同轴电缆：按“m”计算。工程内容包括：线缆敷设。

(6) 同轴电缆接头：按“个”计算。工程内容包括：电缆接头。

(7) 前端射频设备：按“套”计算。工程内容包括：本体安装、单体调试。

(8) 卫星地面站接收设备：按“台”计算。工程内容包括：本体安装、单体调试、全站系统调试。

(9) 光端设备安装、调试：按“台”计算。工程内容包括：本体安装、单体调试。

(10) 有线电视系统管理设备、遥控设备安装、调试：按“台”计算。工程内容包括：本体安装、系统调试。

(11) 干线设备、分配网络：按“个”计算。工程内容包括：本体安装、电缆接头制作、布线、单体调试。

(12) 终端调试：按“个”计算。工程内容包括：调试。

14. 音频、视频系统工程

(1) 扩声系统设备：按“台”计算。工程内容包括：本体安装、单体调试。

(2) 扩声系统调试：按“只（台、副、系统）”计算。工程内容包括：设备连接构成系统、调试、达标、通过DSP（数字信号处理器）实现多种功能。

(3) 扩声系统试运行：按“系统”计算。工程内容包括：试运行。

(4) 背景音乐系统设备：按“台”计算。工程内容包括：本体安装、单体调试。

(5) 背景音乐系统调试：按“台（系统）”计算。工程内容包括：设备连接构成系统、试听、调试、系统试运行、公共广播达到语音清晰度及相应声学特性指标。

(6) 背景音乐系统试运行：按“系统”计算。工程内容包括：试运行。

(7) 视频系统设备：按“台”计算。工程内容包括：本体安装、单体调试。

(8) 视频系统调试：按“系统”计算。工程内容包括：设备连接构成系统、调试、达到相应系统设计标准、实现相应系统设计功能。

15. 安全防范系统工程

(1) 入侵探测设备、入侵报警控制器、入侵报警中心显示设备、入侵报警信号传输设备等：按“套”计算。工程内容包括：本体安装、单体调试。

(2) 出入口目标识别设备、出入口控制设备、出入口执行机构设备、监控摄像设备等：按“台”计算。工程内容包括：本体安装、单体调试。

(3) 视频控制设备、音频（视频）及脉冲分配器、视频补偿器、视频传输设备、路线设备等：按“台（套）”计算。工程内容包括：本体安装、单体调试。

(4) 显示设备：按“台/m^2”计算。工程内容包括：本体安装、单体调试。

(5) 安全检查设备、停车场管理设备：按“台（套）”计算。工程内容包括：本体安装、单体调试。

(6) 安全防范分系统调试：按“系统”计算。工程内容包括：各分系统调试。

(7) 安全防范全系统调试：按“系统”计算。工程内容包括：各分系统的联动、参数设置、全系统联调。

(8) 安全防范系统工程试运行：按“系统”计算。工程内容包括：系统试运行。

表 10-1 所示为无线远距离报警系统报价清单。表 10-2 所示为视频监控系统招标控制价。表 10-3 所示为视频监控系统工程量清单。

表 10-1　无线远距离报警系统报价清单

序号	名称	型号	数量	单位	单价/元	金额/元
1	大功率无线报警主机	KS-600C	1	台	5000.00	5000.00
2	无线转发器	KS-50C	15	台	980.00	14700.00
3	中继放大器	KS-57	3	台	1860.00	5580.00
4	无线按钮	KS-11C	15	个	80.00	1200.00
5	报警管理软件（电子地图）	KS-100A	1	套	5000.00	5000.00
6	电线电缆	配套设施	1000	米	3.80	3800.00
7	安装调试服务		1	项	2000.00	2000.00
8	此报价包含 6%税金				合计	37280.00

表 10-2　视频监控系统招标控制价

项目编码	项目名称	计量单位	工程数量	项目特征	主材价格/元
030507008001	球形摄像机	台	14		600
C5-6-106	悬挂式摄像机支架	套	14		60
C5-6-97	变焦变倍电动光圈镜头	台	14		200
C5-6-108	摄像机云台（≤8 kg）	台	14		100
C5-6-104	摄像机密封防爆护罩	台	14		150

续表

项目编码	项目名称	计量单位	工程数量	项目特征	主材价格/元
30507008002	半球型摄像机	台	10		400
C5-6-105	壁挂式摄像机支架	套	10		80
C5-6-95	定焦距自动光圈镜头	台	10		200
C5-6-104	摄像机密封防爆护罩	台	10		150
30502014001	光缆	100 米	100		10
	12 路视频分配器	台	2		1000
	录像设备				
	显示设备				
	系统调试				

表 10-3 视频监控系统工程量清单

序号	定额编号	工程或费用名称	单位	主材	数量	单价/元				
						人工费	材料费	机械费	企业管理费	利润
1		彩色摄像机	台	850	91	52.00	0.85	16.92		
2		2.7～13 mm 自动光圈镜头	台	430	91	15.60	1.67	3.39		
3		摄像机专用电源	台	21	91					
4		室内护罩	套	37.50	91	15.60	0.50	2.43		
5		室内支架	套	80	91	52.00	8.65	6.30		
6		1T 硬盘	台	470	12	52.00	3.85	11.45		
7		液晶显示器	台	1200	6	93.60	1.71	5.43		
8		数字硬盘录像机	台	6500	6	312.00		137.55		
9		视频电缆 75-5	米	2.26	11000	0.60	0.11	0.07		
10		电源线 RVV2×1.0	米	2.33	2000	1.55	0.25	0.11		
11		PVC 管 20	米	2.1	5000	2.35	4.08	0.09		
12		钢制线槽 200×100	个	44	150	21.00	10.00	3.41		

续表

序号	定额编号	工程或费用名称	单位	主材	数量	单价/元				
						人工费	材料费	机械费	企业管理费	利润
13		操作台	台	2500	1	69.00	3.69	28.77		
14		监控系统调试	系统		91	26.00	0.60	0.83		

任务二　消防工程项目实训

消防工程系统包括有管网消防系统和无管网消防系统，楼宇智能化工程侧重于其中的火灾自动报警系统和消防系统调试的部分内容，同时其配线部分分别属于电气设备的配管、配线及综合布线部分。

一、火灾自动报警系统

1. 点型探测器

按设计图示数量以“个”为单位计算。工程内容包括：底座安装、探头安装、校接线、编码、探测器调试。

2. 线型探测器

按设计图示长度计算。工程内容包括：探测器安装、接口模块安装、报警终端安装、校接线。

3. 按钮、消防警铃、声光报警器、消防报警电话插孔、消防广播、模块(模块箱)

按设计图示数量以“个/部/台”为单位计算。工程内容包括：安装、校接线、编码、调试。

4. 区域报警控制箱、联动控制箱

按设计数量以“台”为单位计算。工程内容包括：本体安装、校接线、摇测绝缘电阻、排线、绑扎、导线标识、显示器安装、调试。

5. 火灾报警系统控制主机、联动控制主机、消防广播及对讲电话机（柜）

按设计数量以“台”为单位计算。工程内容包括：安装、校接线、调试。

6. 火灾报警控制微机（CRT）、备用电源及电池主机（柜）

按设计数量以“台”“套”为单位计算。工程内容包括：安装、调试。

7. 报警联动一体机

按设计数量以“台”为单位计算。工程内容包括：安装、校接线、调试。

二、消防系统调试

1. 自动报警系统调试

按“系统”计算。工程内容包括：系统调试。

2. 水灭火控制装置调试

按“点”计算。工程内容包括：调试。

3. 防火控制装置调试

按“个（部）”计算。工程内容包括：调试。

4. 气体灭火系统装置调试

按“点”计算。工程内容包括：模拟喷气试验、备用灭火器储存容器切换操作试验、气体试喷。

说明：

（1）自动报警系统，包括各种探测器、报警器、报警按钮、报警控制器、消防广播、消防电话等。

（2）消防报警系统配管、配线、接线盒均应按规范的电气设备安装工程相关项目编码列项。

（3）消防广播及对讲主机包括功放、录音机、分配器、控制柜等。

（4）点型探测器包括火焰、烟感、温感、红外光束、可燃气体探测器等。

案例：火灾自动报警系统

背景：某商厦一层火灾自动报警系统。拟按以下数据及要求编制某安装工程的工程量清单和招标控制价：假设该安装工程计算出的各分部分项工程人材机费用合计为100

万元，其中人工费占 10%。单价措施项目中仅有脚手架子目，脚手架搭拆的人材机费用 0.8 万元，其中人工费占 25%；总价措施项目费中的安全文明施工费（包括安全施工费、文明施工费、环境保护费、临时设施费）根据当地工程造价管理机构发布的规定按分部分项工程人工费的 20% 计取，夜间施工费、二次搬运费、冬雨季施工增加费、已完工程及设备保护费等其他总价措施项目费用合计按分部分项工程人工费的 12% 计取，其中人工费占 40%。企业管理费、利润分别按人工费的 54%、46% 计取。暂列金额 1 万元，专业工程暂估价 2 万元（总承包服务费按 3% 计取），不考虑计日工费用。规费按分部分项工程和措施项目费中全部人工费的 30% 计取；上述费用均不包含增值税可抵扣进项税额。增值税税率为 11%。

编制单位工程招标控制价汇总表，并列出计算过程，如表 10-4 所示。表 10-5 所示为该安装工程的工程量清单。

表 10-4　单位工程招标控制价汇总表

序号	汇总内容	金额/万元	计算过程
1	分部分项工程	110	100＋100×10%×（54%＋46%）
1.1	其中：人工费	10	100×10%
2	措施项目	5.48	2.8＋1＋1.68
2.1	其中：安全文明施工费	2.8	10×20%＋10×20%×40%×（54%＋46%）
2.2	其中：脚手架搭拆费	1	0.8＋0.8×25%×（54%＋46%）
2.2.1	其中：人工费	0.2	0.8×25%
2.3	其他措施费	1.68	10×12%＋10×12%×40%×（54%＋46%）
2.3.1	其中：人工费	0.48	10×12%×40%
3	其他项目	3.06	
3.1	其中：暂列金额	1	
3.2	其中：专业工程暂估价	2	
3.3	其中：计日工	0	
3.4	其中：总承包服务费	0.06	2×3%
4	规费	3.44	（10＋0.8×25%＋10×20%×40%＋10×12%×40%）×30%
5	增值税	13.42	（110＋5.48＋3.06＋3.44）×11%
招标控制价合计＝1＋2＋3＋4＋5		135.40	110＋5.48＋3.06＋3.44＋13.42

表 10-5　工程量清单

序号	项目编码	项目名称	项目特征	计量单位	工程量	金额/元	
						综合单价	合价
1	030411001001	配管	ϕ20 焊接钢管，暗配	m	222.20		
2	030411004001	配线	电源二总线，穿管敷设，NH-BV-2.5 mm^2	m	143.80		
3	030411004002	配线	报警二总线，穿管敷设，NH-RVS-2×1.5 mm^2	m	222.90		
4	030411006001	接线盒	接线盒 30 个、开关盒 4 个	个	34		
5	030904001001	点型探测器	感烟探测器，吸顶安装	只	30		
6	030904003001	按钮	带电话插孔的手动报警按钮，J-SAM-GST9122，距地 1.5 m 安装	只	2		
7	030904008001	模块	输入监视模块，与控制设备同高度安装	只	2		
8	030904008002	模块	控制模块，与控制设备同高度安装	只	2		
9	030904009001	区域报警探测器	箱体尺寸：400×300×200（宽×高×厚，mm）距地 1.5 m 挂墙安装，控制点数量：34 点	台	1		
10	030904005001	声光报警器	火灾声光报警器，距地 2.2 m 安装	个	2		
11	030905001001	自动报警系统装置调试	总线制 点数：34 点	系统	1		

例 10-1

某栋 12 层普通办公楼消防给水工程平面图如图 10-1 所示，消防给水管道内消防用水量为 20 L/s，水箱储水量为 12 m^3。高层建筑每股消防水量不应小于 5 L/s，选用 DN65 消火栓，ϕ19 mm 喷嘴水枪，直径为 65 mm、长度为 20 m 的麻质水龙带。消防竖管及上下环状管均采用 DN100 管径。该消防工程采用单设水泵给水方式，选用两台 100TSW× 多级水泵，每台水泵流量为 17.2～22.21 L/s，扬程为 70～81 m。在屋顶设置两个试验消火栓，试验时只需要一股或两股水柱工作。为弥补消防水量的不足，该消防工程选用两套 DN100 的地上式水泵接合器。消火栓系统管材埋地部分采用铸铁给水管（石棉水泥接口），明装部分采用镀锌钢管（螺纹连接）。

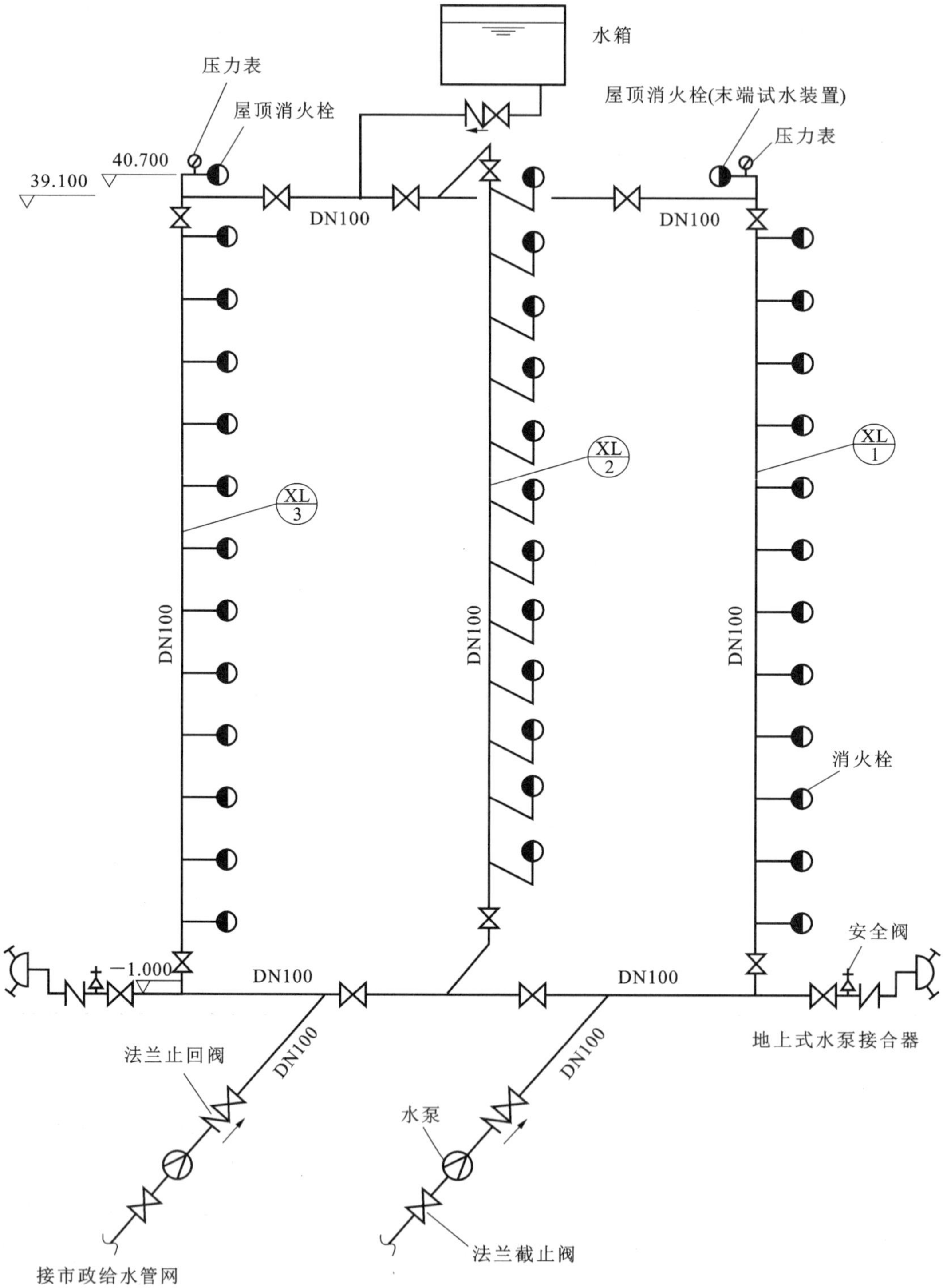

图 10-1　某栋 12 层普通办公楼消防给水工程平面图

请列出该工程的工程量清单并绘图。表 10-6 所示为消防工程施工常用图例。

表 10-6　消防工程施工常用图例

序号	名称	图例	序号	名称	图例
1	消火栓给水管		16	雨淋灭火给水管	
2	自动喷水灭火给水管		17	水幕灭火给水管	
3	室外消火栓		18	消防水泵结合器	
4	室内消火栓（单口）		19	室内消火栓（双口）	
5	自动喷洒头（开式）		20	干式报警阀	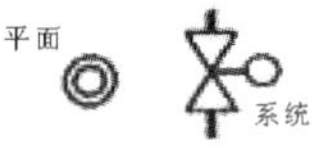
6	自动喷洒头（闭式下喷）		21	湿式报警阀	
7	自动喷洒头（闭式上喷）		22	预作用报警阀	
8	水流指示器		23	雨淋阀	
9	水力警铃		24	末端试水阀	
10	管道泵		25	减压孔板	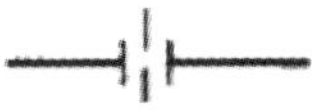
11	管道固定支架		26	管道滑动支架	
12	刚性防水套管		27	柔性防水套管	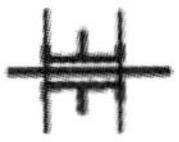
13	闸阀		28	电动阀	
14	三通阀		29	信号阀	
15	止回阀		30	压力调节阀	

解析

略。请读者自己练习。

例 10-2

某学校六层综合办公楼消防设计（自动喷水系统）平面图及系统图如图 10-2、图 10-3 所示，该建筑物火灾危险性小，可燃物量少，发热量较小，属于轻危险级建筑物，每根配水管上布置的喷头数不应多于 8 个，每根配水支管管径不应小于 25 mm，喷头安装距吊顶 10 cm。求分部分项工程量清单和工程量。

解析

略。请读者自己练习。

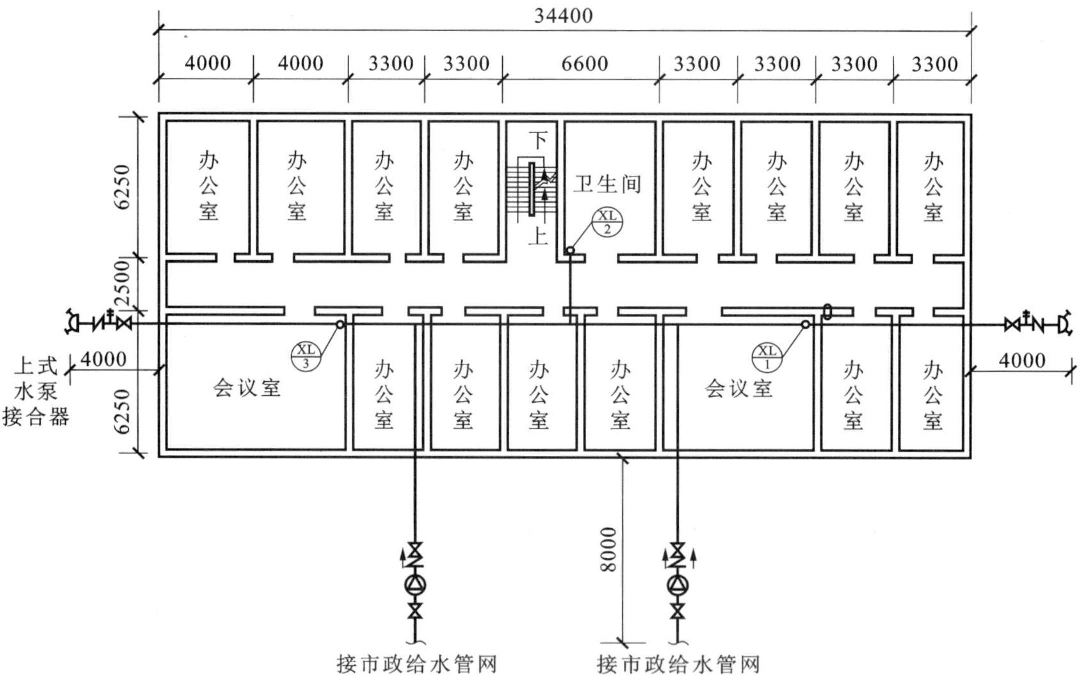

图 10-2　某学校六层综合办公楼消防设计平面图

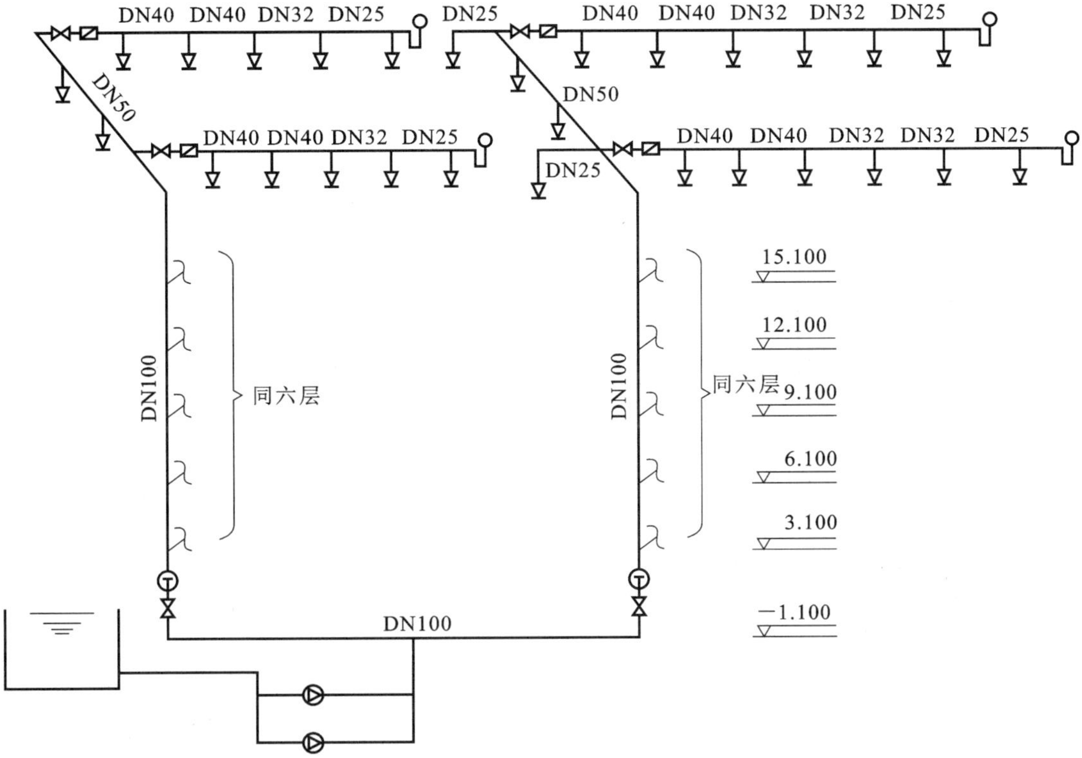

图 10-3　某学校六层综合办公楼消防设计系统图

任务三　防雷及接地装置工程项目实训

一、建（构）筑物防雷接地装置的组成

无论任何级别的防雷接地装置，一般都由接闪器、引下线和接地体三大部分构成，如图 10-4 所示。图 10-5 所示为户外监控防雷示意图。

1. 接闪器

接闪器是指直接接受雷击的金属构件。根据被保护物体形状的不同，接闪器的形状各不相同，可分为避雷针、避雷带、避雷网。

2. 引下线

引下线是指连接接闪器与接地装置的金属导体。可以用圆钢或扁钢作单独的引下线，也可以利用建筑物柱筋或其他钢筋作引下线。

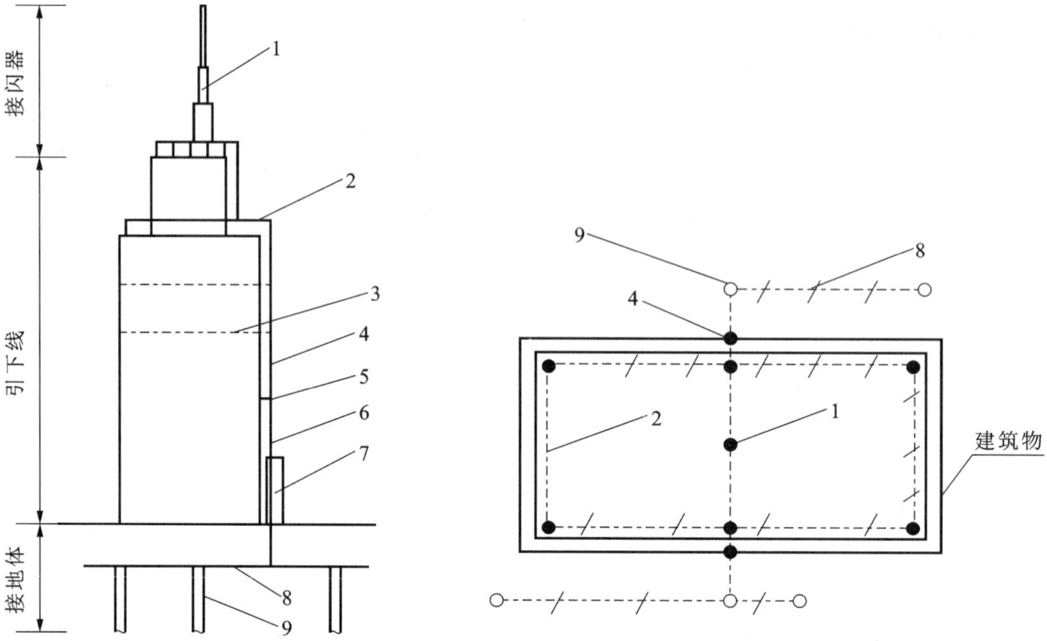

图 10-4　建筑物防雷接地装置组成示意图

1—避雷针；2—避雷网；3—避雷带；4—引下线；5—引下线卡子；6—断接卡子；7—引下线保护管；8—接地母线；9—接地极

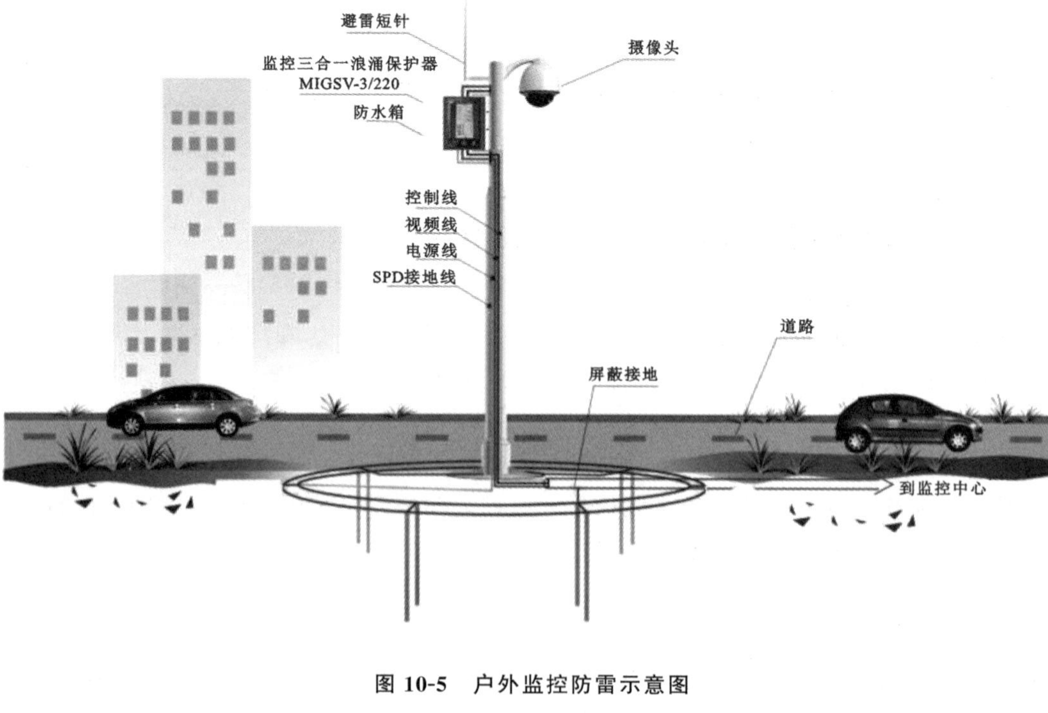

图 10-5　户外监控防雷示意图

用圆钢或扁钢作引下线时，一般由引下线、引下线卡子、断接卡子、引下线保护管等组成。引下线在 2 根及以上时，需在距地面 0.3～1.8 m 处作断接卡子，供测量接地电阻使用，断接卡子以下的引下线需用套管进行保护。

3. 均压环

均压环是高层建筑物利用圈梁中的水平钢筋与引下线可靠连接（绑扎或焊接），用作降低接触电压，自动切断接地故障电路防雷击的一项装置。

一般情况下，当建筑物高度超过 30 m 时，在建筑物的侧面，从 30 m 起每隔不大于 6 m 沿建筑物四周成环状敷设水平避雷带并与引下线相连，以防止侧向雷击，30 m 及以上外墙上的栏杆、门窗等较大的金属物应与防雷装置连接；30 米以下部位每三层利用结构圈梁中的水平钢筋与引下线焊接成均压环。所有引下线、建筑物中的金属结构和金属物体等与均压环连接，形成等电位。

4. 接地体

接地体是指埋入土壤或混凝土基础中作散流用的金属导体。接地体分自然接地体和人工接地体。人工接地体一般由接地母线、接地极组成，常用的接地极可以是钢管、角钢、钢板、铜板等。自然接地体是指已敷设在地下的金属管道、建筑物钢筋混凝土基础（钢筋）、自流井插入管等。

二、接地系统

接地系统一般分为变配电所接地系统和车间接地系统两个部分。

1. 变配电所接地系统

变配电所的接地装置的接地体应水平敷设。其接地体采用长度为 2.5 m、直径不小于 12 mm 的圆钢或厚度不小于 4 mm 的角钢，或厚度不小于 4 mm 的钢管，并用截面不小于 25 mm×4 mm 的扁钢相连为闭合环形，外缘各角要做成弧形。常见的是变配电所内配电盘柜及其他盘柜利用其型钢基础，将这些型钢基础用截面不小于 25 mm×4 mm 的扁钢相连，作为接地干线。然后将这些干线引向室外，与户外的接地装置相连，作为外壳保护接地。

2. 车间接地系统

接零母线进入车间后，在有桥式或梁式行车的车间内，可利用行车钢轨，用截面为 40 mm×4 mm 的扁钢相连，作为接地回路，如车间没有钢轨可用作接地，则应另设接地系统。

三、电气设备接地

为了保证电气设备的安全运行，下列电气设备及相关金属部分均应接地：

（1）变压器、电机、电器、携带式或移动式电器具等的金属底座和外壳；

（2）电力设备传动装置；

（3）互感器的二次绕组；

（4）配电盘和控制盘的金属框架；

（5）室外配电装置的金属构架和钢筋混凝土物架以及靠近带电部分的金属围栏和金属门等；

（6）交、直流电缆的接线盒，终端盒的外壳和电缆的外皮，穿线的钢管等；

（7）装在配电线路上的开关设备、电力电容器等电力设备；

（8）铠装控制电缆的外皮，非铠装或非金属护套电缆的 1～2 根屏蔽芯线。

四、接地体

无论建筑物防雷接地还是设备系统接地，接地体是非常关键的一部分。接地体可以分为自然接地体和人工接地体。

1. 自然接地体

自然接地体是兼作接地用的直接与大地接触的各种金属构件、金属井管、钢筋混凝土建筑物的基础、金属管道和设备等。经常作为接地体的建筑物的结构有钢结构、钢筋混凝土结构、钢轨、金属管道等，这些构件只要安装正确，都是很好的接地体。凡能利用建筑物内金属导体作防雷接地的应优先利用，以节约投资。

2. 人工接地体

（1）人工接地极。人工接地极可采用水平敷设和垂直敷设，一般宜优先采用水平敷设方式。水平敷设可采用圆钢、扁钢；垂直敷设可采用圆钢、钢管、角钢，也可采用金属接地板。

（2）接地母线。为保证接地线有一定的机械强度，接地母线一般用截面为 40 mm×4 mm 的镀锌扁钢或 $\phi 8$ 镀锌圆钢制成。接地线的截面应满足热稳定的要求，由设计确定。

一般情况下尽量以自然接地体为主，人工接地体作为补充，外形尽可能采用闭合环形。

五、接地跨接线

接地线遇障碍时，须跨越而相连的接头线称为跨接线。接地跨接一般出现在建筑物伸缩缝处、沉降缝处，吊车钢轨作为接地线时钢轨与钢轨的连接处，为防静电管道法兰盘连接处，通风管道法兰盘连接处等。

六、接地调试

根据设计要求，防雷及接地装置中的接地体必须有足够小的接地电阻，这些要求一般在设计时，根据土质等情况计算及布置接地极。施工结束后，为了保证接地电阻达到设计要求，要对已施工完毕的接地体进行接地电阻测试。测试接地电阻一般是从引下线的断接卡子处将原引下线断开，用接地电阻测试仪（见图 10-6）进行测量，如达不到相应的设计要求，要进行处理。

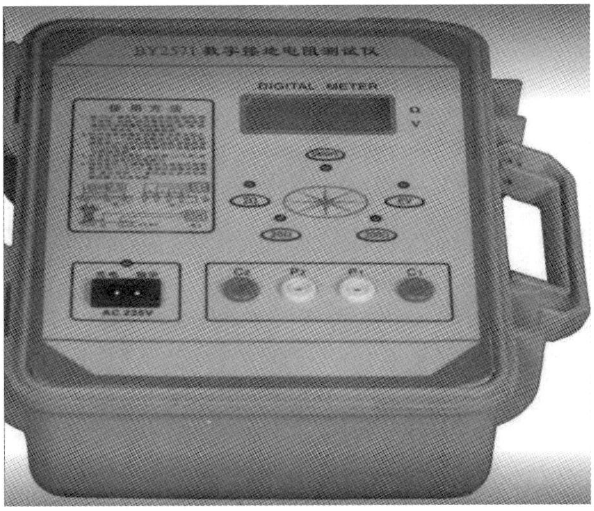

图 10-6 接地电阻测试仪

防雷及接地装置工程执行《全国统一安装工程预算定额》第二册相关内容，该定额内容适用于建筑物、构筑物的防雷接地，变配电系统接地，设备接地以及避雷针的接地装置。该定额不适于采用爆破法施工敷设接地线、安装接地极，也不包括高土壤电阻率地区采用换土或化学处理的接地装置及接地电阻的测定工作。

1. 避雷针制作安装

定额子目分为普通避雷针制作、安装及独立避雷针安装。其中避雷针制作按钢管、圆钢及针长划分子目，而避雷针安装按安装地点、安装高度划分子目。避雷针制作的工作内容包括：下料、针尖针体加工（不包括底座加工）、挂锡、校正、组焊、刷漆等。避雷针安装的工作内容包括：预埋铁件、螺栓或支架、安装固定、补漆等。独立避雷针的工作内容包括：组装、焊接、吊装、找正、固定、补漆等。

作为避雷针针尖、针体材料的钢管、圆钢、铜质针尖等是未计价材料，另行计价。

普通避雷针制作、安装，以“根”为定额计量单位，独立避雷针安装以“基”为定额计量单位。工程量计算时，其长度、高度、数量均按设计规定。

独立避雷针安装子目中不包括针体的制作。其针体加工制作应执行“一般铁构件”制作定额或按成品计算。

普通避雷针安装在木杆和水泥杆上，已包括避雷引下线安装。避雷针安装均已考虑了高空作业的因素。

2. 避雷网安装

定额按沿混凝土块敷设、沿折板支架敷设、混凝土块制作、利用圈梁钢筋作均压环敷设和柱子主筋与圈梁钢筋焊接划分子目。其工作内容包括：平直、下料、测位、打眼、埋卡子、焊接、固定、刷漆。

编制预算时，按施工图图示以“延长米”计算避雷网敷设计量，套用相应定额子目。其长度应按施工图设计避雷网水平和垂直规定长度，另加3.9%的附加长度（包括转弯、上下波动、避绕障碍物、搭接头所占长度）计算，即计算公式为：

$$避雷网敷设长度（m）=施工图设计长度（m）\times（1+3.9\%）$$

如果避雷网沿混凝土块敷设，则应另按施工图图示数量计算混凝土块个数，以“块”为定额计量单位，套用相应定额子目。如果施工图没有明确混凝土块个数或间距时，可按避雷网中间直线段支撑间距为1～1.5 m，终端及转弯段支撑间距为0.5～1 m进行计算。

需要注意的是，常见的均压环的敷设方式有两种，一种是上述利用圈梁钢筋作均压环，另一种是单独用扁钢、圆钢明敷作均压环。当单独用扁钢、圆钢明敷作均压环时，仍以“延长米”计量，套用“户内接地母线敷设”相应定额子目。

3. 半导体少长针消雷装置安装

半导体少长针消雷装置作为新型的防雷设备，应用日渐广泛。定额按施工图设计安装高度分别列项。其工作内容包括：组装、吊装、找正、固定、补漆。由于装置本身常由设备制造厂成套供货，所以定额中不包括其制作内容。

编制预算时，按施工图设计数量，以“套”为定额计量单位，套用相应定额子目。

半导体少长针消雷装置安装已考虑了高空作业的因素。

4. 避雷引下线敷设

避雷引下线敷设定额根据引下线敷设方式不同，分为利用金属构件引下，沿建筑物、构筑物引下，利用建筑物主筋引下，断接卡子制作安装4个子目。其工作内容包括：平直、下料、测位、打眼、埋卡子、焊接、固定、刷漆。引下线为未计价材料，另行计价。

当避雷引下线沿建筑物、构筑物引下时，引下线的安装按施工图图示建筑物高度计算，另加3.9%的附加长度，以“延长米”计算，套用相应定额子目。

计算公式为：

引下线长度（m）＝按图示尺寸计算垂直和水平长度（m）×（1＋3.9%）

当避雷引下线利用金属构件或建筑物的主筋引下时，按施工图图示引下长度，以“延长米”计，以“m”为定额计量单位，套用相应定额子目。利用建筑物主筋作避雷引下线的，定额中是按每一根柱子内焊接两根主筋考虑，如果实际中焊接主筋数超过两根时，可按比例调整。利用铜绞线作避雷引下线时，配管、穿铜绞线执行综合基价第二册第十二章中同规格的相应项目。

5. 接地极（板）制作安装

定额中按不同材料分为钢管、角钢、圆钢接地极（板）和铜、钢接地极（板），以及施工地质条件不同分普通土、坚土，分别列出相应子目。其工作内容包括：尖端及加固帽加工、接地极打入地下及埋设、下料、加工、焊接。

作为接地极（板）的钢管、角钢、圆钢、铜板、钢板等材料均为未计价主材，另行计价。

注意：接地极制作安装以“根”为计量单位，其长度按设计长度计算，设计无规定时，每根长度按2.5 m计算。若设计有管帽时，管帽另按加工件计算。

6. 接地母线敷设

接地母线敷设定额分户内、户外接地母线和铜接地绞线敷设，其中户外接地母线和铜接地绞线敷设还按截面分别划分子目。其工作内容包括：挖地沟、接地线平直、下料、测位、打眼、埋卡子、煨弯、敷设、焊接、回填土夯实、刷漆。接地母线（包括钢带、铜绞线等）为未计价材料，另行计价。

接地母线敷设，按施工图设计长度以“延长米”计，另加3.9%的附加长度计算，以“m”为定额计量单位，套用相应定额子目。其计算公式为：

接地母线敷设长度（m）＝施工图设计长度（m）×（1＋3.9%）

注意：

户外接地母线敷设定额按自然地坪和一般土质综合考虑，包括地沟的挖填土和夯实工作，不另计算土方量。如遇有石方、矿渣、积水、障碍物等情况时可另行计算。

接地母线敷设，按设计长度以“m”为计量单位。接地母线、避雷线敷设，均按延长米计算，其长度按施工图设计水平和垂直规定长度另加3.9%的附加长度（包括转弯、上下波动、避绕障碍物、搭接头所占长度）计算。计算主材费时应另增加规定的损耗率。

7. 接地跨接线安装

接地跨接线安装定额分接地跨接线、构架接地及钢铝窗接地子目。其工作内容包括：下料、钻孔、煨弯、挖填土、固定、刷漆。

编制预算时，工程量按施工图图示数量计算，接地跨接线、钢铝窗接地以“10 处”为定额计量单位，构架接地以“处”为定额计量单位，套用相应定额子目。

高层建筑 6 层以上的金属窗，设计部门一般都要求接地。钢铝窗接地工程量应按施工图设计规定接地的金属窗数量进行计算，套用相应定额子目。

8. 接地装置调试

接地装置调试定额分为独立接地装置调试和接地网调试子目。

编制预算时，工程量按施工图图示数量计算，独立接地装置调试以“组”为定额计量单位，接地网以“系统”为定额计量单位，分别套用相应定额子目。

案例：电气设备防雷接地计量与计价示例

设计说明：某饲料厂主厂房，房顶的长和宽分别为 30 m 和 11 m，层高 4.5 m，共五层，女儿墙高度为 0.6 m，室内外高差为 0.45 m。女儿墙墙顶敷设 ϕ8 镀锌圆钢避雷网，ϕ8 镀锌圆钢引下线自两角引下，在距室外自然地坪 1.8 m 处断开，在距建筑物 3 m 处，设 2.5 m 长∠50×5 角钢接地极，接地极按每隔 5 m 打入，每处打入 3 个，打入地下 0.8 m，顶部用截面为 40 m×4 m 的镀锌扁钢在引下线断接处和引下线连接。防雷接地工程量计算及定额套用表如表 10-7 所示。

表 10-7　防雷接地工程量计算及定额套用表

序号	定额编号	项目名称	单位	数量	工程量计算式
1		避雷网敷设	10 m	8.52	(30+11)×2×1.039
2		引下线敷设	10 m	4.52	(4.5×5+0.6+0.45−1.8)×2×1.039
3		接地母线	10 m	3.24	(1.8+0.8+3+10)×2×1.039
4		接地极安装	根	6	2×3
5		断接卡子制作	10 套	0.2	
6		接地极测试	系统	1	

项目小结

本项目对建筑智能化工程、消防工程和防雷及接地装置工程通过实训的方式进行详细的阐述，其中建筑智能化工程包括计算机应用、网络系统工程，综合布线工程，建筑设备自动化系统工程，建筑信息综合管理系统工程，有线电视、卫星接收系统工程，音频、视频系统工程和安全防范系统工程，消防工程包括火灾自动报警系统和消防系统调试等内容，防雷及接地装置工程包括建（构）筑物防雷接地装置组成、接地系统、电气设备接地、接地体、接地跨接线和接地调试等内容。

本项目的教学目标是使学生能通过对建筑智能化工程、消防工程和防雷及接地装置工程的项目实训对通用安装工程造价有更深入、更具体的了解。会根据不同的工程类型来进行工程造价的编制。

思考与习题

1. 计算机应用、网络系统工程中插箱、机柜的工作内容包括哪些？

2. 信息插座、光纤盒计量单位是什么？

3. 建筑设备自动化系统工程中传感器的工作内容包括哪些？

4. 火灾自动报警系统中区域报警控制箱、联动控制箱的工作内容包括哪些？

5. 简述防雷接地装置的构成。

6. 简述接地系统的分类。

项目十一

建设工程管理和工程造价

学习目标

1. 熟悉建设项目的基本概念和分类；
2. 掌握建设程序的相关内容；
3. 了解工程造价的作用和计价特征，掌握有效控制工程造价的方法。

任务一　建设项目管理概述

项目管理是一门新兴的管理科学，是现代工程技术、管理理论和项目建设实践相结合的产物。它经过数十年的发展和完善已趋于成熟，并以经济上的明显效益在各发达国家得到广泛应用。实践证明，在经济建设领域中实行项目管理，对于提高项目质量、缩短建设周期、节约建设资金具有十分重要的作用。

我国近十几年来在工程建设领域内大力推行项目管理，对提高工程质量、保证工期、降低成本起到了重要作用，并取得了明显的经济效益。本项目将介绍建设项目的基本概念、建设程序、工程造价等有关内容。

一、建设项目的基本概念

建设项目是指按照一个总体设计进行建设，经济上实行统一核算，行政上有独立的组织形式，实行统一管理，由一个或若干个具有内在联系的工程所组成的总体。凡属于一个总体设计中的主体工程和相应的附属配套工程、综合利用工程、环境保护工程、供水供电工程等，均可作为一个建设项目。凡不属于一个总体设计，工艺流程上没有直接关系的几个独立工程，应分别作为不同的建设项目。

建设项目按照合理确定工程造价和建设管理工作的需要，可划分为单项工程、单位工程、分部工程和分项工程。

单项工程是建设项目的组成部分，是指具有单独的设计文件，建成后能独立发挥生产能力或使用效益的工程。工业建设项目的单项工程一般是指能够生产出符合设计规定的主要产品的车间或生产线；非工业建设项目的单项工程一般是指能够发挥设计规定的使用效益的各个独立工程，如教学楼、图书馆等。通信建设单项工程项目划分如表 11-1 所示。

表 11-1　通信建设单项工程项目划分表

专业类别	单项工程名称	备注
通信线路工程	1. ××光、电缆线路工程 2. ××水底光、电缆工程 3. ××用户线路工程（包括主干及配线光、电缆、交接及配线设备、集线器、杆路等） 4. 综合布线系统工程	进局及中继光（电）缆工程可按每个城市作为一个单项工程
×××通信管道工程	××通信管道工程	
通信传输设备安装工程	1. ××数字复用设备及光、电设备安装工程 2. ××中继设备、光放设备安装工程	
微波通信设备安装工程	××微波通信设备安装工程（包括天线、馈线）	
卫星通信设备安装工程	××地球站通信设备安装工程（包括天线、馈线）	
移动通信设备安装工程	1. ××移动控制中心设备安装工程 2. 基站设备安装工程（包括天线、馈线） 3. 分布系统设备安装工程	
通信交换设备安装工程	××通信交换设备安装工程	
数据通信设备安装工程	××数据通信设备安装工程	
供电设备安装工程	××供电设备安装工程（包括专用高压供电线路工程）	

单位工程是单项工程的组成部分，是指具有独立的设计文件，能单独施工，但建成后不能独立发挥生产能力或使用效益的工程。如一个生产车间的土建工程、电气照明工

程、给排水工程、机械设备安装工程、电气设备安装工程等都是生产车间这个单项工程的组成部分，即单位工程。

分部工程是单位工程的组成部分。分部工程一般按工种来划分，例如土石方工程、脚手架工程、钢筋混凝土工程、木结构工程、金属结构工程、装饰工程等。也可按单位工程的构成部分来划分，例如基础工程、墙体工程、梁柱工程、楼地面工程、门窗工程、屋面工程等。一般建设工程概、预算定额的分部划分综合了上述两种方法。

分项工程是分部工程的组成部分。一般按照分部工程划分的方法划分分部工程，再将分部工程划分为若干个分项工程。例如基础工程还可以划分为基槽开挖、基础垫层、基础砌筑、基础防潮层、基槽回填土、土方运输等分项工程项目。分项工程划分的粗细程度视具体编制概、预算的不同要求而确定。

分项工程是建设工程的基本构造要素。通常，我们把这一基本构造要素称为“假定建设产品”。假定建设产品虽然没有独立存在的意义，但这一概念在预算编制原理、计划统计、建筑施工、工程概预算、工程成本核算等方面都是必不可少的重要概念。

二、建设项目分类

为了加强建设项目管理，正确反映建设的项目内容及规模，建设项目可按不同标准、原则或方法进行分类，如图 11-1 所示。

（一）按投资用途分类

按照投资的用途不同，建设项目可以分为生产性建设和非生产性建设两大类。

1. 生产性建设

生产性建设是指用于物质生产或为满足物质生产需要的建设，包括工业建设、建筑业建设、农林水利气象建设、运输邮电建设、商业和物资供应建设和地质资源勘探建设。

上述运输邮电建设、商业和物资供应建设两项，也可以称为流通建设。因为流通过程是生产过程的继续，所以流通建设列入生产性建设中。

2. 非生产性建设

非生产性建设一般是指用于满足人民物质生活和文化生活需要的建设，包括住宅建设、文教卫生建设、科学实验研究建设、公用事业建设和其他建设。

（二）按投资性质分类

按照投资的性质不同，建设项目可以划分为基本建设和技术改造两大类。

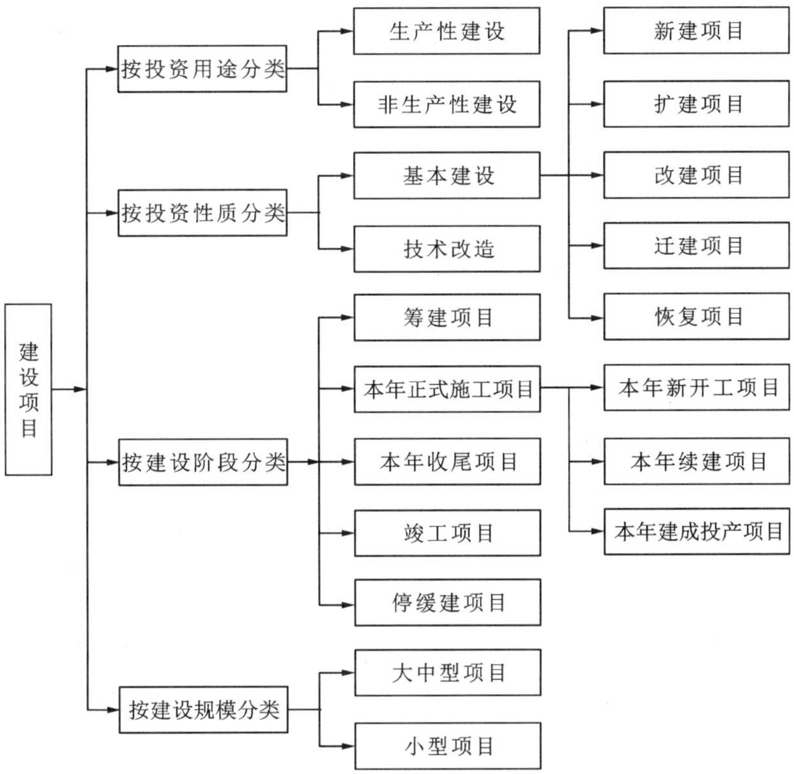

图 11-1　建设项目分类示意图

1. 基本建设

基本建设是指利用国家预算内基建拨款投资、国内外基本建设贷款、自筹资金以及其他专项资金进行的，以扩大生产能力为主要目的的新建、扩建等工程的经济活动。具体包括以下几个方面。

1）新建项目

新建项目是指从无到有，“平地起家”，新开始建设的项目；或原有基础很小，重新进行总体设计，经扩大建设规模后，其新增加的固定资产价值超过原有固定资产价值3倍以上的建设项目，也属于新建项目。

2）扩建项目

扩建项目是指原有企业和事业单位为扩大原有产品的生产能力和效益，或为增加新的产品的生产能力和效益，而扩建的主要生产车间或工程。

3）改建项目

改建项目是指原有企业和事业单位，为提高生产效率，改进产品质量，或为改进产品方向，对原有设备、工艺流程进行技术改造的项目。有些企业和事业单位为了提高综合生产能力，增加一些附属和辅助车间或非生产性工程，以及工业企业为改变产品方案而改装设备的项目，也属于改建项目。

4）恢复项目

恢复项目是指企业和事业单位的固定资产因自然灾害、战争或人为的灾害等原因已全部或部分报废，而后又投资恢复建设的项目。不论是按照原来规模建设，还是在恢复同时进行扩建的，都算恢复项目。

5）迁建项目

迁建项目是指原有企业和事业单位由于各种原因迁到另外的地方建设的项目。搬迁到另外地方建设，不论其建设规模是否维持原来规模，都算迁建项目。

2. 技术改造

技术改造是指利用自有资金、国内外贷款、专项基金和其他资金，通过采用新技术、新工艺、新设备、新材料对现有固定资产进行更新、技术改造及其相关的经济活动。通信技术改造项目的主要范围包括：

（1）现有通信企业增装和扩大数据通信、程控交换、移动通信等设备以及营业服务的各项业务的自动化、智能化处理设备，或采用新技术、新设备的更新换代及相应的补缺配套工程。

（2）原有电缆、光缆、有线和无线通信设备的技术改造、更新换代和扩容工程。

（3）原有本地网的扩建增容、补缺配套，以及采用新技术、新设备的更新和改造工程。

（4）其他列入技术改造计划的工程。

（三）按建设阶段分类

按建设阶段不同，建设项目可划分为筹建项目、本年正式施工项目、本年收尾项目、竣工项目、停缓建项目五大类。

1. 筹建项目

筹建项目是指尚未正式开工，只是进行勘察设计、征地拆迁、场地平整等为建设做准备工作的项目。

2. 本年正式施工项目

本年正式施工项目是指本年正式进行建筑安装施工活动的建设项目。包括本年新开工的项目，以前年度开工跨入本年继续施工的续建项目，本年建成投产的项目和以前年度全部停缓建在本年恢复施工的项目。

1）本年新开工项目

本年新开工项目是指报告期内新开工的建设项目。包括新开工的新建项目、扩建项目、改建项目、单纯建造生活设施项目、迁建项目和恢复项目。

2）本年续建项目

本年续建项目是指本年以前已经正式开工，跨入本年继续进行建筑安装和购置活动的建设项目。以前年度全部停缓建，在本年恢复施工的项目也属于本年续建项目。

3）本年建成投产项目

本年建成投产项目是指报告期内按设计文件规定建成主体工程和相应配套的辅助设施，形成生产能力（或工程效益），经过验收合格，并且已正式投入生产或交付使用的建设项目。

3. 本年收尾项目

本年收尾项目是指以前年度已经全部建成投产，但尚有少量不影响正常生产或使用的辅助工程或非生产性工程在报告期继续施工的项目。本年收尾项目是报告期施工项目的一部分，但不属于正式施工项目。

4. 竣工项目

竣工项目是指整个建设项目按设计文件规定的主体工程和辅助、附属工程全部建成，并已正式验收移交生产或使用部门的项目。建设项目的全部竣工是建设项目建设过程全部结束的标志。

5. 停缓建项目

停缓建项目是指经有关部门批准停止建设或近期内不再建设的项目。停缓建项目分为全部停缓建项目和部分停缓建项目。

（四）按建设规模分类

按建设规模不同，建设项目可划分为大中型和小型两类。

建设项目的大中型和小型是按项目的建设总规模或总投资确定的。生产单一产品的工业企业，按产品的设计能力划分；生产多种产品的工业企业，按其主要产品的设计能力划分；产品种类繁多，难以按生产能力划分的，按全部投资金额划分；新建项目，按整个项目的全部设计能力所需要的全部投资划分；改、扩建项目，按改、扩建新增加的设计能力，或改、扩建所需要的全部投资划分。对国民经济具有特殊意义的某些项目，例如，产品为全国服务，或者生产新产品，采用新技术的重大项目，以及对发展边远地区和少数民族地区经济有重大作用的项目，虽然设计能力或全部投资不够大中型标准，经国家指定，列入大中型项目计划的，也可以按大中型项目管理。

工业建设项目和非工业建设项目的大中型、小型划分标准，会根据各个时期经济发展水平和实际工作中的需要而有所变化，执行时以国家主管部门的规定为准。

任务二　建设程序

建设程序是指建设项目从项目建议、可行性研究、评估、决策、设计、施工到竣工验收、投入生产整个建设过程中，各项工作必须遵循的先后顺序的法则。这个法则是在人们认识客观规律的基础上制定出来的，是建设项目科学决策和顺利进行的重要保证，是多年来从事建设管理经验总结的高度概括，也是取得较好投资效益必须遵循的工程建设管理方法。按照建设项目进展的内在联系和过程，建设程序分为若干阶段，它们之间的先后次序和相互关系，不是任意决定的。这些进展阶段有严格的先后顺序，不能任意颠倒。违反了这个规律就会使建设工作出现严重失误，甚至造成建设资金的重大损失。

一、我国的建设程序和历史沿革

我国的建设程序是随着我国社会主义建设的进行，随着人们对建设工作认识的日益深化，逐步建立发展和完善起来的。

中华人民共和国成立以后，随着恢复经济和开展建设工作，建设程序的制定工作就开始了。1952 年 1 月政务院财政经济委员会颁发了《基本建设工作暂行办法》，1956 年 5 月颁发了《关于加强设计工作的决定》《关于加强新工业区和新工业城市建设工作几个问题的决定》，这几个文件对我国大规模经济建设和新工业区建设起到了重要的指导作用。

1958 年“大跃进”时期，基本建设程序被忽视，建设过程中正常秩序被打乱，结果造成很大的浪费，社会生产力受到损害，社会生产陷入了困境。

1961—1965 年国民经济调整时期，建设程序重新被重视和肯定，管理部门恢复了一系列基本建设管理制度，国务院也先后颁发了一系列文件，对于克服基本建设混乱，恢复按建设程序办事起到很好的作用，建设程序也比以前更具体，更完善。

“文革”时期，建设程序遭到了更大的否定，并被当作修正主义的管理方式被彻底批判，基本建设处于一种无序状态。

党的十一届三中全会以来，建设程序又再次得到了重视和肯定，国家先后制定了一系列法规性文件，如《关于基本建设程序的若干规定》《关于做好基本建设前期工作的通知》《技术引进和设备进口工作暂行条例》《关于建设项目进行可行性研究的试行管理办法》。1984 年，根据改进计划管理体制的精神，确定所有项目都实行项目建议书和设计任务书两阶段审批制度，利用外资、改进技术任务书和利用外资项目的可行性研究报告统一称为可行性研究报告，取消设计任务书的名称。1988 年我国开始项目后评价试点工作，逐步形成了一套具有中国特色的后评价方法。

近年来，有些法规、文件停止使用，各地报批建设项目的建设程序也有所不同，但基本阶段的划分和主要环节仍符合上述文件精神。

二、建设程序及内容

在我国，一般的大中型和限额以上的建设项目从建设前期工作到建设、投产要经过项目建议书、可行性研究、初步设计、年度计划安排、施工准备、施工图设计、施工招投标、开工报告、施工、初步验收、试运转、竣工验收、交付使用等环节。具体到通信行业基本建设项目和技术改造建设项目，尽管其投资管理、建设规模等有所不同，但建设过程中的主要程序基本相同。下面就以图 11-2 为例，对建设项目的建设程序及内容加以说明。

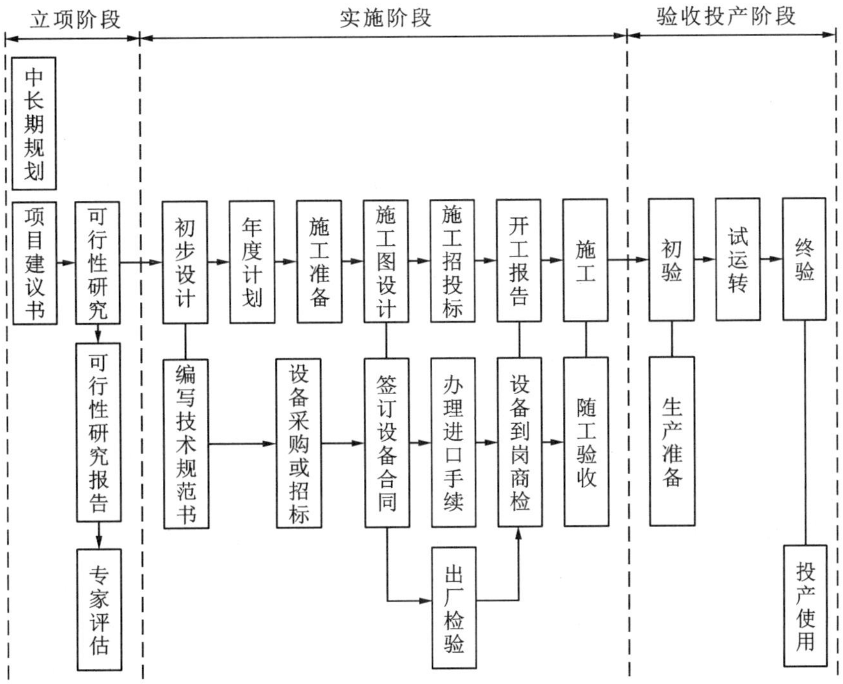

图 11-2 通信行业基本建设程序图

（一）立项阶段

1. 项目建议书

各部门、各地区、各企业根据国民经济和社会发展的长远规划、行业规划、地区规划等要求，经过调查、预测、分析，提出项目建议书。

项目建议书的审批，视建设规模按国家相关规定执行。

2. 可行性研究

建设项目可行性研究是对拟建项目在决策前进行方案比较、技术经济论证的一种科学分析方法，是基本建设前期工作的重要组成部分。根据主管部门的相关规定，凡是达到国家规定的大中型建设规模的项目，以及利用外资的项目、技术引进项目、主要设备引进项目、国际出口局新建项目、重大技术改造项目等，都要进行可行性研究。小型通信建设项目，进行可行性研究时，也要求参照其相关规定进行技术经济论证。

可行性研究报告的内容根据行业的不同而各有所侧重，通信建设工程的可行性研究报告一般应包括以下几项主要内容：

（1）总论。包括项目提出的背景、建设的必要性和投资效益、可行性研究的依据及简要结论等。

（2）需求预测与拟建规模。包括业务流量、流向预测，通信设施现状，国家从战略、边海防等需要出发对通信特殊要求的考虑，拟建项目的构成范围及工程拟建规模等。

（3）建设与技术方案论证。包括组网方案，传输线路建设方案，局站建设方案，通路组织方案，设备选型方案，原有设施利用、挖潜和技术改造方案以及主要建设标准的考虑等。

（4）建设可行性条件。包括资金来源、设备供应、建设与安装条件、外部协作条件以及环境保护与节能等。

（5）配套及协调建设项目的建议。如进城通信管道、机房土建、市电引入、空调以及配套工程项目的提出等。

（6）建设进度安排的建议。

（7）维护组织、劳动定员与人员培训。

（8）主要工程量与投资估算。包括主要工程量、投资估算、配套工程投资估算、单位造价指标分析等。

（9）经济评价。包括财务评价和国民经济评价。财务评价是从通信企业或通信行业的角度考察项目的财务可行性，计算的财务评价指标主要有财务内部收益和静态投资回收期等；国民经济评价是从国家角度考察项目对整个国民经济的净效益，论证建设项目的经济合理性，计算的主要指标是经济内部收益率等。当财务评价和国民经济评价的结论发生矛盾时，项目的取舍取决于国民经济评价。

（10）需要说明的有关问题。

（二）实施阶段

1. 初步设计

初步设计是根据批准的可行性研究报告，以及有关的设计标准、规范，并通过现场勘察工作取得的设计基础资料后进行编制的。初步设计的主要任务是确定项目的建设方案、进行设备选型、编制工程项目的总概算。其中，初步设计中的主要设计方案及重大技术措施等应通过技术经济分析，进行多方案比选论证，未采用方案的扼要情况及采用方案的选定理由均应写入设计文件。

每个建设项目都应编制总体设计部分的总设计文件（即综合册）和各单项工程设计文件，其内容深度要求如下：

（1）总设计文件内容包括设计总说明及附录、各单项设计总图、总概算编制说明及概算总表。设计总说明的具体内容可参考各单项工程设计内容择要编写。总说明的概述一节，应扼要说明设计的依据及其结论意见，叙述本工程设计文件应包括的各单项工程分册及其设计范围分工（引进设备工程要说明与外商的设计分工），建设地点现有通信情况及社会需要概括，设计利用原有设备及局所房屋的鉴定意见，本工程需要配合及注意解决的问题（例如抗震设防、人防、环保等要求，后期发展与影响经济效益的主要因素，本工程的网点布局、网络组织、主要的通信组织等），以表格列出本期各单项工程规模及可提供的新增生产能力并附工程量表、增员人数表、工程总投资及新增固定资产值、新增单位生产能力、综合造价、传输质量指标分析、本期工程的建设工期安排意见，以及其他必要的说明等。

（2）各单项工程设计文件一般由文字说明、图纸和概算三部分组成，具体内容依据各专业的特点而定。概括起来应包括以下内容：概述，设计依据，建设规模，产品方案，原料、燃料、动力的用量和来源，工艺流程，主要涉及标准和技术措施，主要设备选型及配置，图纸，主要建筑物，构筑物，公用、辅助设施，主要材料用量，配套建设项目，占地面积和场地利用情况，综合利用、“三废”治理、环境保护设施和评价，生活区建设，抗震和人防要求，生产组织和劳动定员，主要工程量及总概算，主要经济指标及分析，需要说明的有关问题等。

2. 年度计划

年度计划包括基本建设拨款计划，设备和主材采购储备计划，贷款计划，工期组织配合计划等，是保证工程项目总进度要求的重要文件。

建设项目必须具有经过批准的初步设计和总概算，经资金、物资、设计、施工能力等综合平衡后，才能列入年度建设计划。经批准的年度建设计划是进行基本建设拨款或贷款的主要依据，应包括整个工程项目和年度的投资及进度计划。

3. 施工准备

施工准备是基本建设程序中的重要环节，是衔接基本建设和生产的桥梁。建设单位应根据建设项目或单项工程的技术特点，适时组成机构，做好以下几项工作：

（1）制定建设工程管理制度，落实管理人员；

（2）汇总拟采购设备、主材的技术资料；

（3）落实施工和生产物资的供货来源；

（4）落实施工环境的准备工作，如征地、拆迁、“三通一平”（水、电、路通和平整土地）等。

4. 施工图设计

施工图设计文件应根据批准的初步设计文件和主要设备订货合同进行编制，并绘制施工详图，标明房屋、建筑物、设备的结构尺寸，安装设备的配置关系和布线，施工工艺和提供设备、材料明细表，并编制施工图预算。

施工图设计文件一般由文字说明、图纸和预算三部分组成。各单项工程施工图设计说明应简要说明批准的初步设计方案的主要内容并对修改部分进行论述，注明有关批准文件的日期、文号及文件标题，提出详细的工程量表，测绘出完整的线路（建筑安装）

施工图纸、设备安装施工图纸，包括建设项目的各部分工程的详图和零部件明细表等。它是初步设计（或技术设计）的完善和补充，是据以施工的依据。施工图设计的深度应满足设备、材料的订货，施工图预算的编制，设备安装工艺及其他施工技术要求等。施工图设计可不编制总体部分的综合文件。

5. 施工招投标

施工招标是建设单位将建设工程发包，鼓励施工企业投标竞争，从中评定出技术、管理水平高、信誉可靠且报价合理的中标企业。推行施工招标对于择优选择施工企业，确保工程质量和工期具有重要意义。

施工招标依照《中华人民共和国招投标法》规定，可采用公开招标和邀请招标两种方式。

6. 开工报告

经施工招标、签订承包合同后，建设单位在落实了年度资金拨款、设备和主材的供货及工程管理组织后，于开工前一个月会同施工单位、主管部门提出开工报告。

在项目开工报批前，应由审计部门对项目的有关费用计取标准及资金渠道进行审计，然后方可正式开工。

7. 施工

通信建设项目的施工应由持有相关资质证书的单位承担。施工单位应按批准的施工图设计进行施工。

在施工过程中，对隐蔽工程在每一道工序完成后由建设单位委派的工地代表随工验收，如是采用监理的工程则由监理工程师履行此项职责。验收合格后才能进行下一道工序的施工。

（三）验收投产阶段

1. 初步验收（初验）

初步验收通常是指单项工程完工后，检验单项工程各项技术指标是否达到设计要求。初步验收一般是由施工企业完成施工承包合同工程量后，依据合同条款向建设单位申请项目完工验收，提出交工报告，由建设单位或由其委托监理公司组织相关设计、施工、维护、档案及质量管理等部门参加。

除小型建设项目外，其他所有新建、扩建、改建等基本建设项目以及属于基本建设性质的技术改造项目，都应在完成施工调测之后进行初步验收。初步验收的时间应在原定计划建设工期内进行。初步验收工作包括检查工程质量，审查交工资料，分析投资效益，对发现的问题提出处理意见，并组织相关责任单位落实解决。

2. 试运转

试运转由建设单位负责组织，供货厂商、设计、施工和维护部门参加，对设备、系统的性能、功能和各项技术指标以及设计和施工质量等进行全面考核。经过试运转，如发现有质量问题，由相关责任单位负责免费返修。在试运转期（3个月）内，网路和电路运行正常即可组织竣工验收的准备工作。

3. 竣工验收（终验）

竣工验收是工程建设的最后一个环节，是全面考核建设成果、检验设计和工程质量是否符合要求，审查投资使用是否合理的重要步骤。竣工验收对保证工程质量、促进建设项目及时投产、发挥投资效益、总结经验教训有重要作用。

竣工项目验收前，建设单位应向主管部门提出竣工验收报告，编制项目工程总决算（小型项目工程在竣工验收后的1个月内将决算报上级主管部门；大中型项目工程在竣工验收后的3个月内将决算报上级主管部门），并系统整理出相关技术资料（包括竣工图纸、测试资料、重大障碍和事故处理记录），清理所有财产和物资等，报上级主管部门审查。竣工项目经验收交接后，应迅速办理固定资产交付使用的转账手续（竣工验收后的3个月内应办理固定资产交付使用的转账手续），技术档案移交维护单位统一保管。

任务三　工程造价

工程造价是指建设一项工程预期开支或实际开支的全部固定资产投资费用。投资者为了获得预期的效益，就要通过项目评估进行决策，然后进行设计招标、工程招标，直至竣工验收等一系列建设管理活动，使投资转化为固定资产和无形资产。

一、工程造价的作用

工程造价涉及国民经济各部门、各行业社会再生产中的各个环节，也直接关系到人民群众的相关利益，所以它的作用范围和影响程度都很大。其作用主要体现在以下几个方面。

（一）建设工程造价是项目决策的工具

建设工程投资大、生产和使用周期长等特点决定了项目决策的重要性。工程造价决定着项目的一次性投资费用。投资者是否有能力并认为值得支付这项费用，是项目决策中要考虑的主要问题。财务能力是一个独立的投资主体必须首先要考虑的问题。如果建设工程的投资超过投资者的支付能力，就会迫使他放弃拟建的项目；如果项目投资的效果达不到预期的目标，投资者也会放弃拟建的工程。因此在项目决策阶段，建设工程造价就成为项目财务分析和经济评价的重要依据。

（二）建设工程造价是制订投资计划和控制投资的有效工具

投资计划是按照建设工期、进度和建设工程建造价格等，逐年、分月加以制订的。正确的投资计划有助于合理而有效地使用建设资金。

工程造价在控制投资方面的作用非常显见。工程造价是通过多次性预估，最终通过竣工决算确定下来的。每一次预估的过程就是对造价的控制过程，这种控制是在投资者财务能力的限度内，为取得既定的投资效益所必需的。建设工程造价对投资的控制也表现在利用各类定额、标准和参数，对建设工程造价进行控制。在市场经济利益风险机制的作用下，造价对投资的控制作用成为投资的内部约束机制。

（三）建设工程造价是筹集建设资金的依据

投资体制的改革和市场经济的建立，要求项目的投资者必须有很强的筹资能力，以保证工程建设有充足的资金供应。工程造价基本决定了建设资金的需求量，从而为筹集资金提供了比较准确的依据。同时，金融机构也需要依据工程造价来确定给予投资者的贷款数额。

（四）建设工程造价是进行合理利益分配和调节产业结构的手段

工程造价的高低，涉及国民经济各部门和企业间的利益分配。在市场经济中，工程造价也无一例外地受供求状况的影响，并在围绕价值的波动中实现对建设规模、产业结构和利益分配的调节。加上政府正确的宏观调控和价格政策导向，工程造价在这方面的作用就会充分发挥出来。

（五）工程造价是评价投资效果的重要指标

建设工程造价是一个包含着多层次工程造价的体系。就一个工程项目来说，它既是建设项目的总造价，又包含单项工程的造价和单位工程的造价，同时也包含单位生产能力的造价。所有这些，使工程造价自身形成了一个指标体系，能够为评价投资效果提供多种评价指标，并能够形成新的价格信息，为今后类似建设工程项目的投资提供可靠的参考。

二、工程造价的计价特征

工程造价的特点，决定了工程造价的计价特征。了解这些特征，对工程造价的确定与控制是非常必要的。

（一）单件性计价特征

产品的差别性决定每项工程都必须依据其差别单独计算造价。这是因为每个建设项目所处的地理位置、地形地貌、地质结构、水文、气候、建筑标准以及运输、材料供应等都有它独特的形式和结构，需要一套单独的设计图纸，并采取不同的施工方法和施工组织，不能像对一般工业产品那样按品种、规格、质量等成批的定价。

（二）多次性计价特征

建设工程周期长、规模大、造价高，因此要按建设程序分阶段实施，在不同的阶段影响工程造价的各种因素逐步被确定，应适时地调整工程造价，以保证其控制的科学性。多次性计价就是一个逐步深入、逐步细化和逐步接近实际造价的过程。工程多次性计价的过程如图 11-3 所示。

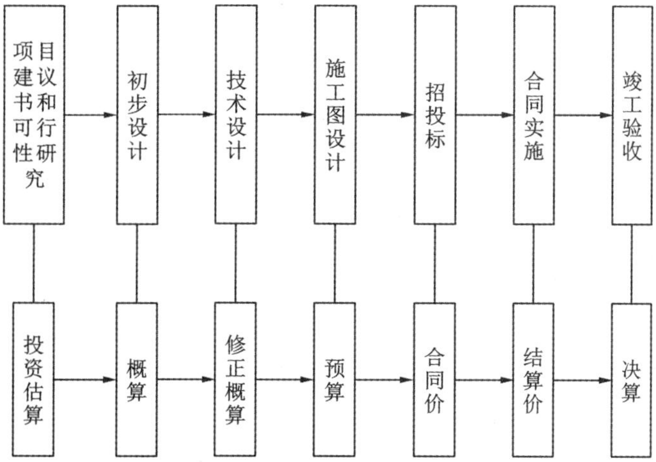

图 11-3　工程多次性计价过程示意图

1. 投资估算

投资估算是指在项目建议书或可行性研究阶段，对拟建项目通过编制估算文件确定的项目总投资额。投资估算是决策、筹资和控制建设工程造价的主要依据。

2. 概算

概算指在初步设计阶段按照概算定额、概算指标或预算定额编制的工程造价。工程概算分为建设项目总概算、单项工程概算和单位工程概算等。

3. 修正概算

修正概算指在技术设计阶段按照概算定额、概算指标或预算定额编制的工程造价。它对初步设计概算进行修正调整，比概算更接近项目的实际价格。

4. 预算

预算指在施工图设计阶段按照预算定额编制的工程造价。建筑安装工程造价是预算造价的重要组成部分。

5. 合同价

合同价指在工程招投标阶段通过签订总承包合同、建筑安装承包合同、设备采购合同，以及技术和咨询服务合同等确定的价格。合同价属于市场价格的性质，它是由承发包双方根据市场行情共同议定和认可的成交价格。按计价方法不同，建设工程合同价有固定合同价、可调合同价和工程成本加酬金确定合同价等三种类型。不同类型合同价内涵也有所不同。

6. 结算价

结算价是指在工程结算时，根据不同合同方式进行的调价范围和调价方法，对实际发生的工程量增减、设备和材料价差等进行调整后计算和确定的价格。结算价是该结算工程的实际价格。

以上内容说明，多次性计价是一个由粗到细、由浅入深、由概略到精细的过程，也是一个复杂而重要的管理系统工程。

（三）组合性特征

工程造价的计算是分步组合而成，这一特征和建设项目的组合性有关。一个建设项目是一个工程综合体，这个综合体可以分解为许多有内在联系的独立和不能独立的工程。单位工程的造价可以分解出分部、分项工程的造价。从计价和工程管理的角度，分部、分项工程还可以再分解。由以上可以看出，建设项目的这种组合性决定了计价的过程是一个逐步组合的过程。这一特征在计算概算造价和预算造价时尤为明显，所以也反映到了合同价和结算价中。

按照工程项目划分，工程造价的计算过程和计算顺序是：分部、分项工程造价—单位工程造价—单项工程造价—建设项目总造价。

分部、分项工程是编制施工预算和统计实物工作量的依据，也是计算施工产值和投资完成额的基础。

（四）方法的多样性特征

为适应多次性计价以及各阶段对造价的不同精确度要求，计算和确定工程造价的方法有综合指标估算法、单位指标估算法、套用定额法、设备系数法等。不同的方法各有利弊，适应条件也不同，所以计价时要加以选择。

（五）影响工程造价因素分类

影响工程造价的因素主要可分为以下七类：

（1）计算设备和工程量依据。包括项目建设书、可行性研究报告、设计图纸等。

（2）计算人工、材料、机械等实物消耗量依据。包括投资估算指标、概算定额、预算定额等。

（3）计算工程单价的价格依据。包括人工单价、材料价格、机械和仪表台班价格等。

（4）计算设备单价依据。包括设备原价、设备运杂费、进口设备关税等。

（5）计算措施费、间接费和工程建设其他费依据，主要是相关的费用定额和指标。

（6）政府规定的税、费。

（7）物价指数和工程造价指数。

依据的复杂性不仅使计算过程复杂，而且要求计价人员熟悉各类依据，并要正确加以利用。

三、工程造价的有效控制

建设工程造价的有效控制是工程建设管理的重要组成部分。所谓建设工程造价控制，就是在投资决策阶段、设计阶段、建设项目发包阶段和建设实施阶段，把建设工程造价控制在批准的造价限额以内，随时纠正发生的偏差，以保证项目管理目标的实现，以求在各个建设项目中能合理使用人力、物力、财力，取得较好的投资效益和社会效益。

（一）建设工程造价控制目标的设置

控制是为确保目标的实现而服务的。一个系统若没有目标，就不需要，也无法进行控制。目标的设置应是很严肃的，应有科学的依据。

工程项目建设过程是一个周期长、数量大的生产消耗过程，而建设者的经验知识是有限的。它不但常常受到科学条件和技术条件的限制，而且也受到客观过程的发展及其表现程度的限制，所以不可能在工程项目伊始，就能设置一个科学的、一成不变的造价控制目标，而只能设置一个大致的造价控制目标，这就是投资估算。随着工程建设实践、认识、再实践、再认识，投资控制目标一步步清晰、准确，这就是设计概算、设计预算、承包合同价和工程结算价等。也就是说，建设工程造价控制目标的设置应是随着工程项目建设实践的不断深入而分阶段进行的。具体来讲，投资估算应是设计方案选择和进行初步设计的建设工程造价控制目标；设计概算应是进行技术设计和施工图设计的工程造价控制目标；施工图预算或建筑安装工程承包合同价则应是施工阶段控制建筑安装工程造价的目标。造价控制目标是有机联系的整体，各阶段目标相互制约、相互补充，前者控制后者，后者补充前者，共同组成工程造价控制的目标系统。

（二）以设计阶段为重点的建设全过程造价控制

工程造价控制贯穿于项目建设全过程，这一点是没有疑义的，而且必须重点突出。很显然，工程造价控制的关键在于施工前的投资决策和设计阶段，而在项目做出投资决策后，控制工程造价的关键就在于设计。建设工程全寿命费用包括工程造价和工程交付使用后的经常开支费用（含经营费用、日常维护修理费用、使用期内大修理和局部更新费用）以及该项目使用期满后的报废拆除费用等。

长期以来，我国普遍忽视工程建设项目前期工作阶段的造价控制，而往往把控制工程造价的主要精力放在施工阶段——审核施工图预算，合理结算建筑安装工程款，算细账。这样做尽管也有效果，但毕竟是“亡羊补牢”，事倍功半。要有效地控制建设工程造价，就要坚决地把控制重点转移到建设前期阶段上来，尤其是抓住设计这个关键阶段，未雨绸缪，以取得事半功倍的效果。

（三）主动控制，以取得令人满意的结果

传统决策理论是建立在绝对的逻辑基础上的一种封闭式决策模型。它把人看作具有绝对理性的“理性的人”或“经济人”，决策人在决策时会本能地遵循最优化原则（即取影响目标的各种因素的最有利的值）来选择实施方案。而以美国经济学家西蒙首创的现代决策理论的核心则是“令人满意”准则。西蒙认为，“由于人的头脑能够思考和解答问题的容量同问题本身规模相比是渺小的，因此在现实世界里，要采取客观合理的举动，哪怕接近客观合理性，也是很困难的。”因此，对决策人来说，最优化决策几乎是不可能的。西蒙提出用“令人满意”这个词来代替“最优化”，他认为人在决策时可先对各种客观因素、执行人据以采取的可能行动以及这些行动的可能后果加以综合研究，并确定一套切合实际的衡量准则。如某一可行方案符合这种衡量准则，并能达到预期的目标，则这一方案便是满意的方案，可以采纳；否则应对原衡量准则做适当的修改，继续挑选。

一般来说，项目管理工程师在项目建设时的基本任务是对建设项目的建设工期、工程造价和工程质量进行有效的控制，为此，应根据业主的要求及建设的客观条件进行综合研究，实事求是地确定一套切合实际的衡量准则。只要造价控制的方案符合这套准则，取得令人满意的结果，则应该说造价控制达到了预期的目标。

（四）技术与经济相结合是控制工程造价最有效的手段

要有效地控制工程造价，应从组织、技术、经济、合同与信息管理等多方面采取措施。从组织上采取的措施，包括明确项目组织结构，明确造价控制者及其任务以使造价控制有专人负责，明确管理职能上的分工；从技术上采取措施，包括重视设计多方案选择，严格审查监督初步设计、技术设计、施工图设计、施工组织设计，深入技术领域研究节约投资的可能；从经济上采取措施，包括动态地比较造价的计划值和实际值，严格审核各项费用支出，采取对节约投资的有力奖励措施等。

项目小结

本项目对建设工程管理和工程造价做了较详细的阐述，包括建设项目管理的概述、建设程序、工程造价。

具体内容包括：建设项目的基本概念、建设项目的分类、建设程序及内容等。特别是工程造价的作用和计价特征，以及如何有效控制工程造价。

本项目的教学目标是使学生能理解建设项目的基本概念、建设项目的分类；掌握建设程序及内容；对工程造价有更深入、更具体的了解。会根据建设项目对工程造价进行有效控制。

思考与习题

1. 什么是建设项目，建设项目的分类包括哪些？
2. 建设程序包括哪几个阶段？
3. 施工图设计文件由哪几部分组成？
4. 工程造价有哪些作用？
5. 如何有效控制工程造价？

项目十二

信息通信建设工程定额及概预算编制

学习目标

1. 了解定额的产生、特点及发展过程，熟悉建设工程定额的分类和现行信息通信建设工程定额的构成；

2. 了解预算定额的作用、编制程序和编制依据，熟悉现行信息通信建设工程预算定额的构成；

3. 熟悉现行信息通信建设工程费用的构成以及各项费用的相关定额和计算规则；

4. 掌握信息通信建设工程的概预算编制方法；

5. 掌握信息通信建设工程的工程量统计方法和工程量统计应用。

任务一　定额的概述

在生产过程中，为了完成某一单位合格产品，就要消耗一定的人工、材料、机具设备和资金。由于这些消耗受技术水平、组织管理水平及其他客观条件的影响，所以其消耗水平是不相同的。因此，为了统一考核其消耗水平，便于经营管理和经济核算，就需要有一个统一的平均消耗标准。所谓定额，就是在一定的生产技术和劳动组织条件下，完成单位合格产品在人力、物力、财力的利用和消耗方面应当遵守的标准。它反映了行业在一定时期内的生产技术和管理水平，是企业搞好经营管理的前提，也是企业组织生产、引入竞争机制的手段，是进行经济核算和贯彻"按劳分配"原则的依据，它是管理科学中的一门重要学科，属于技术经济范畴，是实行科学管理的基础工作之一。

一、定额的产生与发展

劳动定额成为企业管理的一门科学，始于 19 世纪末至 20 世纪初。当时，美国的经济正处于上升时期，工业发展很快，但由于依旧采用传统的、旧的管理方法，工人劳动生产率低，远远落后于当时科学技术成就所应当达到的水平，而且劳动强度很高，工人每周劳动时间平均在 60 小时以上。在这种背景下，美国工程师弗·温·泰罗（F. W. Taylor，1856—1915）开始了对企业管理方法的研究，其目的是解决如何提高工人的劳动效率的问题。他进行了各种实验，努力把当时科学技术的最新成就应用于企业管理。他着重从工人的操作方法上研究工时的科学利用，把工作时间分成若干工序，并利用秒表来记录工人每一动作及其消耗的时间，制定出工时定额作为衡量工人工作效率的尺度。他还十分重视研究工人的操作方法，对工人劳动中的操作和动作逐一记录分析研究，把各种最经济、最有效的动作集中起来，制定出最节约工作时间的所谓标准操作方法，并据以制定更高的工时定额。为了减少工时消耗，使工人完成这些较高的工时定额，泰罗还对工具和设备进行了研究，使工人使用的工具、设备、材料标准化。

通过研究，泰罗提出了一整套系统的标准的科学管理方法，形成了著名的“泰罗制”。泰罗制的核心可以归纳为两方面：第一，科学的工时定额；第二，工时定额与有差别的计件工资制度相结合。泰罗制给企业管理方法带来了根本性变革，使企业获得了高额利润，因此，泰罗被人们尊为“科学管理之父”。

继泰罗制之后，企业管理又有许多新的发展，对于定额的制定也有许多新的研究。20 世纪 40—60 年代，出现了所谓的“管理科学”。一方面，管理科学从操作方法、作业水平的研究向科学组织的研究上扩展；另一方面，充分利用现代自然科学的最新成就——运筹学、电子计算机等科学技术手段，进行科学管理。20 世纪 70 年代又进入“最新管理阶段”，出现了行为科学和系统管理理论。前者从社会学、心理学的角度研究管理，强调和重视社会环境、人的相互关系对提高工作效率的影响；后者把管理科学和行为科学结合起来，以企业为一个系统，从事物的整体出发，对企业中人、物和环境等要素进行定性、定量相结合的系统分析研究，选择和确定企业管理最优方案，实现最佳的经济效益。

二、定额的特点

定额具有科学性、权威性和强制性、系统性、稳定性、时效性等特点。

1. 科学性

（1）科学制定定额的态度。要尊重客观事实，力求定额水平高低合理，易于被人认同和接受。

（2）制定和贯彻的一致性、科学性。制定是为了贯彻时有依据，贯彻是为了实现管理的目标，同时又可以从实践中总结其使用的不足之处，反过来提高制定的水平。

（3）方法的科学性。必须掌握一整套系统、完整有效的科学方法，才能将定额制定好，才能得到广大工程建设人员的肯定与执行，否则就是废纸一张。

2. 权威性和强制性

定额一旦公布实施就具有很大的权威性。权威性反映统一的意志和统一的要求，也反映信誉和信赖程度。强制性反映刚性约束，反映定额的严肃性，不能随意更改。

3. 系统性

工程建设本身的多种类、多层次决定了以它为服务对象的建设工程定额的多种类、多层次。这就决定了定额的系统性与多样性。

4. 稳定性

定额是对一定时期技术发展和管理的反映，因而在一段时期内它应该是稳定不变的。如果定额处于经常修改变动之中，那么必然造成执行中的困难和混乱，使人们感到没有必要去认真对待它，就会丧失定额的权威性。

5. 时效性

上面所说的稳定性是相对的，即在一个较短的时期内来看，定额是稳定的，但在一个较长的时期内来看，定额是变化的，是具有时效性的。因为任何一种定额，都只能反映一定时期的生产力水平。当生产力向前发展了，建设工程定额就会与已经发展了的生产力不相适应，这样它原有的作用就逐步减弱直到消失，甚至产生负面效应，这和生产力与生产关系的关系一样。所以定额在具有稳定性特点的同时，也具有显著的时效性。当定额不再能起到促进生产力发展的作用时，建设工程定额就要重新编制或修订了。正如由 2008 年 75 号文件所制定的定额到 2016 年 451 号文件所制定的定额，其间经过了 8 年的相对稳定，但由于这期间我国经济高速发展，各种新技术、新工艺不断涌现，同时物价也在不断地上涨，所以到了 2016 年，根据诸多通信运行企业的要求和呼声对定额进行修订就是很自然的事情了。

三、通信工程定额的发展过程

我国通信建设工程定额的发展大致经历了以下几个阶段。

1. “433 定额”

1990 年，邮部〔1990〕433 号颁布《通信工程建设概算预算编制办法及费用定额》和《通信工程价款结算办法》。

2. “626 定额”

1995 年，邮部〔1995〕626 号颁布《通信建设工程概算、预算编制办法及费用定额》《通信建设工程价款结算办法》和《通信建设工程预算定额》（共三册）。

3. “75 定额”

2008 年，工信部规〔2008〕75 号颁布《通信建设工程概算、预算编制办法》《通信建设工程费用定额》《通信建设工程施工机械、仪表台班费用定额》和《通信建设工程预算定额》（共五册）。

4. “451 定额”

2016 年，工信部通信〔2016〕451 号颁布《信息通信建设工程概预算编制规程》《信息通信建设工程费用定额》和《信息通信建设工程预算定额》（共五册）。

目前，我国整体的技术发展周期逐渐缩短，通信工程定额应随着技术的不断更新、升级，及时地进行改革与调整，以适应经济发展的需要。

四、建设工程定额的分类

建设工程定额是一个综合概念，是工程建设中各类定额的总和。为了对建设工程定额能有一个全面的了解，可以按照不同的原则和方法对它进行科学的分类。

1. 按建设工程定额反映的物质消耗内容分类

按建设工程定额反映的物质消耗内容分类，可以把建设工程定额分为劳动消耗定额、材料消耗定额和机械（仪表）消耗定额三种。

1）劳动消耗定额

劳动消耗定额简称劳动定额。在施工定额、预算定额、概算定额、概算指标等多种定额中，劳动消耗定额都是其中重要的组成部分。在这里，“劳动消耗”的含义仅仅是指活劳动的消耗，而不是活劳动和物化劳动的全部消耗。劳动消耗定额是完成一定的合格产品（工程实体或劳务）规定活劳动消耗的数量标准。由于劳动定额大多采用工作时间消耗量来计算劳动消耗的数量，所以劳动定额的主要表现形式是时间定额，但同时也表现为产量定额。

2）材料消耗定额

材料消耗定额简称材料定额，是指完成一定合格产品所需消耗材料的数量标准。材料是指工程建设中使用的原材料、成品、半成品、构配件等。材料作为劳动对象是构成工程的实体物资，需用数量大，种类繁多，所以材料消耗量多少、消耗是否合理，不仅关系到资源的有效利用，影响市场供求状况，而且对建设工程的项目投资、建筑产品的成本控制都起着决定性影响。

3）机械（仪表）消耗定额

机械（仪表）消耗定额简称机械（仪表）定额，是指为完成一定合格产品（工程实体或劳务）所规定的施工机械（仪表）消耗的数量标准。机械（仪表）消耗定额的主要表现形式是时间定额，但同时也可以产量定额表现。

在我国，机械（仪表）消耗定额主要是以一台机械（仪表）工作一个工作班（8小时）为计量单位，所以又称为机械（仪表）台班定额。和劳动消耗定额一样，在施工定额、预算定额、概算定额、概算指标等多种定额中，机械（仪表）消耗定额都是其中的组成部分。

2. 按定额的编制程序和用途分类

按定额的编制程序和用途分类，可以把建设工程定额分为施工定额、预算定额、概算定额、投资估算指标和工期定额五种。

1）施工定额

它是施工单位直接用于施工管理的一种定额，是编制施工作业计划、施工预算、计算工料，向班组下达任务书的依据。施工定额主要包括：劳动定额、机械（仪表）台班定额和材料消耗定额等三部分。

施工定额是按照平均先进性原则编制的。它以同一性质的施工过程为对象，规定劳动消耗量、机械（仪表）工作时间（生产单位合格产品所需的机械、仪表工作时间，单位用台班表示）和材料消耗量。

2）预算定额

它是编制预算时使用的定额，是确定一定计量单位的分部、分项工程或结构件的人工（工日）、机械（台班）、仪表（台班）和材料的消耗数量标准。

每一项分部、分项工程的定额，都规定有工作内容，以便确定该项定额的适用对象，而定额本身则规定有：人工工日数（分等级表示或以平均等级表示）、各种材料的消耗量（次要材料亦可综合地以价值表示）、机械台班数量和仪表台班数量等几个方面的实物指标。全国统一预算定额里的预算价值，是以某地区的人工、材料和机械（仪表）台班预算单价为标准计算的，称为预算基价，基价可供设计、预算比较参考。编制预算时，如不能直接套用基价，则应根据各地的预算单价和定额的工料消耗标准，编制地区估价表。

3）概算定额

它是编制概算时使用的定额，是确定一定计量单位扩大分部、分项工程的工、料、机械台班和仪表台班消耗量的标准，是设计单位在初步设计阶段确定建筑（构筑物）概略价值、编制概算、进行设计方案经济比较的依据。它也可用来概略地计算人工、材料、机械台班、仪表台班的需要数量，作为编制基建工程主要材料申请计划的依据。它的内容和作用与预算定额相似，但项目划分较粗，没有预算定额的准确性高。

4）投资估算指标

它是在项目建议书可行性研究阶段编制投资估算、计算投资需要量时使用的一种定额，往往以独立的单项工程或完整的工程项目为计算对象。它的概括程度与可行性研究阶段相适应，主要作用是为项目决策和投资控制提供依据。投资估算指标虽然往往根据历史的预、决算资料和价格变动等资料编制，但其编制基础仍然离不开预算定额、概算定额。

5）工期定额

它是为各类工程规定的施工期限的定额天数，包括建设工期定额和施工工期定额两个层次。

建设工期是指建设项目或独立的单项工程在建设过程中所耗用的时间总量，一般以月数或天数表示。它指从开工建设时起，到全部建成投产或交付使用时为止所经历的时间，但不包括由于计划调整而停缓建所延误的时间。施工工期一般是指单项工程或单位工程从开工到完工所经历的时间。施工工期是建设工期中的一部分，如单位工程施工工期，是指从正式开工起至完成承包工程全部设计内容并达到验收标准的全部有效天数。

3. 按主编单位和适用范围分类

按主编单位和适用范围分类，建设工程定额可分为行业定额、地区性定额、企业定额和临时定额四种。

1）行业定额

它是各行业主管部门根据其行业工程技术特点，以及施工生产和管理水平编制的，在本行业范围内使用的定额，如矿井建设工程定额、通信建设工程定额。

2）地区性定额（包括省、自治区、直辖市定额）

它是各地区主管部门考虑本地区特点而编制的，在本地区范围内使用的定额。

3）企业定额

它是指由施工企业考虑本企业具体情况，参照行业或地区性定额的水平编制的定额。企业定额只在本企业内部使用，是企业素质的一个标志。

4）临时定额

它是指随着设计、施工技术的发展，在现行各种定额不能满足需要的情况下，为了补充缺项由建设单位组织相关单位所编制的定额。设计中编制的临时定额需向有关定额管理部门报备，作为修改、补充定额的基础资料。

五、现行信息通信建设工程定额的构成

工信部通信〔2016〕451号，2016年12月30日发布通知：为适应通信建设行业发展需要，合理有效控制通信建设工程投资，规范通信建设工程计价行为，根据国家法律法规及有关规定，我部对《通信建设工程概算、预算编制办法》及相关定额（2008年版）进行修订，形成了《信息通信建设工程预算定额》《信息通信建设工程费用定额》及《信息通信建设工程概预算编制规程》，现予以发布，自2017年5月1日起施行。工业和信息化部《关于发布〈通信建设工程概算、预算编制办法〉及相关定额的通知》（工信部规〔2008〕75号）同时废止。

(1) 工信部通信〔2016〕451 号《信息通信建设工程预算定额》(共五册)。

(2) 工信部通信〔2016〕451 号《信息通信建设工程费用定额》。

(3) 工信部通信〔2016〕451 号《信息通信建设工程概预算编制规程》。

《信息通信建设工程预算定额》(共五册)

《信息通信建设工程费用定额》及《信息通信建设工程概预算编制规程》

任务二　信息通信建设工程预算定额

一、预算定额的作用

预算定额的作用主要有以下几个方面:

(1) 预算定额是编制施工图预算,确定和控制建筑安装工程造价的计价基础;

(2) 预算定额是落实和调整年度建设计划,对设计方案进行技术经济比较分析的依据;

(3) 预算定额是施工企业进行经济活动分析的依据;

(4) 预算定额是编制标底、投标报价的基础;

(5) 预算定额是编制概算定额和概算指标的基础。

二、预算定额的编制程序

预算定额的编制,大致可分为以下五个阶段。

1. 准备工作阶段

(1) 拟定编制方案应主要考虑的内容:

① 编制目的和任务;

② 编制范围及编制内容;

③ 编制原则和水平要求、项目划分和表现形式;

④ 编制依据;

⑤ 编制定额的单位和人员;

⑥ 编制地点及经费来源；

⑦ 工作的规划及时间安排。

（2）划分编制小组。

根据专业需要划分编制小组。

2. 收集资料阶段

（1）收集现行规定、规范和政策法规资料。

主要收集以下几方面的资料：

① 现行的定额及有关资料；

② 现行的建筑安装工程施工及验收规范；

③ 安全技术操作规程和现行有关劳动保护的政策法规；

④ 设计标准规范；

⑤ 编制定额必须依据的其他有关资料。

（2）收集定额管理部门积累的资料。

需要收集的资料包括：

① 日常定额解释资料；

② 补充定额资料；

③ 新结构、新工艺、新材料、新技术用于工程实践的资料。

（3）普遍收集资料。

在已确定的编制范围内，用表格的形式收集定额编制基础资料，以统计资料为主，注明所需要的资料内容、填表要求和时间范围。其优点是口径统一，便于资料整理，并具有广泛性。

（4）专题座谈。

邀请建设单位、设计单位、施工单位及管理单位有经验的专业人员开座谈会，请他们从不同的角度就以往定额中存在的问题提出意见和建议，以便在编制新定额时改进。

（5）专项查定及试验。

3. 编制阶段

（1）确定编制细则。

① 统一编制表格及编制方法；

② 统一计算口径、计量单位和小数点位数；

③ 统一名称、专业用语、符号代码。

（2）确定项目划分和计算规则。

确定定额的项目划分和工程计算规则。

（3）普遍收集资料。

对定额人工、材料、机械台班和仪表台班耗用量进行计算、复核和测算。

4. 审核阶段

（1）审核定稿。

定额初稿的审核工作是定额编制过程中必要的程序，是保证定额编制质量的措施之一。审稿工作的人选应由经验丰富、责任心强，多年从事定额工作的专业技术人员来承担。审稿时注意以下几点：

① 文字表达确切通顺，简明易懂；

② 定额的数据准确无误；

③ 章节、项目之间没有矛盾。

（2）预算定额水平测算。

在新定额编制成稿向上级机关报告以前，必须与原定额进行对比测算，分析水平升降原因。测算方法如下：

① 按工程类别比重测算。首先在定额执行范围内，选择有代表性的各类工程，分别以新旧定额对比测算，并按测算的年限、工程所占比例加权以考察宏观影响。

② 单项工程比较测算法。以典型工程分别用新旧定额对比测算，以考察定额水平升降及其原因。

5. 定稿报批阶段

（1）征求意见。

定额编制初稿完成以后，需要组织征求各有关方面意见。通过对反馈意见分析研究，在统一意见基础上分类整理，制定修改方案。

（2）报批。

按修改方案对初稿修改后，整理出一套完整、字体清楚的定额报批稿，在批准后交付印刷。

（3）立档、成卷。

① 定额编制资料是贯彻执行定额中需查对资料的唯一依据，也为修编定额提供历史资料数据，应作为技术档案永久保存。

② 立档成卷目录：

a. 编制文件资料档；

b. 编制依据资料档；

c. 编制计算资料档；

d. 编制方案资料档；

e. 编制第一、第二稿原始资料档；

f. 讨论意见资料档；

g. 修改方案资料档（包括定额印刷底稿全套）；

h. 新定额水平测算资料档；

i. 工作总结和汇报材料档；

j. 简报资料档；

k. 工作会议记录资料档。

三、现行信息通信建设工程概预算编制的依据

现行通信建设工程预算定额的编制，主要遵照以下几个原则。

1. 贯彻相关政策精神

贯彻国家和行业主管部门关于修订通信建设工程预算定额相关政策精神，结合通信行业的特点进行认真调查研究、细算粗编，坚持实事求是，做到科学、合理、便于操作维护。

2. 贯彻执行"控制量""量价分离""技普分开"的原则

（1）控制量：指预算定额中的人工、主材、机械和仪表台班的消耗量是法定的，任何单位和个人不得随意调整。

（2）量价分离：指预算定额中只反映人工、主材、机械和仪表台班的消耗量，而不反映其单价。单价由主管部门或造价管理归口单位另行发布。

（3）技普分开：为适应社会主义市场经济和通信建设工程的实际需要取消综合工。凡是由技工操作的工序内容均按技工计取工日，凡是由非技工操作的工序内容均按普工计取工日。

通信设备安装工程均按技工计取工日（即普工为零）。

通信线路和通信管道工程分别计取技工工日和普工工日。

3. 预算定额子目编号规则

定额子目编号由三部分组成：第一部分为册名代号，表示通信建设工程的各个专业，由汉语拼音（字母）缩写组成；第二部分为定额子目所在的章号，由 1 位阿拉伯数字表示；第三部分为定额子目所在章内的序号，由 3 位阿拉伯数字表示。具体表示方法参见图 12-1。

四、现行信息通信建设工程概预算定额的构成

1. 预算定额的册构成

为适应通信建设行业发展需要，合理、有效控制通信建设工程投资，规范通信建设工程计价行为，根据国家法律法规及有关规定，对《通信建设工程概算、预算编制方法》及相关定额（2008 年版）进行修订，形成了《信息通信建设工程预算定额》，共五

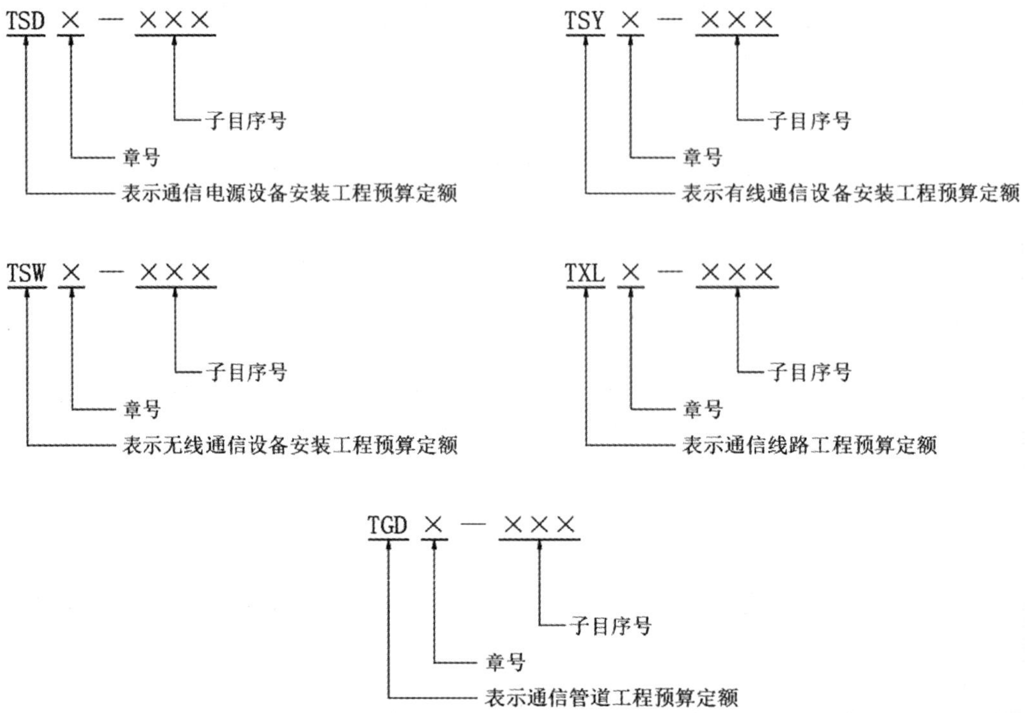

图 12-1　定额子目编号

册，包括第一册《通信电源设备安装工程》、第二册《有线通信设备安装工程》、第三册《无线通信设备安装工程》、第四册《通信线路工程》和第五册《通信管道工程》。

2. 每册预算定额的构成

每册信息通信建设工程预算定额由总说明、册说明、章节说明、定额项目表和附录构成。

1）总说明

总说明不仅阐述定额的编制原则、指导思想、编制依据和适用范围，同时还说明编制定额时已经考虑和没有考虑的各种因素以及有关规定和使用方法等。在使用定额时应了解和掌握这部分内容，以便正确地使用定额，《信息通信建设工程预算定额》（2016年版）总说明具体内容引用如下。

（1）《信息通信建设工程预算定额》（以下简称“预算定额”）是完成规定计量单位工程所需要的人工、材料、施工机械和仪表的消耗量标准。

（2）“预算定额”共分五册，包括：

第一册　通信电源设备安装工程（册名代号 TSD）；

第二册　有线通信设备安装工程（册名代号 TSY）；

第三册　无线通信设备安装工程（册名代号 TSW）；

第四册　通信线路工程（册名代号 TXL）；

第五册　通信管道工程（册名代号 TGD）。

（3）“预算定额”是编制信息通信建设项目投资估算、概算、预算和工程量清单的基础，也可作为信息通信建设项目招标、投标报价的基础。

（4）“预算定额”适用于新建、扩建工程，改建工程可参照使用。本定额用于扩建工程时，其扩建施工降效部分的人工工日按乘以系数 1.1 计取，拆除工程的人工工日计取办法见各册的相关内容。

（5）“预算定额”是以现行通信工程建设标准、质量评定标准及安全操作规程等文件为依据，按符合质量标准的施工工艺、合理工期及劳动组织形式条件下进行编制的。

① 设备、材料、成品、半成品、构件符合质量标准和设计要求。

② 通信各专业工程之间、与土建工程之间的交叉作业正常。

③ 施工安装地点、建筑物、设备基础、预留孔洞均符合安装要求。

④ 气候条件、水电供应等应满足正常施工要求。

（6）定额子目编号原则。定额子目编号由三部分组成：第一部分为册名代号，由汉语拼音（字母）缩写而成；第二部分为定额子目所在的章号，由 1 位阿拉伯数字表示；第三部分为定额子目所在章内的序号，由 3 位阿拉伯数字表示。

（7）关于人工：

① 定额人工分为技工和普工。

② 定额人工消耗量包括基本用工、辅助用工和其他用工。

基本用工：完成分项工程和附属工程实体单位的加工量。

辅助用工：定额中未说明的工序用工量。包括施工现场某些材料临时加工、排除故障、维持安全生产的用工量。

其他用工：定额中未说明的而在正常施工条件下必然发生的零星用工量。包括工序间搭接、工种间交叉配合、设备与器材施工现场转移、施工现场机械（仪表）转移、质量检查配合以及不可避免的零星用工量。

（8）关于材料。

① 材料分为主要材料和辅助材料。定额中仅计列构成工程实体的主要材料，辅助材料以费用的方式表现，其计算方法按《信息通信建设工程费用定额》的相关规定执行。

② 定额中的主要材料消耗量包括直接用于安装工程中的主要材料净用量和规定的损耗量。规定的损耗量指施工运输、现场堆放和生产过程中不可避免的合理损耗量。

③ 施工措施性消耗部分和周转性材料按不同施工方法、不同材质分别列出一次使用量和一次摊销量。

④ 定额不含施工用水、电、蒸汽消耗量，此类费用在设计概算、预算中根据工程实际情况在建筑安装工程费中按相关规定计列。

（9）关于施工机械。

① 施工机械单位价值在 2000 元以上，构成固定资产的列入定额的机械台班。

② 定额的机械台班消耗量是按正常合理的机械配备综合取定的。

(10) 关于施工仪表。

① 施工仪器仪表单位价值在2000元以上，构成固定资产的列入定额的仪表台班。

② 定额的施工仪表台班消耗量是按信息通信建设标准规定的测试项目及指标要求综合取定的。

(11)"预算定额"适用于海拔高程2000 m以下，地震烈度为七度以下的地区，超过上述情况时，按有关规定处理。

(12) 在以下地区施工时，定额按下列规则调整。

① 高原地区施工时，本定额人工工日、机械台班消耗量乘以表12-1列出的系数。

表12-1　高原地区调整系数表

海拔高程		2000 m以上	3000 m以上	4000 m以上
调整系数	人工	1.13	1.30	1.37
	机械	1.29	1.54	1.84

② 原始森林地区（室外）及沼泽地区施工时人工工日、机械台班消耗量乘以系数1.30。

③ 非固定沙漠地带，进行室外施工时，人工工日乘以系数1.10。

④ 其他类型的特殊地区按相关部分规定处理。

以上四类特殊地区若在施工中同时存在两种以上情况时，只能参照较高标准计取一次，不应重复计列。

(13)"预算定额"中带有括号表示的消耗量，系供设计选用；"*"表示由设计确定其用量。

(14) 凡是定额子目中未标明长度单位的均指"mm"。

(15)"预算定额"中注有"××以内"或"××以下"者均包括"××"本身；"××以外"或"××以上"者则不包括"××"本身。

(16) 本说明未尽事宜，详见各章节和附注说明。

2) 册说明

册说明阐述该册的内容、编制基础和使用该册应注意的问题及有关规定等。特举例如下。

第一册《通信电源设备安装工程》的册说明引用如下。

(1)《通信电源设备安装工程》预算定额覆盖了通信设备安装工程中所需的全部供电系统配置的安装项目，内容包括10 kV以下的变、配电设备、机房空调和动力环境监控，电力缆线布放、接地装置，供电系统附属设施的安装与调试。

(2) 本定额不包括10 kV以上电气设备安装；不包括电气设备的联合试运转工作。

(3) 本册定额人工工日均以技工作业取定。

(4) 本册定额中的消耗量，凡有需要材料但未予列出的，其名称及用量由设计按实计列。

(5) 本册定额用于拆除工程时，其人工工日按表 12-2 所示系数进行计算。

表 12-2　拆除工程人工工日系数

名称	拆除工程人工工日系数	
	不需入库	清理入库
第一章的变压器	0.55	0.70
第四章的室外直埋电缆	1.00	—
第五章的接地极、板	1.00	—
除以上内容外	0.40	0.60

第二册《有线通信设备安装工程》的册说明引用如下。

(1)《有线通信设备安装工程》预算定额共包括五章内容：安装机架、缆线及辅助设备；安装、调测光纤通信数字传输设备；安装、调测数据通信设备；安装、调测交换设备；安装、调测视频监控设备。

(2) 本册定额第一章“安装机架、缆线及辅助设备”为有线设备安装工程的通用设备安装项目。

(3) 本册定额人工工日均以技术工（简称“技工”）作业取定。

(4) 本册定额中的消耗量，凡是带有括号表示的，系供设计时根据安装方式选用其用量。

(5) 使用本定额编制预算时，凡明确由设备生产厂家负责系统调测工作的，仅计列承建单位的“配合调测用工”。

(6) 本册定额中所列“配合调测”定额子目，是指施工单位无法独立完成，需配合专业调测人员所做工作（包括配合测试区域的协调、调测过程中故障处理、旁站配合硬件调整等），由设计根据工程实际套用。

(7) 本册定额用于拆除工程时，其人工工日按表 12-3 所列系数进行计算。

表 12-3　拆除工程人工工日系数

章号	第一章	第二章	第三章	第四章
拆除工程人工工日系数	0.40	0.15	0.30	0.40

第三册《无线通信设备安装工程》的册说明引用如下。

(1)《无线通信设备安装工程》预算定额共包括五章内容：安装机架、缆线及辅助设备；安装移动通信设备；安装微波通信设备；安装卫星通信地球站设备；安装铁塔及铁塔基础施工。

(2) 本册定额第一章“安装机架、缆线及辅助设备”为无线设备安装工程的通用设备安装项目，第二章至第五章为各专业设备安装项目。

(3) 本册定额人工工日均以技工作业取定。

(4) 本册定额用于拆除工程时，其人工工日按表 12-4 所列系数进行计算。

表 12-4　拆除工程人工工日系数

名称	拆除工程人工工日系数
第二章的天、馈线及室外基站设备	1.00
第三章的天、馈线及室外单元	1.00
第四章的天、馈线及室外单元	1.00
第五章的铁塔	0.70
除上述内容外	0.40

第四册《通信线路工程》的册说明引用如下。

(1)《通信线路工程》预算定额适用于通信光（电）缆的直埋、架空、管道、海底等线路的新建工程。

(2) 通信线路工程，当工程规模较小时，人工工日以总工日为基数按下列规定系数进行调整：

① 工程总工日在 100 工日以下时，增加 15%；

② 工程总工日在 100～250 工日时，增加 10%。

(3) 本定额中以分数表示的消耗量，系供设计选用。

(4) 本定额拆除工程，不单立子目，发生时按表 12-5 所示规定执行。

表 12-5　拆除工程定额占新建工程定额的百分比

序号	拆除工程内容	占新建工程定额的百分比/（%）	
		人工工日	机械台班
1	光（电）缆（不需清理入库）	40	40
2	埋式光（电）缆（清理入库）	100	100
3	管道光（电）缆（清理入库）	90	90
4	成端电缆（清理入库）	40	40
5	架空、墙壁、室内、通道、槽道、引上光（电）缆（清理入库）	70	70
6	线路工程各种设备以及除光（电）缆外的其他材料（清理入库）	60	60
7	线路工程各种设备以及除光（电）缆外的其他材料（不需清理入库）	30	30

(5) 敷设光（电）缆工程量计算时，应考虑敷设的长度和设计中规定的各种预留长度。

第五册《通信管道工程》的册说明引用如下。

(1)《通信管道工程》预算定额主要是用于城区通信管道的新建工程。

(2) 本定额中带有括号表示的材料，系供设计选用；“*”表示由设计确定其用量。

(3) 通信管道工程，当工程规模较小时，人工工日以总工日为基数按下列规定系数进行调整：

① 工程总工日在100工日以下时，增加15%；

② 工程总工日在100～250工日时，增加10%。

(4) 本定额的土质、石质分类参照国家有关规定，结合通信工程实际情况，划分标准详见附录一。

(5) 开挖土（石）方工程量计算见附录二。

(6) 主要材料损耗率及参考容重表见附录三。

(7) 水泥管管道每百米管群体积参考表见附录四。

(8) 通信管道水泥管块组合图见附录五。

(9) 100米长管道基础混凝土体积一览表见附录六。

(10) 定型人孔体积参考表见附录七。

(11) 开挖管道沟土方体积一览表见附录八。

(12) 开挖100米长管道沟上口路面面积见附录九。

(13) 开挖定型人孔土方及坑上口路面面积见附表十。

(14) 水泥管通信管道包封用混凝土体积一览表见附录十一。

3）章节说明

章节说明主要包括：分部、分项工程的工作内容，工程量计算方法和本章节有关规定计量单位、起讫范围，应扣除和应增加的部分等。这部分是工程量计算的基本规则，必须全面掌握。

特列举第五章《通信管道工程》中第一章“施工测量与挖、填管道沟及人孔坑”说明如下。

(1) 本章分为施工测量与开挖路面、开挖与回填管道沟及人（手）孔坑、碎石底基、支撑挡土板及抽水三部分。

(2) 开挖路面按照具体施工方式划分为人工开挖路面与机械开挖路面两部分。

(3) 开挖管道沟及人（手）孔坑按照具体施工方式划分为人工开挖管道沟及人（手）孔坑与机械开挖管道沟及人（手）孔坑两部分。定额中不包括地下、地上障碍物处理的用工、用料，工程中发生时由设计按实计列。

(4) 回填土石方定额是按人工回填取定的，包括回填及夯实（压实）等全部工序内容。

(5) 开挖管道沟、人（手）孔坑土方及挖掘路面面积，可参考附录八、附录九、附录十。

(6) 管道沟沟底宽度由管道基础和所需操作余度确定。管道基础在63 cm以下宽时，其沟底宽度为基础宽度加30 cm（即每侧各加15 cm）；管道基础63 cm以上时，其沟底宽度为基础宽度加60 cm（即每侧各加30 cm）；无基础管道的沟底宽度，应为管群宽度加40 cm（即每侧各加20 cm）。当设计规定管道沟槽需要支撑挡土板时，沟底宽度应另增加 10 cm。铺设碎石底基根据沟底宽度和底基高度测算后套用碎石底基子目。

(7) 管道沟回填土体积，按开挖土方体积扣除地面以下管道和人（手）孔（包括基础）所占的体积计算。

(8) 凡在铺砌路面下开挖管道沟和人（手）孔坑时，其沟（坑）土方量应减去开挖的路面铺砌物所占的体积。

(9) 倒运土方应由设计人员根据施工现场情况以所埋设的管群和人（手）孔（包括混凝土基础）体积的总和计算倒运土方的工程量。

(10) 开挖土石方时，应由设计人员根据施工现场土质情况，合理确定放坡系数。

4）定额项目表

定额项目表是预算定额的主要内容，项目表不仅给出了详细的工作内容，还列出了在此工作内容下的分部分项工程所需的人工、主要材料、机械台班和仪表台班的消耗量，特列第四册《通信线路工程》中第六章“光（电）缆接续与测试”的第一节“光缆接续与测试”内的一个定额项目，如表 12-6 所示。

表 12-6　定额项目表

定额编号			TXL6-007	TXL6-008	TXL6-009	TXL6-010	TXL6-011	TXL6-012	TXL6-013	TXL6-014
项目			光缆接续[①]							
			4 芯以下	12 芯以下	24 芯以下	36 芯以下	48 芯以下	60 芯以下	72 芯以下	84 芯以下
定额单位			头							
名称		单位	数量							
人工	技工	工日	0.50	1.50	2.49	3.42	4.29	5.10	5.90	6.54
	普工	工日	—	—	—	—	—	—	—	—
主要材料	光缆接续器材	套	1.01	1.01	1.01	1.01	1.01	1.01	1.01	1.01
	光缆接头托架	套	(*)	(*)	(*)	(*)	(*)	(*)	(*)	(*)

续表

名称		单位	数量							
机械	汽油发电机（10 kW）	台班	0.08	0.10	0.15	0.25	0.30	0.35	0.40	0.45
	光纤熔接机	台班	0.15	0.20	0.30	0.45	0.55	0.70	0.80	0.95
仪表	光时域反射仪	台班	0.60	0.70	0.80	0.95	1.10	1.25	1.40	1.60

注：光缆接头托架仅限于管道光缆，数量由设计根据实际情况确定。

5）附录

预算定额最后列有附录，供使用预算定额时参考。其中册附录情况如下。

第一册、第二册、第三册没有附录。第四册有 3 个附录，名称分别为附录一“土壤及岩石分类表”、附录二“主要材料损耗率及参考容重表”、附录三“光（电）缆工程成品预制件材料用量表”。第五册有 11 个附录，名称分别为附录一“土壤及岩石分类表”、附录二“开挖土（石）方工程量计算表”、附录三“主要材料损耗率及参考容重表”、附录四“水泥管管道每百米管群体积参考表”、附录五“通信管道水泥管块组合图”、附录六“100 米长管道基础混凝土体积一览表”、附录七“定型人孔体积参考表”、附录八“开挖管道沟土方体积一览表”、附录九“开挖 100 米长管道沟上口路面面积”、附录十“开挖定型人孔土方及坑上口路面面积”、附录十一“水泥管通信管道包封用混凝土体积一览表”。

任务三 信息通信建设工程费用定额

费用定额是指工程建设过程中各项费用的计取标准。信息通信建设工程费用定额依据信息通信建设工程的特点，对其费用构成、定额及计算规则进行了相应的规定。

一、信息通信建设工程费用的构成

信息通信建设工程项目总费用由各单项工程总费用构成，如图 12-2 所示。

单项工程总费用由工程费、工程建设其他费、预备费、建设期利息四部分组成，如图 12-3 所示。

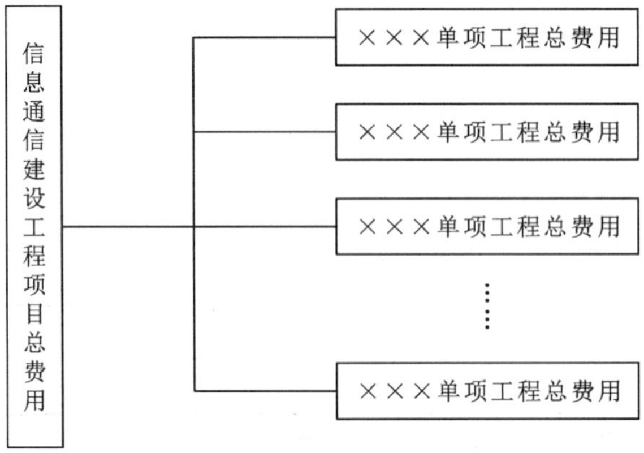

图 12-2　信息通信建设工程项目总费用构成

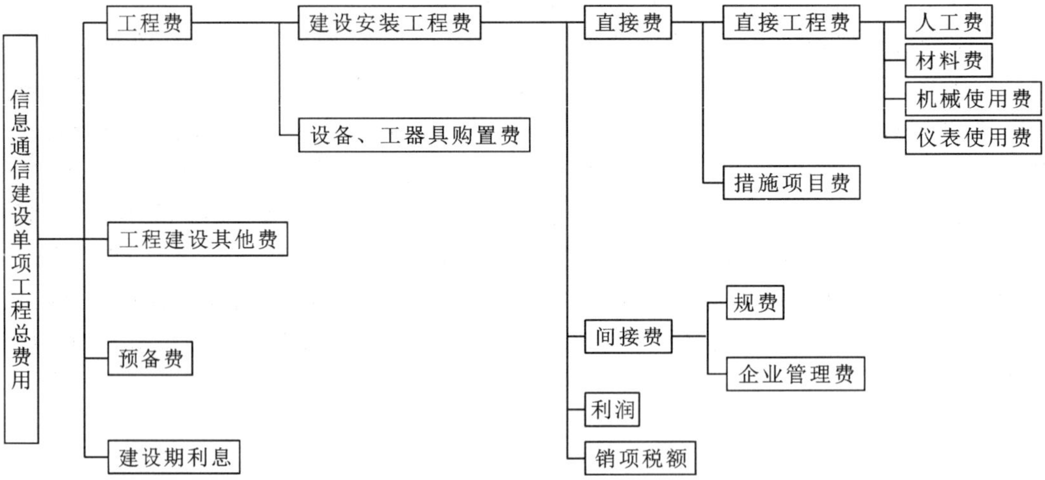

图 12-3　信息通信建设单项工程总费用组成

二、建筑安装工程费费用内容、相关定额及计算规则

建筑安装工程费由直接费、间接费、利润和销项税额组成。

（一）直接费

直接费由直接工程费、措施项目费构成，各项费用均为不包括增值税可抵扣进项税额的税前价格。具体内容如下：

1. 直接工程费

直接工程费指施工过程中耗用的构成工程实体和有助于工程实体形成的各项费用，包括人工费、材料费、机械使用费、仪表使用费。

（1）人工费：指直接从事建筑安装工程施工的生产人员开支的各项费用。内容包括：

① 基本工资：指发放给生产人员的岗位工资和技能工资。

② 工资性补贴：指按规定标准发放的物价补贴，煤、燃气补贴，交通费补贴，住房补贴，流动施工津贴等。

③ 辅助工资：指生产人员年平均有效施工天数以外非作业天数的工资。包括职工学习、培训期间的工资，调动工作、探亲、休假期间的工资，因气候影响的停工工资，女工哺乳期间的工资，病假在六个月以内的工资及产、婚、丧假期的工资。

④ 职工福利费：指按规定标准计提的职工福利费。

⑤ 劳动保护费：指按规定标准发放的劳动保护用品的购置费及修理费，徒工服装补贴，防暑降温费等。

人工费计取方式如下：

① 信息通信建设工程不分专业和地区工资类别，综合取定人工费。人工费单价为：技工为 114 元/工日；普工为 61 元/工日。

② 人工费＝技工费＋普工费。

③ 技工费＝技工单价×概算、预算的技工总工日；普工费＝普工单价×概算、预算的普工总工日。

（2）材料费：指施工过程中实体消耗的直接材料费用与采备材料所发生的费用总和。内容包括：

① 材料原价：供应价或供货地点价。

② 运杂费：指材料自来源地运至工地仓库（或指定堆放地点）所发生的费用。

③ 运输保险费：指材料（或器材）自来源地运至工地仓库（或指定堆放地点）所发生的保险费用。

④ 采购及保管费：指为组织材料采购及材料保管过程中所需要的各项费用。

⑤ 采购代理服务费：指委托中介采购代理服务的费用。

⑥ 辅助材料费：指对施工生产起辅助作用的材料费用。

材料费计取方式如下：

材料费＝ 主要材料费＋辅助材料费，如图 12-4 所示。

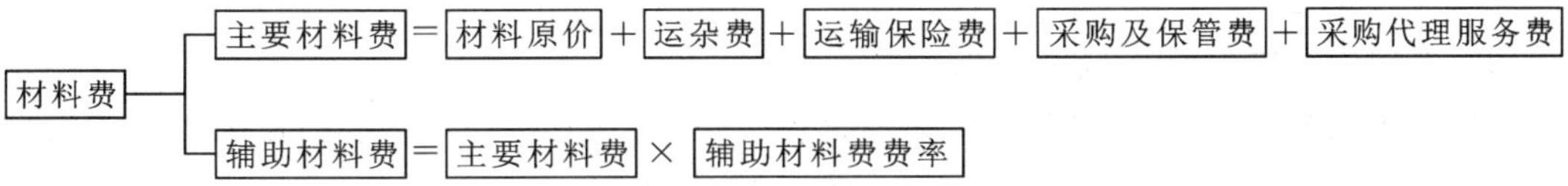

图 12-4　材料费计取方式

① 主要材料费＝材料原价＋运杂费＋运输保险费＋采购及保管费＋采购代理服务费。式中：

a. 材料原价：供应价或供货地点价；

b. 运杂费：编制概算时，除水泥及水泥制品的运输距离按 500 km 计算，其他类型的材料运输距离按 1500 km 计算。运杂费＝材料原价×器材运杂费费率。器材运杂费费率如表 12-7 所示。

表 12-7　器材运杂费费率表

器材名称	光缆	电缆	塑料及塑料制品	木材及木制品	水泥及水泥构件	其他
运距 L/km	费率/（%）					
$L\leqslant100$	1.3	1.0	4.3	8.4	18.0	3.6
$100<L\leqslant200$	1.5	1.1	4.8	9.4	20.0	4.0
$200<L\leqslant300$	1.7	1.3	5.4	10.5	23.0	4.5
$300<L\leqslant400$	1.8	1.3	5.8	11.5	24.5	4.8
$400<L\leqslant500$	2.0	1.5	6.5	12.5	27.0	5.4
$500<L\leqslant750$	2.1	1.6	6.7	14.7	—	6.3
$750<L\leqslant1000$	2.2	1.7	6.9	16.8	—	7.2
$1000<L\leqslant1250$	2.3	1.8	7.2	18.9	—	8.1
$1250<L\leqslant1500$	2.4	1.9	7.5	21.0	—	9.0
$1500<L\leqslant1750$	2.6	2.0	—	22.4	—	9.6
$1750<L\leqslant2000$	2.8	2.3	—	23.8	—	10.2
$L>2000$ km 每增 250 km 增加	0.3	0.2	—	1.5	—	0.6

c. 运输保险费：运输保险费＝材料原价×保险费费率（0.1%）。

d. 采购及保管费：采购及保管费＝材料原价×采购及保管费费率。采购及保管费费率如表 12-8 所示。

表 12-8　采购及保管费费率表

工程专业	计算基础	费率/（%）
通信设备安装工程	材料原价	1.0
通信线路工程		1.1
通信管道工程		3.0

e. 采购代理服务费：按实计列。

② 辅助材料费＝主要材料费×辅助材料费费率。辅助材料费费率如表 12-9 所示。

表 12-9　辅助材料费费率表

工程专业	计算基础	费率/（%）
有线、无线通信设备安装工程	材料原价	3.0
通信电源设备安装工程		5.0
通信线路工程		0.3
通信管道工程		0.5

凡由建设单位提供的利旧材料，其材料费不计入工程成本，但作为计算辅助材料费的基础。

(3) 机械使用费：指施工机械作业所发生的机械使用费以及机械安拆费。内容包括：

① 折旧费：指施工机械在规定的使用年限内，陆续收回其原值及购置资金的时间价值。

② 大修理费：指施工机械按规定的大修理间隔台班进行必要的大修理，以恢复其正常功能所需的费用。

③ 经常修理费：指施工机械除大修理以外的各级保养和临时故障排除所需的费用。包括为保障机械正常运转所需替换设备与随机配备工具和附具的摊销、维护费用，机械运转中日常保养所需润滑与擦拭的材料费用及机械停滞期间的维护和保养费用等。

④ 安拆费：指施工机械在现场进行安装与拆卸所需的人工、材料、机械和试运转费用以及机械辅助设施的折旧、搭设、拆除等费用。

⑤ 人工费：指机上操作人员和其他操作人员的工作日人工费及上述人员在施工机械规定的年工作台班以外的人工费。

⑥ 燃料动力费：指施工机械在运转作业中所消耗的固体燃料（煤、木柴）、液体燃料（汽油、柴油）及水、电等所花费的费用。

⑦ 养路费及车船使用税：指施工机械按照国家规定和有关部门规定应缴纳的养路费、车船使用税、保险费及年检费等。

机械使用费计取方式：

$$机械使用费=机械台班单价\times概算、预算的机械台班量$$

(4) 仪表使用费：指施工作业所发生的属于固定资产的仪表使用费。内容包括：

① 折旧费：指施工仪表在规定的年限内，陆续收回其原值及购置资金的时间价值。

② 经常修理费：指施工仪表的各级保养和临时故障排除所需的费用。包括为保证仪表正常使用所需备件（备品）的摊销和维护费用。

③ 年检费：指施工仪表在使用寿命期间定期标定与年检费用。

④ 人工费：指施工仪表操作人员在台班定额内的人工费。

仪表使用费计取方式：

$$仪表使用费=仪表台班单价\times概算、预算的仪表台班量$$

2. 措施项目费

措施项目费指为完成工程项目施工，发生于该工程前和施工过程中非工程实体项目的费用。内容包括：

(1) 文明施工费：指施工现场文明施工所需要的各项费用。

文明施工费计取方式：

$$文明施工费=人工费\times文明施工费费率$$

文明施工费费率如表 12-10 所示。

表 12-10　文明施工费费率表

工程专业	计算基础	费率/（%）
无线通信设备安装工程	人工费	1.1
通信线路工程、通信管道工程		1.5
有线通信设备安装工程、通信电源设备安装工程		0.8

（2）工地器材搬运费：指由工地仓库（或指定地点）至施工现场转运器材而发生的费用。

工地器材搬运费计取方式：

工地器材搬运费＝人工费×工地器材搬运费费率

工地器材搬运费费率如表 12-11 所示。

表 12-11　工地器材搬运费费率表

工程专业	计算基础	费率/（%）
通信设备安装工程	人工费	1.1
通信线路工程		3.4
通信管道工程		1.2

注：因施工场地条件限制造成一次运输不能到达工地仓库时，可按实计列相关费用。

（3）工程干扰费：通信线路工程、通信管道工程由于受市政管理、交通管制、人流密集、输配电设施等影响工效的补偿费用。

工程干扰费计取方式：

工程干扰费＝人工费×工程干扰费费率

工程干扰费费率如表 12-12 所示。

表 12-12　工程干扰费费率表

工程专业	计算基础	费率/（%）
通信线路工程（干扰地区）、通信管道工程（干扰地区）	人工费	6.0
无线通信设备安装工程（干扰地区）		4.0

注：干扰地区指城区、高速公路隔离带、铁路路基边缘等施工地带。城区的界定以当地规划部门规划文件为准。

（4）工程点交、场地清理费：指按规定编制竣工图及资料、工程点交、施工场地清理等发生的费用。

工程点交、场地清理费计取方式：

工程点交、场地清理费＝人工费×工程点交、场地清理费费率

工程点交、场地清理费费率如表 12-13 所示。

表 12-13　工程点交、场地清理费费率表

工程专业	计算基础	费率/（%）
通信设备安装工程	人工费	2.5
通信线路工程		3.3
通信管道工程		1.4

（5）临时设施费：指施工企业为进行工程施工所必须设置的生活和生产用的临时建筑物、构筑物和其他临时设施费用等。临时设施费用包括：临时设施的租用或搭设费用、维修费、拆除费或摊销费。

临时设施费计取方式：

临时设施费按施工现场与企业的距离划分为 35 km 以内、35 km 以外两档。

临时设施费＝人工费×临时设施费费率

临时设施费费率如表 12-14 所示。

表 12-14　临时设施费费率表

工程专业	计算基础	费率/（%）	
		距离≤35 km	距离＞35 km
通信设备安装工程	人工费	3.8	7.6
通信线路工程		2.6	5.0
通信管道工程		6.1	7.6

（6）工程车辆使用费：指工程施工中接送施工人员、生活用车等（含过路、过桥）费用。

工程车辆使用费计取方式：

工程车辆使用费＝人工费×工程车辆使用费费率

工程车辆使用费费率如表 12-15 所示。

表 12-15　工程车辆使用费费率表

工程专业	计算基础	费率/（%）
无线通信设备安装工程、通信线路工程	人工费	5.0
有线通信设备安装工程、通信电源设备安装工程、通信管道工程		2.2

（7）夜间施工增加费：指因夜间施工所发生的夜间补助费、夜间施工降效、夜间施工照明设备摊销及照明用电等费用。

夜间施工增加费计取方式：

夜间施工增加费＝人工费×夜间施工增加费费率

夜间施工增加费费率如表 12-16 所示。

表 12-16 夜间施工增加费费率表

工程专业	计算基础	费率/（%）
通信设备安装工程	人工费	2.1
通信线路工程（城区部分）、通信管道工程		2.5

注：此项费用不考虑施工时段均按相应费率计取。

（8）冬雨季施工增加费：指在冬雨季施工时所采取的防冻、保温、防雨等安全措施及工效降低所增加的费用。

冬雨季施工增加费计取方式：

冬雨季施工增加费＝人工费×冬雨季施工增加费费率

冬雨季施工增加费费率如表 12-17 所示。

表 12-17 冬雨季施工增加费费率表

工程专业	计算基础	费率/（%）		
		Ⅰ	Ⅱ	Ⅲ
通信设备安装工程（室外部分）	人工费	3.6	2.8	1.8
通信线路工程、通信管道工程				

冬雨季施工地区分类如表 12-18 所示。

表 12-18 冬雨季施工地区分类表

地区分类	省、自治区、直辖市名称
Ⅰ	黑龙江、青海、新疆、西藏自治区、辽宁、内蒙古、吉林、甘肃
Ⅱ	陕西、广东、广西、海南、浙江、福建、四川、宁夏、云南
Ⅲ	其他地区

注：此费用在编制预算时不考虑施工所处季节均按相应费率计取。如工程跨越多个地区分类档，按高档计取该项费用。线路工程室内部分不计取该项费用。

（9）生产工具用具使用费：指施工所需的不属于固定资产的工具用具等的购置、摊销、维修费用。

生产工具用具使用费计取方式：

生产工具用具使用费＝人工费×生产工具用具使用费费率

生产工具用具使用费费率如表 12-19 所示。

表 12-19 生产工具用具使用费费率表

工程专业	计算基础	费率/（%）
通信设备安装工程	人工费	0.8
通信线路工程、通信管道工程		1.5

(10) 施工用水电蒸汽费：指施工生产过程中使用水、电、蒸气所发生的费用。

施工用水电蒸汽费计取方式：

信息通信建设工程依照施工工艺要求按实计列施工用水电蒸汽费。

(11) 特殊地区施工增加费：指在原始森林地区、海拔 2000 米以上高原地区、化工区、核污染区、沙漠地区、山区无人值守站等特殊地区施工所需增加的费用。

特殊地区施工增加费计取方式：

特殊地区施工增加费＝特殊地区补贴金额×总工日

特殊地区补贴金额如表 12-20 所示。

表 12-20 特殊地区补贴金额表

地区分类	高海拔地区		原始森林、沙漠、化工、核工业、山区无人值守站地区
	4000 米以下	4000 米以上	
补贴金额/（元/天）	8	25	17

注：如工程所在地同时存在上述多种情况，按高档记取该项费用。

(12) 已完工程及设备保护费：指竣工验收前，对已完工程及设备进行保护所需的费用。

已完工程及设备保护费计取方式：

已完工程及设备保护费＝人工费×已完工程及设备保护费费率

已完工程及设备保护费费率如表 12-21 所示。

表 12-21 已完工程及设备保护费费率表

工程专业	计算基础	费率/（%）
通信线路工程	人工费	2.0
通信管道工程		1.8
无线通信设备安装工程		1.5
有线通信及电源设备安装工程（室外部分）		1.8

(13) 运土费：指直埋光（电）缆、管道工程施工，需从远离施工地点取土及必须向外倒运出土方所发生的费用。

运土费计取方式：

运土费＝工程量（吨·千米）×运费单价（元/吨·千米）

工程量由设计按实计列，运费单价按工程所在地运价计算。

(14) 施工队伍调遣费：指因建设工程的需要，应支付施工队伍的调遣费用。内容包括：调遣人员的差旅费、调遣期间的工资、施工工具与用具等的运费。

施工队伍调遣费计取方式：

施工队伍调遣费按调遣费定额计算。

施工现场与企业的距离在 35 km 以内时，不计取此项费用。

施工队伍调遣费＝单程调遣费定额×调遣人数×2

施工队伍单程调遣费定额如表 12-22 所示。

表 12-22 施工队伍单程调遣费定额表

调遣里程 L/km	调遣费/元	调遣里程 L/km	调遣费/元
$35<L\leqslant100$	141	$1600<L\leqslant1800$	3.6
$100<L\leqslant200$	174	$1800<L\leqslant2000$	4.0
$200<L\leqslant400$	240	$2000<L\leqslant2400$	4.5
$400<L\leqslant600$	295	$2400<L\leqslant2800$	4.8
$600<L\leqslant800$	356	$2800<L\leqslant3200$	5.4
$800<L\leqslant1000$	372	$3200<L\leqslant3600$	6.3
$1000<L\leqslant1200$	417	$3600<L\leqslant4000$	7.2
$1200<L\leqslant1400$	565	$4000<L\leqslant4400$	8.1
$1400<L\leqslant1600$	598	$L>4400$ km 后，每增加 200 km 增加调遣费	9.0

注：调遣里程依据铁路里程计算，铁路无法到达的里程部分，依据公路、水路里程计算。

施工队伍调遣人数定额如表 12-23 所示。

表 12-23 施工队伍调遣人数定额表

通信设备安装工程			
概（预）算技工总工日	调遣人数/人	概（预）算技工总工日	调遣人数/人
500 工日以下	5	4000 工日以下	30
1000 工日以下	10	5000 工日以下	35
2000 工日以下	17	5000 工日以上，每增加 1000 工日增加调遣人数	3
3000 工日以下	24		
通信线路工程、通信管道工程			
概（预）算技工总工日	调遣人数/人	概（预）算技工总工日	调遣人数/人
500 工日以下	5	9000 工日以下	55
1000 工日以下	10	10000 工日以下	60
2000 工日以下	17	15000 工日以下	80
3000 工日以下	24	20000 工日以下	95
4000 工日以下	30	25000 工日以下	105
5000 工日以下	35	30000 工日以下	120
6000 工日以下	40	30000 工日以上，每增加 5000 工日增加调遣人数	3
7000 工日以下	45		
8000 工日以下	50		

（15）大型施工机械调遣费：指大型施工机械调遣所发生的运输费用。

大型施工机械调遣费计取方式：

大型施工机械调遣费＝调遣用车运价×调遣距离×2

大型施工机械吨位如表 12-24 所示。

表 12-24　大型施工机械吨位表

机械名称	吨位	机械名称	吨位
混凝土搅拌机	2	水下光（电）缆沟挖冲机	6
电缆拖车	5	液压顶管机	5
微管微缆气吹设备	6	微控钻孔敷管设备（25 t 以下）	8
气流敷设吹缆设备	8	微控钻孔敷管设备（25 t 以上）	12
回旋钻机	11	液压钻机	15
型钢剪断机	4.2	磨钻机	0.5

调遣用车吨位及运价如表 12-25 所示。

表 12-25　调遣用车吨位及运价表

名称	吨位	运价/（元/千米）	
		单程运距＜100 km	单程运距＞100 km
工程机械运输车	5	10.8	7.2
工程机械运输车	8	13.7	9.1
工程机械运输车	15	17.8	12.5

（二）间接费

间接费由规费、企业管理费构成，各项费用均为不包括增值税可抵扣进项税额的税前价格。具体内容如下：

1. 规费

规费指政府和有关部门规定必须缴纳的费用（简称规费）。内容包括：

（1）工程排污费：指施工现场按规定缴纳的工程排污费。

工程排污费计取方式：

根据施工所在地政府部门相关规定。

（2）社会保险费。

① 养老保险费：指企业按照规定标准为职工缴纳的基本养老保险费。

② 失业保险费：指企业按照规定标准为职工缴纳的失业保险费。

③ 医疗保险费：指企业按照规定标准为职工缴纳的基本医疗保险费。

④ 生育保险费：指企业按照规定标准为职工缴纳的生育保险费。

⑤ 工伤保险费：指企业按照规定标准为职工缴纳的工伤保险费。

社会保险费计取方式：

社会保险费＝人工费×社会保险费费率

（3）住房公积金：指企业按照规定标准为职工缴纳的住房公积金。

住房公积金计取方式：

住房公积金＝人工费×住房公积金费率

（4）危险作业意外伤害保险：指企业为从事危险作业的建筑安装施工人员支付的意外伤害保险费。

危险作业意外伤害保险计取方式：

危险作业意外伤害保险＝人工费×危险作业意外伤害保险费率

规费费率如表 12-26 所示。

表 12-26　规费费率表

费用名称	工程专业	计算基础	费率/（%）
社会保险费	各类通信工程	人工费	28.5
住房公积金			4.19
危险作业意外伤害保险			1.00

2. 企业管理费

企业管理费指施工企业组织施工生产和经营管理所需费用。内容包括：

（1）管理人员工资：指管理人员的基本工资、工资性补贴、职工福利费、劳动保护费等。

（2）办公费：指企业管理办公用的文具、纸张、账表、印刷、邮电、书报、办公软件、现场监控、会议、水电和集体取暖降温（包括现场临时宿舍取暖降温）等费用。

（3）差旅交通费：指职工因公出差、调动工作的差旅费、住勤补助费，市内交通费和误餐补助费，职工探亲路费，劳动力招募费，职工离退休、退职一次性路费，工伤人员就医路费，工地转移费以及管理部门使用的交通工具的油料、燃料等费用。

（4）固定资产使用费：指管理和试验部门及附属生产单位使用的属于固定资产的房屋、设备、仪器等的折旧、大修、维修或租赁费。

（5）工具用具使用费：指管理使用的不属于固定资产的生产工具、器具、家具、交通工具和检验、测绘、消防用具等的购置、维修和摊销费。

（6）劳动保险费：指由企业支付离退休职工的异地安家补助费、职工退职金、六个月以上的病假人员工资、按规定支付给离退休干部的各项经费。

（7）工会经费：指企业按职工工资总额计提的工会经费。

（8）职工教育经费：指按职工工资总额的规定比例计提，企业为职工进行专业技术和职业技能培训、专业技术人员继续教育、职工职业技能鉴定、职业资格认定以及根据需要对职工进行各类文化教育所发生的费用。

(9) 财产保险费：指施工管理用财产、车辆等的保险费用。

(10) 财务费：指企业为施工生产筹集资金或提供预付款担保、履约担保、职工工资支付担保等所发生的各种费用。

(11) 税金：指企业按规定缴纳的城市维护建设税、教育费附加税、地方教育费附加税、房产税、车船使用税、土地使用税、印花税等。

(12) 其他：包括技术转让费、技术开发费、投标费、业务招待费、绿化费、广告费、公证费、法律顾问费、审计费、咨询费等。

企业管理费计取方式：

企业管理费＝人工费×企业管理费费率

企业管理费费率如表 12-27 所示。

表 12-27 企业管理费费率表

工程专业	计算基础	费率/（%）
各类通信工程	人工费	27.4

（三）利润

利润：指施工企业完成所承包工程获得的盈利。

利润计取方式：

利润＝人工费×利润率

利润率如表 12-28 所示。

表 12-28 利润率表

工程专业	计算基础	利润率/（%）
各类通信工程	人工费	20

（四）销项税额

销项税额：指按国家税法规定应计入建筑安装工程造价的增值税销项税额。

销项税额计取方式：

销项税额＝（人工费＋乙供主材费＋辅材费＋机械使用费＋仪表使用费＋措施费＋规费＋企业管理费＋利润）×11%＋甲供主材费×适用税率

（注：甲供主材适用税率为材料采购税率；乙供主材指建筑服务方提供的材料）

三、设备、工器具购置费费用内容、相关定额及计算规则

设备、工器具购置费：指根据设计提出的设备（包括必需的备品备件）、仪表、工器具清单，按设备原价、运杂费、采购及保管费、运输保险费和采购代理服务费计算的费用。

设备、工器具购置费计取方式：

设备、工器具购置费＝设备原价＋运杂费＋运输保险费＋采购及保管费＋采购代理服务费

式中：

a. 设备原价：供应价或供货地点价。

b. 运杂费＝设备原价×设备运杂费费率。设备运杂费费率如表 12-29 所示。

表 12-29　设备运杂费费率表

运输里程 L/km	取费基础	费率/（%）	运输里程 L/km	取费基础	费率/（%）
$L \leqslant 100$	设备原价	0.8	$1000 < L \leqslant 1250$	设备原价	2.0
$100 < L \leqslant 200$		0.9	$1250 < L \leqslant 1500$		2.2
$200 < L \leqslant 300$		1.0	$1500 < L \leqslant 1750$		2.4
$300 < L \leqslant 400$		1.1	$1750 < L \leqslant 2000$		2.6
$400 < L \leqslant 500$		1.2	$L > 2000$ km 时，每增 250 km 增加		0.1
$500 < L \leqslant 750$		1.5			
$750 < L \leqslant 1000$		1.7	—	—	—

c. 运输保险费：运输保险费＝设备原价×保险费率（0.4%）。

d. 采购及保管费：采购及保管费＝设备原价×采购及保管费费率。采购及保管费费率如表 12-30 所示。

表 12-30　采购及保管费费率表

工程专业	计算基础	费率/（%）
需要安装的设备	设备原价	0.82
不需要安装的设备（仪表、工器具）		0.41

e. 采购代理服务费：按实计列。

进口设备（材料）的国外运输费、国外运输保险费、关税、增值税、外贸手续费、银行财务费、国内运杂费、国内运输保险费、进口设备（材料）国内检验费、海关监管手续费等按进口货价计算后进入相应的设备材料费中。单独引进软件不计关税只计增值税。

四、工程建设其他费费用内容、相关定额及计算规则

工程建设其他费：指应在建设项目的建设投资中开支的固定资产其他费用、无形资产费用和其他资产费用。

1. 建设用地及综合赔补费

建设用地及综合赔补费是指按照《中华人民共和国土地管理法》等规定，建设项目

征用土地或租用土地应支付的费用。内容包括：

（1）土地征用及迁移补偿费：经营性建设项目通过出让方式购置的土地使用权（或建设项目通过划拨方式取得无限期的土地使用权）而支付的土地补偿费、安置补偿费、地上附着物和青苗补偿费、余物迁建补偿费、土地登记管理费等；行政事业单位的建设项目通过出让方式取得土地使用权而支付的出让金；建设单位在建设过程中发生的土地复垦费用和土地损失补偿费用；建设期间临时占地补偿费。

（2）征用耕地按规定一次性缴纳的耕地占用税；征用城镇土地在建设期间按规定每年缴纳的城镇土地使用税；征用城市郊区菜地按规定缴纳的新菜地开发建设基金。

（3）建设单位租用建设项目土地使用权而支付的租地费用。

（4）建设单位因建设项目期间租用建筑设施、场地费用，以及因项目施工造成所在地企事业单位或居民的生产、生活干扰而支付的补偿费用。

建设用地及综合赔补费计取方式：

（1）根据应征建设用地面积、临时用地面积，按建设项目所在省、市、自治区人民政府制定颁发的土地征用补偿费、安置补助费标准和耕地占用税、城镇土地使用税标准计算。

（2）建设用地上的建（构）筑物如需迁建，其迁建补偿费应按迁建补偿协议计列或按新建同类工程造价计算。

2. 建设单位管理费

建设单位管理费：指建设单位发生的管理性质的开支。包括：差旅交通费、工具用具使用费、固定资产使用费、必要的办公及生活用品购置费、必要的通信设备及交通工具购置费、零星固定资产购置费、招募生产工人费、技术图书资料费、业务招待费、设计审查费、合同契约公证费、法律顾问费、咨询费、完工清理费、竣工验收费、印花税和其他管理性质开支。如果成立筹建机构，建设单位管理费还应包括筹建人员工资类开支。

建设单位管理费计取方式：

建设单位可根据《财政部关于印发〈基本建设项目建设成本管理规定〉的通知》（财建〔2016〕504号）结合自身实际情况制定项目建设管理费取费规则。

表12-31所示为项目建设管理费总额控制数费率。

表 12-31　项目建设管理费总额控制数费率表　　单位：万元

工程总概算	费率/（%）	算例	
		工程总概算	项目建设管理费
≤1000	2	1000	1000×2%＝20
1001～5000	1.5	5000	20＋（5000－1000）×1.5%＝80
5001～10000	1.2	10000	80＋（10000－5000）×1.2%＝140
10001～50000	1	50000	140＋（50000－10000）×1%＝540
50001～100000	0.8	100000	540＋（100000－50000）×0.8%＝940
＞100000	0.4	200000	940＋（200000－100000）×0.4%＝1340

如建设项目采用工程总承包方式，其总包管理费由建设单位与总包单位根据总包工作范围在合同中商定，从项目建设管理费中列支。

3. 可行性研究费

可行性研究费：指在建设项目前期工作中，编制和评估项目建议书（或预可行性研究报告）、可行性研究报告所需的费用。

可行性研究费计取方式：

根据《国家发展改革委关于进一步放开建设项目专业服务价格的通知》（发改价格〔2015〕299号）文件的要求，可行性研究服务收费实行市场调节价。

4. 研究试验费

研究试验费：指为本建设项目提供或验证设计数据、资料等进行必要的研究试验及按照设计规定在建设过程中必须进行试验、验证所需的费用。

研究试验费计取方式：

（1）根据建设项目研究试验内容和要求进行编制。

（2）研究试验费不包括以下项目：

① 应由科技三项费用（即新产品试制费、中间试验费和重要科学研究补助费）开支的项目；

② 应在建筑安装费用中列支的施工企业对材料、构件进行一般鉴定、检查所发生的费用及技术革新的研究试验费；

③ 应由勘察设计费或工程费中开支的项目。

5. 勘察设计费

勘察设计费：指委托勘察设计单位进行工程勘察、工程设计所发生的各项费用。

勘察设计费计取方式：

根据《国家发展改革委关于进一步放开建设项目专业服务价格的通知》（发改价格〔2015〕299号）文件的要求，勘察设计服务收费实行市场调节价。

6. 环境影响评价费

环境影响评价费：指按照《中华人民共和国环境保护法》《中华人民共和国环境影响评价法》等规定，为全面、详细评价本建设项目对环境可能产生的污染或造成的重大影响所需的费用，包括编制环境影响报告书（含大纲）、环境影响报告表和评估环境影响报告书（含大纲）、评估环境影响报告表等所需的费用。

环境影响评价费计取方式：

根据《国家发展改革委关于进一步放开建设项目专业服务价格的通知》（发改价格〔2015〕299号）文件的要求，环境影响咨询服务收费实行市场调节价。

7. 建设工程监理费

建设工程监理费：指建设单位委托工程监理单位实施工程监理的费用。

建设工程监理费计取方式：

根据《国家发展改革委关于进一步放开建设项目专业服务价格的通知》（发改价格〔2015〕299号）文件的要求，建设工程监理服务收费实行市场调节价。可参照相关标准作为计价基础。

8. 安全生产费

安全生产费：指施工企业按照国家有关规定和建筑施工安全标准，购置施工防护用具、落实安全施工措施以及改善安全生产条件所需要的各项费用。

安全生产费计取方式：

参照《关于印发〈企业安全生产费用提取和使用管理办法〉的通知》（财企〔2012〕16号）的规定执行。

9. 引进技术及进口设备其他费

费用内容：

（1）引进项目图纸资料翻译复制费、备品备件测绘费。

（2）出国人员费用：包括买方人员出国设计联络、出国考察、联合设计、监造、培训等所发生的差旅费、生活费、制装费等。

（3）来华人员费用：包括卖方来华工程技术人员的现场办公费用、往返现场交通费用、工资、食宿费用、接待费用等。

（4）银行担保及承诺费：指引进项目由国内外金融机构出面承担风险和责任担保所发生的费用，以及支付贷款机构的承诺费用。

引进技术及进口设备其他费计取方式：

（1）引进项目图纸资料翻译复制费：根据引进项目的具体情况计列或按引进设备到岸价的比例估列。

（2）出国人员费用：依据合同规定的出国人次、期限和费用标准计算。生活费及制装费按照财政部、外交部规定的现行标准计算，差旅费按中国民航公布的国际航线票价计算。

（3）来华人员费用：应依据引进合同有关条款规定计算。引进合同价款中已包括的费用内容不得重复计算。来华人员接待费用可按每人次费用指标计算。

（4）银行担保及承诺费：应按担保或承诺协议计取。

10. 工程保险费

工程保险费：指建设项目在建设期间根据需要对建筑工程、安装工程及机器设备进行投保而发生的保险费用。包括建筑安装工程一切险、进口设备财产保险和人身意外伤害险等。

工程保险费计取方式：

（1）不投保的工程不计取此项费用。

（2）不同的建设项目可根据工程特点选择投保险种，根据投保合同计列保险费用。

11. 工程招标代理费

工程招标代理费：指招标人委托代理机构编制招标文件、编制标底、审查投标人资格、组织投标人踏勘现场并答疑，组织开标、评标、定标，以及提供招标前期咨询、协调合同的签订等业务所收取的费用。

工程招标代理费计取方式：

根据《国家发展改革委关于进一步放开建设项目专业服务价格的通知》（发改价格〔2015〕299号）文件的要求，工程招标代理服务收费实行市场调节价。

12. 专利及专用技术使用费

费用内容包括：

（1）国外设计及技术资料费，引进有效专利、专有技术使用费和技术保密费；

（2）国内有效专利、专有技术使用费用；

（3）商标使用费、特许经营权费等。

专利及专用技术使用费计取方式：

（1）按专利使用许可协议和专有技术使用合同的规定计列；

（2）专有技术的界定应以省、部级鉴定机构的批准为依据；

（3）项目投资中只计取需要在建设期支付的专利及专有技术使用费，协议或合同规定在生产期支付的使用费应在成本中核算。

13. 其他费用

其他费用：指根据建设任务的需要，必须在建设项目中列支的其他费用。

其他费用计取方式：

根据工程实际计列。

14. 生产准备及开办费

生产准备及开办费：指建设项目为保证正常生产（或营业、使用）而发生的人员培训费、提前进场费以及投产使用初期必备的生产生活用具、工器具等购置费用。内容包括：

（1）人员培训费及提前进场费：自行组织培训或委托其他单位培训的人员工资、工资性补贴、职工福利费、差旅交通费、劳动保护费、学习资料费等；

（2）为保证初期正常生产、生活（或营业、使用）所必需的生产办公、生活家具用具购置费；

(3) 为保证初期正常生产(或营业、使用)必需的第一套不够固定资产标准的生产工具、器具、用具购置费(不包括备品备件费)。

生产准备及开办费计取方式：

新建项目按设计定员为基数计算，改扩建项目按新增设计定员为基数计算：

生产准备及开办费 = 设计定员×生产准备及开办费指标(元/人)

生产准备及开办费指标由投资企业自行测算。此项费用列入运营费。

五、预备费费用内容、相关定额及计算规则

预备费：指在初步设计阶段编制概算时难以预料的工程费用。预备费包括基本预备费和价差预备费。

(1) 基本预备费。

① 进行技术设计、施工图设计和施工过程中，在批准的初步设计概算范围内所增加的工程费用。

② 由一般自然灾害所造成的损失和预防自然灾害所采取的措施项目费用。

③ 竣工验收时为鉴定工程质量，必须开挖和修复隐蔽工程的费用。

(2) 价差预备费：设备、材料的价差。

预备费计取方式：

预备费=(工程费+工程建设其他费)×预备费费率

预备费费率如表12-32所示。

表12-32 预备费费率表

工程专业	计算基础	费率/(%)
通信设备安装工程	工程费+工程建设其他费	3.0
通信线路工程		4.0
通信管道工程		5.0

六、建设期利息的相关定额及计算规则

建设期利息：指建设项目贷款在建设期内发生并应计入固定资产的贷款利息等财务费用。

建设期利息计取方式：

按银行当期利率计算。

任务四　信息通信建设工程概预算的编制

信息通信建设工程设计概预算是初步设计概算和施工图设计预算的统称。设计概预算实际上是工程造价的预期价格。如何控制和管理好工程项目设计概预算，是建设项目投资控制过程中的一个重要环节。设计概预算是以初步设计和施工图设计为基础编制的，设计人员在整个设计过程中应强化工程造价意识，充分考虑技术与经济的统一，编制出技术上满足设计任务书要求，造价又受控于决策阶段的投资估算额度的概预算文件。

一、信息通信建设工程概预算概述

（一）概预算的含义

信息通信建设工程概预算是设计文件的重要组成部分，它是根据各个不同设计阶段的深度和建设内容，按照设计图纸和说明以及相关专业的预算定额、费用定额、费用标准、器材价格、编制方法等有关资料，对通信建设工程预先计算和确定从筹建至竣工交付使用所需全部费用的文件。

信息通信建设工程概预算应按不同的设计阶段进行编制。

(1) 工程采用三阶段设计时，初步设计阶段编制设计概算，技术设计阶段编制修正概算，施工图设计阶段编制施工图预算。

(2) 工程采用二阶段设计时，初步设计阶段编制设计概算，施工图设计阶段编制施工图预算。

(3) 工程采用一阶段设计时，编制施工图预算，但施工图预算应反映全部费用内容，即除工程费和工程建设其他费之外还应计列预备费、建设期利息等费用。

（二）概预算的作用

1. 设计概算的作用

设计概算是用货币形式综合反映和确定建设项目从筹建至竣工验收的全部建设费用。其主要作用有以下几点：

(1) 设计概算是编制和安排投资计划、确定和控制建设项目投资、控制施工图预算的主要依据。

建设项目需要多少人力、物力和财力，是通过项目的设计概算来确定的，所以设计概算是确定建设项目所需建设费用的文件，即项目的投资总额及其构成是按设计概算的有关数据确定的。因此，设计概算也是确定年度建设投资计划的基础，其编制质量将影响年度投资计划的编制质量。只有依据正确的设计概算编制出的年度投资计划，才能既保证建设项目投资的需要，又节约建设资金。

经批准的设计概算是确定建设项目或单项工程所需投资的计划额度，是该工程建设投资的最高限额。在工程建设过程中应该严格按照批准的初步设计中的总概算进行施工图设计及其预算的编制，未经按规定的程序批准，施工图预算不应突破设计概算，以确保建设项目投资的有效控制。

实行三阶段设计的工程项目，在技术设计阶段应编制修正概算。修正概算所确定的投资额不应突破相应的设计总概算，如确需突破总概算时，应调整和修改总概算，并按规定程序报经审批。

(2) 设计概算是核定贷款额度的主要依据。

建设单位根据批准的设计概算总投资额办理建设贷款、安排投资计划、控制贷款。如果建设投资额突破设计概算时，应在查明原因后由建设单位报请上级主管部门调整或追加设计概算总投资额。

(3) 设计概算是考核工程设计技术经济合理性和工程造价的主要依据。

设计概算是建设项目设计方案经济合理性的综合反映，可以用来对不同的设计方案进行技术和经济合理性比较，以便选择最佳的设计方案。

(4) 设计概算是筹备设备、材料和签订订货合同的主要依据。

设计概算一经批准，就作为对工程造价管理的各环节严格控制的重要依据。建设单位开始按设计提供的设备、材料清单，进行设备和主要材料的招标，按照设计要求和造价控制额对设备性能、价格及技术服务等进行分析比较，选择最优惠的厂家生产的设备，签订订货合同，进行建设准备工作。

(5) 设计概算在工程招标承包中是确定标底的依据。

建设单位在以设计概算进行工程招标发包时，应以设计概算为基础编制标底，并以此价为评标的依据之一。而施工承包企业为了在投标竞争中中标，须对初步设计进行详细的了解，才能编制出合适的投标报价。

2. 施工图预算的作用

施工图预算是设计概算的进一步具体化，其主要作用如下：

(1) 施工图预算是考核工程成本、确定工程造价的主要依据。

在施工图设计阶段，根据工程的施工图纸计算出实物工程量，然后按现行工程预算额、费用定额以及材料价格等资料，计算出工程的施工生产费用及工程预算造价。这是设计阶段控制工程造价的重要环节，是考核施工图设计不突破设计概算的重要措施。工程预算文件所确定的工程预算造价，只是建筑安装产品的预计价格，所以施工企业可以此为依据进行经济核算，以消耗最少的人力、物力和财力来完成施工任务，降低工程成本。

(2) 施工图预算是签订工程承、发包合同的依据。

建设单位与施工企业的经济费用往来，可以依据施工图预算和双方签订的合同。对于实行施工招标的工程，施工图预算是建设单位确定标底的主要依据之一。

对于不实行施工招标的工程，可以采用施工图预算加系数包干的承包方式签订工程承包合同，建设单位和施工单位双方经过协商，以施工图预算为基础，再按照一定的系数进行调整，以此作为确定合同价款的依据。

(3) 施工图预算是工程价款结算的主要依据。

项目竣工验收点交之后，除按概预算加系数包干的工程外，都要编制项目结算，以结清工程价款。结算工程价款是以施工图预算为基础进行的，即以施工图预算中的工程量和单价，再根据施工中设计变更后的实际情况，以及实际完成的工程量情况编制项目结算。

(4) 施工图预算是考核施工图设计技术经济合理性的主要依据。

施工图预算要根据设计文件的编制程序编制，它对确定单项工程造价具有特别重要的作用。施工图预算的工料统计表列出的对各类人工和材料及施工机械的需要量等，是施工企业编制施工计划、做施工准备和进行统计、核算等不可缺少的依据。

（三）概预算的构成

1. 初步设计概算的构成

建设项目在初步设计阶段编制设计概算。设计概算的组成是根据建设规模的大小而确定的，一般由建设项目总概算、单项工程概算组成。

单项工程概算由工程费、工程建设其他费、预备费、建设期利息四部分组成。建设项目总概算等于各单项工程概算之和，它是一个建设项目从筹建到竣工验收的全部投资。其构成如图 12-5 所示。

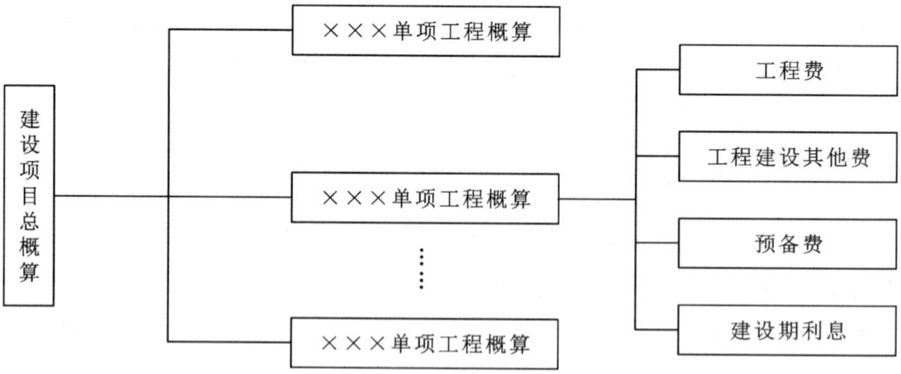

图 12-5 建设项目总概算构成

2. 施工图设计预算的构成

建设项目在施工图设计阶段编制施工图预算。施工图预算包括单位工程预算、单项工程预算和建设项目总预算。

单位工程预算应包括建筑安装工程费和设备、工器具购置费。

单项工程预算应包括工程费、工程建设其他费和建设期利息。单项工程预算可以是一个独立的预算，也可以由该单项工程中包含的所有单位工程预算汇总而成。其构成如图 12-6 所示。

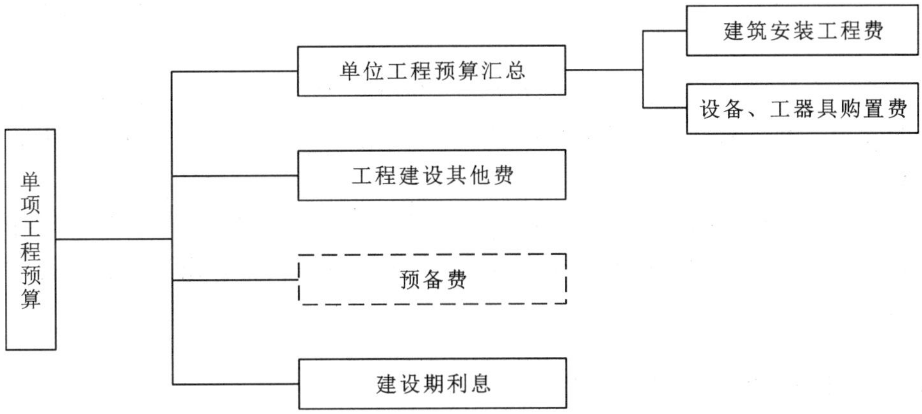

图 12-6　单项工程预算构成

注：虚线框表示一阶段设计时编制施工图预算还应计入的费用。

图 12-6 中，“工程建设其他费”是以单项工程作为计取单位的，若因为投资或固定资产核算等原因需要分摊到各单位工程中，亦可分别摊入单位工程预算中，但工程建设其他费的各项费用在计算时不能以单位工程中的费用额度作为计算基数。

建设项目总预算则是汇总所有单项工程预算而成。其构成如图 12-7 所示。

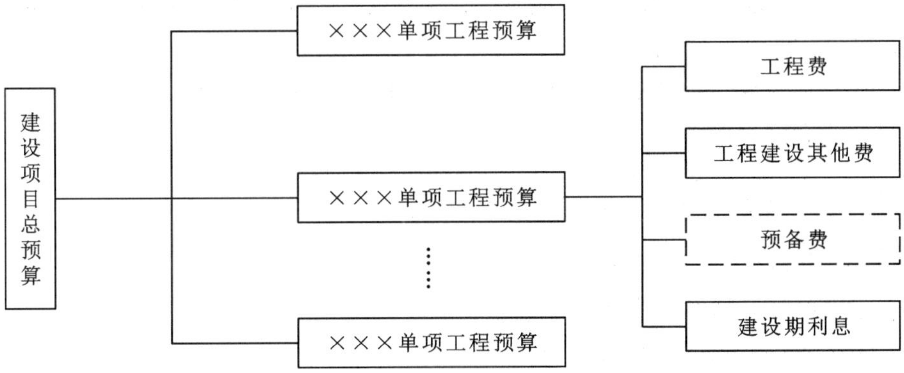

图 12-7　建设项目总预算构成

注：虚线框表示一阶段设计时编制施工图预算还应计入的费用。

二、信息通信建设工程概预算文件编制

（一）概预算编制原则

（1）信息通信建设工程概预算应按工信部颁布的《信息通信建设工程概预算编制规

程》及相关定额等标准进行编制。

（2）设计概算是初步设计文件的重要组成部分，编制设计概算应在投资估算的范围内进行。

（3）施工图预算是施工图设计文件的重要组成部分，编制施工图预算应在批准的设计概算范围内进行。对于一阶段设计所编制的施工图预算，应在投资估算的范围内进行。

（4）当一个通信建设项目由几个设计单位共同设计时，总设计单位应负责统一概预算的编制原则，并汇总建设项目的总概算。分设计单位负责本设计单位所承担的单项工程概预算的编制。

（5）工程概预算的编制是一项重要的技术经济工作，应按照规定的设计标准和设计图纸计算工程量，正确地使用各项计价标准，完整、准确地反映设计内容、施工条件和实际价格。

（二）概预算的编制依据

1. 设计概算的编制依据

设计概算的编制主要依据以下资料：

（1）批准的可行性研究报告；

（2）初步设计图纸及有关资料；

（3）国家相关部门发布的有关法律、法规、标准规范；

（4）《信息通信建设工程预算定额》《信息通信建设工程费用定额》《信息通信建设工程概预算编制规程》及有关文件；

（5）建设项目所在地政府发布的土地征用和赔补费用等有关规定；

（6）有关合同、协议等。

2. 施工图预算的编制依据

施工图预算的编制主要依据以下资料：

（1）批准的设计概算及有关文件；

（2）施工图、通用图、标准图及说明；

（3）国家相关部门发布的有关法律、法规、标准规范；

（4）《信息通信建设工程预算定额》《信息通信建设工程费用定额》《信息通信建设工程概预算编制规程》及有关文件；

（5）建设项目所在地政府发布的土地征用和赔补费用等有关规定；

（6）有关合同、协议等。

（三）概预算文件的组成

概预算文件由编制说明和概预算表组成。

1. 编制说明

编制说明主要包括以下内容。

1）工程概况

说明项目规模、用途、概（预）算总价值、生产能力、公用工程及项目外工程的主要情况等。

2）编制依据

主要说明编制时所依据的技术、经济文件、各种定额、材料设备价格、地方政府的有关规定和主管部门未作统一规定的费用计算依据和说明。

3）投资分析

主要说明各项投资的比例及与类似工程投资额的比较、分析投资额高低的原因、工程设计的经济合理性、技术的先进性及适宜性等。

4）其他需要说明的问题

如建设项目的特殊条件和特殊问题，需要上级主管部门和有关部门帮助解决的其他有关问题。

2. 概预算表格

1）概预算表格的组成

信息通信建设工程概预算表格按安装费用结构划分，由建筑安装工程费用系列表格、设备购置费用表格（包括需要安装和不需要安装的设备）、工程建设其他费用表格及概预算总表组成。信息通信建设工程概预算表格共 10 张，分别为建设项目总概预算表（汇总表）、工程概预算总表（表一）、建筑安装工程费用概预算表（表二）、建筑安装工程量概预算表（表三）甲、建筑安装工程机械使用费概预算表（表三）乙、建筑安装工程仪表使用费概预算表（表三）丙、国内器材概预算表（表四）甲、引进工程器材概预算表（表四）乙、工程建设其他费概预算表（表五）甲、引进设备工程建设其他费概预算表（表五）乙。

（1）建设项目总概预算表（汇总表），供编制建设项目总概预算使用，具体如表 12-33 所示。

（2）工程概预算总表（表一），供编制单项（单位）工程概预算总费用使用，具体如表 12-34 所示。

（3）建筑安装工程费用概预算表（表二），供编制建筑安装工程费使用，具体如表 12-35 所示。

（4）建筑安装工程量概预算表（表三）甲，供编制建筑安装工程量、计算技工工日和普工工日使用，具体如表 12-36 所示。

（5）建筑安装工程机械使用费概预算表（表三）乙，供编制建筑安装工程机械使用费使用，具体如表 12-37 所示。

表 12-33　建设项目总概预算表(汇总表)

建设项目名称：　　　　建设单位名称：　　　　表格编号：　　　　第　　页

序号	表格编号	工程名称	小型建筑工程费	需安装的设备费	不需安装的设备、工器具费	建筑安装工程费	其他费用	预备费	总价值			
			元						除税价	增值税	含税价	外币(　　)
Ⅰ	Ⅱ	Ⅲ	Ⅳ	Ⅴ	Ⅵ	Ⅶ	Ⅷ	Ⅸ	Ⅹ	Ⅺ	Ⅻ	XⅢ

设计负责人：　　　　审核人：　　　　编制人：　　　　编制日期：　　年　　月

表 12-34 工程概预算总表（表一）

建设项目名称：

工程名称： 建设单位名称： 表格编号： 第 页

序号	表格编号	费用名称	小型建筑工程费	需安装的设备费	不需安装的设备、工器具费	建筑安装工程费	其他费用	预备费	总价值			
			元						除税价	增值税	含税价	外币（ ）
Ⅰ	Ⅱ	Ⅲ	Ⅳ	Ⅴ	Ⅵ	Ⅶ	Ⅷ	Ⅸ	Ⅹ	Ⅺ	Ⅻ	XⅢ

设计负责人： 审核人： 编制人： 编制日期： 年 月

表 12-35　建筑安装工程费用概预算表(表二)

工程名称：　　　　建设单位名称：　　　　表格编号：　　　　第　　页

序号	费用名称	依据和计算方法	合计	序号	费用名称	依据和计算方法	合计
Ⅰ	Ⅱ	Ⅲ	Ⅳ	Ⅰ	Ⅱ	Ⅲ	Ⅳ
	建筑安装工程费含税价			7	夜间施工增加费		
	建筑安装工程费除税价			8	冬雨季施工增加费		
一	直接费			9	生产工具用具使用费		
(一)	直接工程费			10	施工用水电蒸气费		
1	人工费			11	特殊地区施工增加费		
(1)	技工费			12	已完工程及设备保护费		
(2)	普工费			13	运土费		
2	材料费			14	施工队伍调遣费		
(1)	主要材料费			15	大型施工机械调遣费		
(2)	辅助材料费			二	间接费		
3	机械使用费			(一)	规费		
4	仪表使用费			1	工程排污费		
(二)	措施项目费			2	社会保障费		
1	文明施工费			3	住房公积金		
2	工地器材搬运费			4	危险作业意外伤害保险费		
3	工程干扰费			(二)	企业管理费		
4	工程点交、场地清理费			三	利润		
5	临时设施费			四	销项税额		
6	工程车辆使用费						

设计负责人：　　　　审核人：　　　　编制人：　　　　编制日期：　　年　　月

表 12-36 建筑安装工程量概预算表(表三)甲

工程名称： 建设单位名称： 表格编号： 第 页

序号	定额编号	项目名称	单位	数量	单位定额值/工日		合计值/工日	
					技工	普工	技工	普工
Ⅰ	Ⅱ	Ⅲ	Ⅳ	Ⅴ	Ⅵ	Ⅶ	Ⅷ	Ⅸ

设计负责人： 审核人： 编制人： 编制日期： 年 月

表 12-37 建筑安装工程机械使用费概预算表（表三）乙

工程名称：　　　　建设单位名称：　　　　表格编号：　　　　第　　页

序号	定额编号	项目名称	单位	数量	机械名称	单位定额值		总价值	
						数量（台班）	单价（元）	数量（台班）	总价值（元）
Ⅰ	Ⅱ	Ⅲ	Ⅳ	Ⅴ	Ⅵ	Ⅶ	Ⅷ	Ⅸ	Ⅹ

设计负责人：　　　　审核人：　　　　编制人：　　　　编制日期：　　年　　月

(6) 建筑安装工程仪表使用费概预算表（表三）丙，供编制建筑安装工程仪表使用费使用，具体如表 12-38 所示。

(7) 国内器材概预算表（表四）甲，供编制国内器材（需要安装的设备、不需要安装的设备、主要材料）的购置费使用，具体如表 12-39 所示。

(8) 引进工程器材概预算表（表四）乙，供编制引进国外器材（需要安装的设备、不需要安装的设备、主要材料）的购置费使用，具体如表 12-40 所示。

(9) 工程建设其他费概预算表（表五）甲，供编制工程建设其他费使用，具体如表 12-41 所示。

(10) 引进设备工程建设其他费概预算表（表五）乙，供编制引进设备工程建设其他费使用，具体如表 12-42 所示。

2) 概预算表格的填写

本套表格供编制工程项目概算或预算使用，各类表格标题中带下划线的空格处应根据编制阶段明确填写“概”或“预”表格的表首填写具体工程的相关内容。

(1) 建设项目总概预算表（汇总表）填写说明。

① 本表供编制建设项目总概预算使用，建设项目的全部费用在本表中汇总。

② 第Ⅱ栏根据各工程相应总表（表一）编号填写。

③ 第Ⅲ栏根据建设项目的各工程名称依次填写。

④ 第Ⅳ～Ⅸ栏根据工程项目的概算或预算（表一）相应各栏的费用合计填写。

⑤ 第Ⅹ栏为第Ⅳ～Ⅸ栏的各项费用之和。

⑥ 第Ⅺ栏填写以上各列费用中以外币支付的合计。

⑦ 第ⅩⅢ栏填写各工程项目需单列的“生产准备及开办费”金额。

⑧ 当工程中有回收金额时，应在费用项目总计下列出“其中回收费用”，其金额填入第Ⅷ栏。此费用不冲减总费用。

(2) 工程概预算总表（表一）填写说明。

① 本表供编制单项（单位）工程概预算总费用使用。

② 表首“建设项目名称”填写立项工程项目全称。

③ 第Ⅱ栏根据本工程各类费用概预算表格编号填写。

④ 第Ⅲ栏根据本工程概预算各类费用名称填写。

⑤ 第Ⅳ～Ⅸ栏根据相应各类费用合计填写。

⑥ 第Ⅹ栏为第Ⅳ～Ⅸ栏之和。

⑦ 第ⅩⅢ栏填写本工程引进技术和设备所支付的外币总额。

⑧ 当工程有回收金额时，应在费用项目总计下列出“其中回收费用”，其金额填入第Ⅷ栏。此费用不冲减总费用。

(3) 建筑安装工程费用概预算表（表二）填写说明。

① 本表供编制建筑安装工程费使用。

表 12-38 建筑安装工程仪表使用费概预算表(表三)丙

工程名称：　　建设单位名称：　　表格编号：　　第　页

序号	定额编号	项目名称	单位	数量	仪表名称	单位定额值		总价值	
						数量（台班）	单价（元）	数量（台班）	总价值（元）
Ⅰ	Ⅱ	Ⅲ	Ⅳ	Ⅴ	Ⅵ	Ⅶ	Ⅷ	Ⅸ	Ⅹ

设计负责人：　　审核人：　　编制人：　　编制日期：　年　月

表 12-39　国内器材概预算表(表四)甲

(　　　　　)表

工程名称：　　　　建设单位名称：　　　　表格编号：　　　　第　　页

序号	名称	规格程式	单位	数量	单价/元	合计/元			备注
					除税价	除税价	增值税	含税价	
Ⅰ	Ⅱ	Ⅲ	Ⅳ	Ⅴ	Ⅵ	Ⅶ	Ⅷ	Ⅸ	Ⅹ

设计负责人：　　　　审核人：　　　　编制人：　　　　编制日期：　　年　　月

表 12-40　引进工程器材概预算表(表四)乙

(　　　　　)表

工程名称：　　　　建设单位名称：　　　　表格编号：　　　　第　　页

序号	名称	规格程式	单位	数量	单价		合计		备注
					外币(　)	折合人民币/元	外币(　)	折合人民币/元	
Ⅰ	Ⅱ	Ⅲ	Ⅳ	Ⅴ	Ⅵ	Ⅶ	Ⅷ	Ⅸ	Ⅹ

设计负责人：　　　　审核人：　　　　编制人：　　　　编制日期：　　年　　月

表 12-41　工程建设其他费概预算表(表五)甲

工程名称：　　　　建设单位名称：　　　　表格编号：　　　　第　　页

序号	费用名称	计算依据及方法	金额/元			备注
			除税价	增值税	含税价	
Ⅰ	Ⅱ	Ⅲ	Ⅳ	Ⅴ	Ⅵ	Ⅶ
1	建设用地及综合赔补费					
2	项目建设管理费					
3	可行性研究费					
4	研究试验费					
5	勘察设计费					
(1)	勘察费					
(2)	设计费					
6	环境影响评价费					
7	建设工程监理费					
8	安全生产费					
9	引进技术及引进设备其他费					
10	工程保险费					
11	工程招标代理费					
12	专利及专利技术使用费					
13	其他费用					
(1)	自定义费用 1					
(2)	自定义费用 2					
	总计					
14	生产准备及开办费(运营费)					

设计负责人：　　　　审核人：　　　　编制人：　　　　编制日期：　　年　　月

表 12-42　引进设备工程建设其他费概预算表(表五)乙

工程名称：　　　　建设单位名称：　　　　表格编号：　　　　第　　页

序号	费用名称	计算依据及方法	金额/元		备注
			外币(　　)	折合人民币/元	
Ⅰ	Ⅱ	Ⅲ	Ⅳ	Ⅴ	Ⅵ

设计负责人：　　　　审核人：　　　　编制人：　　　　编制日期：　　年　　月

② 第Ⅲ栏根据《信息通信建设工程费用定额》相关规定，填写第Ⅱ栏各项费用的计算依据和方法。

③ 第Ⅳ栏填写第Ⅱ栏各项费用的计算结果。

(4) 建筑安装工程量概预算表（表三）填写说明。

①（表三）甲填写说明。

a. 本表供编制工程量，并计算技工和普工总工日数量使用。

b. 第Ⅱ栏根据《信息通信建设工程预算定额》，填写所套用预算定额子目的编号。若需临时估列工作内容子目，在本栏中标注“估列”两字；两项以上“估列”条目，应编列序号。

c. 第Ⅲ、Ⅳ栏根据《信息通信建设工程预算定额》分别填写所套用定额子目的名称、单位。

d. 第Ⅴ栏填写根据定额子目的工作内容所计算出的工程量数值。

e. 第Ⅵ、Ⅶ栏填写所套用定额子目的单位工日定额值。

f. 第Ⅷ栏为第Ⅴ栏与第Ⅵ栏的乘积。

g. 第Ⅸ栏为第Ⅴ栏与第Ⅶ栏的乘积。

②（表三）乙填写说明。

a. 本表供编制本工程所列的机械费用使用。

b. 第Ⅱ、Ⅲ、Ⅳ和Ⅴ栏分别填写所套用定额子目的编号、名称、单位以及该子目工程量数值。

c. 第Ⅵ、Ⅶ栏分别填写定额子目所涉及的机械名称及机械台班的单位定额值。

d. 第Ⅷ栏填写根据《信息通信建设工程费用定额》查找到的相应机械台班单价值。

e. 第Ⅸ栏填写第Ⅶ栏与第Ⅴ栏的乘积。

f. 第Ⅹ栏填写第Ⅷ栏与第Ⅸ栏的乘积。

③（表三）丙填写说明。

a. 本表供编制本工程所列的仪表费用使用。

b. 第Ⅱ、Ⅲ、Ⅳ和Ⅴ栏分别填写所套用定额子目的编号、名称、单位以及该子目工程量数值。

c. 第Ⅵ、Ⅶ栏分别填写定额子目所涉及的仪表名称及仪表台班的单位定额值。

d. 第Ⅷ栏填写根据《信息通信建设工程费用定额》查找到的相应仪表台班单价。

e. 第Ⅸ栏填写第Ⅶ栏与第Ⅴ栏的乘积。

f. 第Ⅹ栏填写第Ⅷ栏与第Ⅸ栏的乘积。

(5) 器材概预算表（表四）填写说明。

① 国内器材概预算表（表四）甲填表说明。

a. 本表供编制本工程的主要材料、设备和工器具的数量和费用使用。

b. 表格标题下面括号内根据需要填写主要材料或需要安装的设备或不需要安装的设备、工器具、仪表。

c. 第Ⅱ、Ⅲ、Ⅳ、Ⅴ、Ⅵ栏分别填写主要材料或需要安装的设备或不需要安装的设备、工器具、仪表的名称、规格程式、单位、数量、单价。

d. 第Ⅷ栏填写第Ⅵ栏与第Ⅴ栏的乘积。

e. 第Ⅷ栏填写主要材料或需要安装的设备或不需要安装的设备、工器具、仪表需要说明的有关问题。

f. 依次填写需要安装的设备或不需要安装的设备、工器具、仪表之后还需要进行汇总计算出原价小计，再以小计为基数计取各种采购、运输及保险等手续费。格式如下：

（a）小计（原价之和）。

（b）运杂费（小计×运杂费费率）。

（c）运输保险费（小计×运输保险费费率）。

（d）采购及保管费（小计×采购保管费费率）。

（e）采购代理服务费（按实计列）。

（f）合计（以上 5 项之和）。

g. 用于主要材料表时，应将主要材料分类后按上述第 f 点计取相关费用，然后进行总计。

② 引进工程器材概预算表（表四）乙填表说明。

a. 本表供编制引进工程的主要材料、设备和工器具的数量和费用使用。

b. 表格标题下面括号内根据需要填写引进主要材料或引进需要安装的设备或引进不需要安装的设备、工器具、仪表。

c. 第Ⅵ、Ⅶ、Ⅷ和Ⅸ栏分别填写外币金额及折算人民币的金额，并按引进工程的有关规定填写相应费用。其他填写方法与（表四）甲基本相同。

（6）工程建设其他费概预算表（表五）填写说明。

① 工程建设其他费概预算表（表五）甲填写说明。

a. 本表供编制工程建设其他费使用。

b. 第Ⅲ栏根据《通信建设工程费用定额》相关费用的计算规则填写。

c. 第Ⅴ栏根据需要填写补充说明的内容事项。

② 引进设备工程建设其他费概预算表（表五）乙填写说明。

a. 本表供编制引进设备工程的工程建设其他费使用。

b. 第Ⅲ栏根据国家及主管部门的相关规定填写。

c. 第Ⅳ、Ⅴ栏分别填写各项费用所计列的外币与人民币数值。

d. 第Ⅵ栏根据需要填写补充说明的内容事项。

e. 该表的总计折合人民币数值应填入（表五）甲第 12 项第Ⅳ栏。

信息通信建设工程概预算表的制作顺序为表三→表四→表二→表五→表一。其中表三计算依据：工程量统计＋定额手册，主要统计人工费、辅材费、机械仪表台班费。表四（主材、设备）计算依据：设计方案。表五计算依据：各种取费费率和前面表的结果，统计其他工程费。

（四）概预算的编制方法

信息通信建设工程概预算采用实物法编制。实物法即首先根据工程设计图纸分别计算出分项工程量，然后套用相应的人工、材料、机械台班、仪表台班的定额用量，再以工程所在地或所处时段的实际单价计算出人工费、材料费、机械使用费和仪表使用费，进而计算出直接工程费；根据信息通信建设工程费用定额给出的各项取费的计费原则和计算方法，计算其他各项，最后汇总单项或单位工程总费用。

实物法编制工程概预算的步骤如图 12-8 所示。

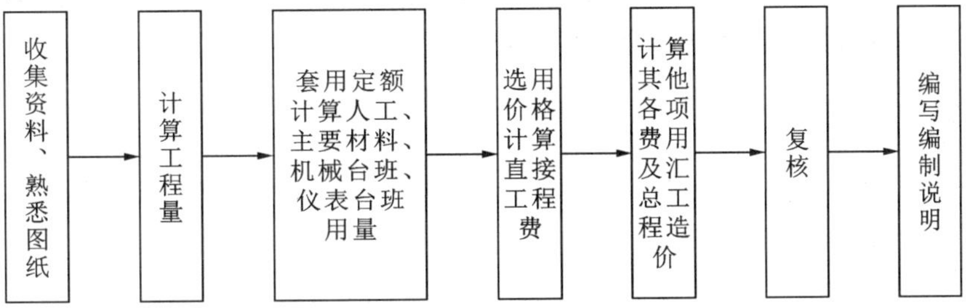

图 12-8 实物法编制工程概预算的步骤

1. 收集资料、熟悉图纸

在编制概预算前，针对工程具体情况和所编概预算内容收集有关资料，包括概预算定额、费用定额以及材料、设备价格等，并对施工图进行一次全面详细的检查，查看图纸是否完整，明确设计意图，检查各部分尺寸是否有误，以及有无施工说明。

2. 计算工程量

工程量计算是一项繁重而又十分细致的工作。工程量是编制概预算的基本数据，计算的准确与否直接影响工程造价的准确度。计算工程量时要注意以下几点：

（1）首先要熟悉图纸的内容和相互关系，注意搞清有关标注和说明；

（2）计算单位应与所要依据的定额单位相一致；

（3）计算过程一般可依照施工图顺序由下而上，由内而外，由左而右依次进行；

（4）要防止误算、漏算和重复计算；

（5）最后将同类项加以合并，并编制工程量汇总表。

3. 套用定额计算人工、主要材料、机械台班、仪表台班用量

工程量经核对无误方可套用定额。套用相应定额时，由工程量分别乘以各子目人工、主要材料、机械台班、仪表台班的消耗量，计算出各分项工程的人工、主要材料、机械台班、仪表台班的用量，然后汇总得出整个工程各类实物的消耗量。套用定额时应核对工程内容与定额内容是否一致，以防误套。

4. 选用价格计算直接工程费

用当时、当地或行业标准的实际单价乘以相应的人工、材料、机械台班、仪表台班的消耗量，计算出人工费、材料费、机械使用费、仪表使用费，并汇总得出直接工程费。

5. 计算其他各项费用及汇总工程造价

按照工程项目的费用构成和信息通信建设工程费用定额规定的费率及计费基础，分别计算各项费用，然后汇总出工程总造价，并以信息通信建设工程概预算编制办法所规定的表格形式，编制出全套概算或预算表格。

6. 复核

对上述表格内容进行一次全面检查。检查所列项目、工程量计算结果、套用定额、选用单价、取费标准以及计算数值等是否正确。

7. 编写编制说明

复核无误后，进行对比、分析，写出编制说明。凡是概预算表格不能反映的一些事项以及在编制中必须说明的问题，都应用文字表达出来，以供审批单位审查。

在上述步骤中，步骤3～5是形成全套概算或预算表格的过程，根据单项工程费用的构成，各项费用与表格之间的嵌套关系如图12-9所示。

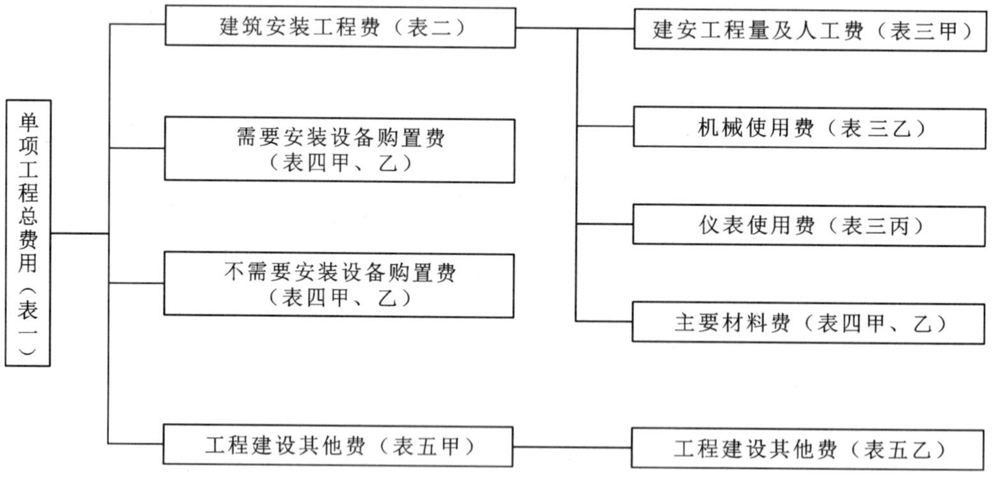

图12-9　各项费用与表格之间的嵌套关系

根据图12-9的结构层次，在编制全套表格的过程中应按图12-10所示的顺序进行。

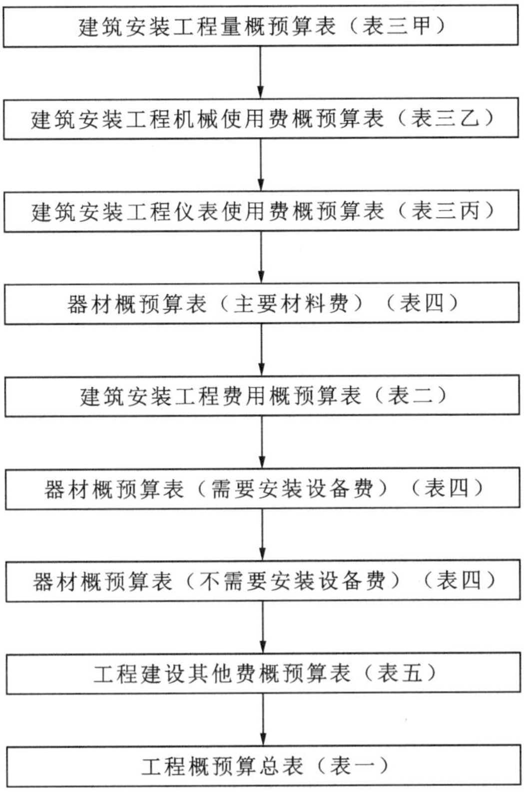

图 12-10　概预算表格编制顺序

任务五　信息通信建设工程工程量的计算和统计

一、信息通信建设工程工程量概述

（一）工程量的概念

工程量是指按照相关规定及规则计算和统计的通信工程建设施工过程中每项基本工作的工作量。

根据相关规定，在信息通信建设工程概预算文件的编制过程中，工程量是计算和统计通信工程建设过程中人力、材料、机械仪表等基本消耗量的基础和直接依据，也是通信工程建设其他许多相关费用计算的主要依据。因此，工程量计算和统计的正确与否不仅会影响整个工程概预算文件编制的效率，更会直接影响整个通信工程概预算的最终结果正确与否，可以说通信工程概预算编制的质量在某种程度上就取决于工程量统计的质量。相应地，正确计算和统计工程量是通信工程概预算编制人员必须具备的基础技能。

（二）工程量统计的总体原则

为了保证工程量计算的正确性，在工程量计算过程中应注意以下几点。

(1) 在具体计算工程量之前应首先熟悉相应工程量的计算规则，在计算过程中工程量项目的划分、计量单位的取定、有关系数的调整换算等都应按相应的规则进行。

(2) 通信建设工程无论是初步设计还是施工图设计，工程量计算的主要依据都是设计图纸，并应按实物工程量法进行工程量的计算和统计。

(3) 工程量计算应以设计规定的所属范围和设计分界线为准，工程量的计算单位必须与定额计量单位相一致。

① 以长度计算的项目计量单位："m""km"；

② 以重量计算的项目计量单位："g""kg""t"；

③ 以体积计算的项目计量单位："m^3"；

④ 以面积计算的项目计量单位："m^2"；

⑤ 以自然计量单位计算的项目计量单位：台、套、盘、部、架、个、组、处等；

⑥ 以技术配置为项目的计量单位：端、端口、系统、方向、载频、中继段、数字段、再生段、站等；

⑦ 各专业还有一些专用的特殊计量单位。

(4) 分项项目工程量应以完成后的实体安装工程量净值为准，而在施工过程中实际消耗的材料用量不能作为安装工程量。因为在施工过程中所用材料的实际消耗数量是在工程量的基础上又包括了材料的各种消耗量。

对于初步设计完成的工作量应该进行分类合并、统计，为了避免统计时的遗漏和重复，工程量的统计应遵循以下原则。

(1) 工程量计算和统计的基本依据都是设计与施工图纸，必须按照图纸所表述的内容统计工程量，要保证每项统计出的工程量都能在图纸中找到依据。

(2) 概预算人员必须能够熟练阅读并正确理解工程设计图纸，这是概预算人员必须具备的基本功。这就要求概预算人员必须了解和掌握设计图纸中各种图例的含义，并正确理解图纸中所表述的各项工程的施工性质（新建、更换、拆除、原有、利旧、割接）。

(3) 概预算人员必须掌握预算定额中分项项目"工作内容"的说明、注释及分项项目设置、分项项目的计量单位等，做到严格按预算定额的内容要求计算工程量。如在统计架空钢绞线时，在图纸上的统计单位一般为"千米条"，但是做材料预算时则需要转换成"kg"。

(4) 概预算人员对施工组织、设计也必须了解和掌握，并且要掌握施工方法，以利于工程量计算和套用定额。概预算人员还应具有适当的施工或施工组织以及设计经验，在统计相关工程量时就能做到不多不少，可以大大提高统计工程量的速度和正确性。

（5）概预算人员必须掌握并正确运用与工程量计算相关的资料。如在工程量计算过程中有许多需要换算（如不同规格程式的钢管长度和重量的单位换算，即 kg 与 m 的换算）或查阅的数据（如不同规格程式的电缆接续套管使用场合和适用范围的查对），不断积累和掌握相关资料，对工程量计算工作将会有很大帮助。

（6）工程量计算顺序一般按施工顺序进行，以保证不重不漏、便于计算。

（7）工程量计算完毕后要进行系统整理。将计算出的工程量按照定额的项目顺序在工程量统计表中逐一列出，并将相同定额子目的项目合并计算，以提高后续概预算编制的效率。

（8）整理过的工程量，要进行检查、复核，发现问题及时修正。检查、复核要有针对性，对容易出错的工程量应重点复核，发现问题及时修正，并做详细记录，采取必要的纠正措施，以预防类似问题的再次出现。按照设计单位的传统做法和 ISO 9000 认证要求，工程量检查、复核应做到三级管理，即自审、室或所审、院审。

二、信息通信建设工程工程量统计

任何实际的工程项目，它的工程量均在相应的预算定额手册里，因此必须很好地掌握预算定额手册各专业的主要工作流程。下面对通信工程实例进行说明，以便更好地掌握通信工程项目工程量的统计。

（一）通信设备安装工程

通信设备安装工程共分为三个大类：通信电源设备安装工程、有线通信设备安装工程和无线通信设备安装工程。

这三大类工程的工程量计算规则主要从以下几个方面考虑。

1. 设备机柜、机箱的安装工程量计算

所有设备机柜、机箱的安装可分为三种情况计算工程量。

（1）以设备机柜、机箱整架（台）的自然实体为一个计量单位，即机柜（箱）架体、架内组件、盘柜内部的配线、对外连接的接线端子以及设备本身的加电检测与调试等均作为一个整体来计算工程量。本系列的多数设备安装属于这种情况。

（2）设备机柜、机箱按照不同的组件分别计算工程量，即机柜架体与内部的组件或附件不作为一个整体的自然单位进行计量，而是将设备结构划分为若干组合部分，分别计算安装的工程量。这种情况一般常见于机柜架体与内部组件的配置呈非线性关系的设备，例如定额项目“TSD1-049 安装蓄电池屏”所描述的内容是：屏柜安装不包括屏内蓄电池组的安装，也不包括蓄电池组的充放电过程。整个设备安装过程需要分三个部分分别计算工程量，即安装蓄电池屏（空屏）、安装屏内蓄电池组（根据设计要求选择电池容量和组件数量）、屏内蓄电池组充放电（按电池组数量计算）。

（3）设备机柜、机箱主体和附件的扩装，即在原已安装设备的基础上进行增装内部盘、线。这种情况主要用于扩容工程，例如定额“TSD3-060、061 安装高频开关整流模块”，就是为了满足在已有开关电源架的基础上进行扩充生产能力的需要，所以是以模块个数作为计量单位统计工程量。与前面将设备划分为若干组合部分分别计算工程量的概念所不同的是，已安装设备主体和扩容增装部件的项目是不能在同一期工程中同时列项的，否则属于重复计算。

以上设备的三种工程量计算方法需要认真了解定额项目的相关说明和工作内容，避免工程量漏算、重算、错算。

（4）几个需要特别说明的设备安装工程量计算规则。

① 安装测试 PCM 设备工程量：单位为“端”，由复用侧一个 2 Mbit/s 口、支路侧 32 个 64 kbit/s 口为一端，如图 12-11 所示。

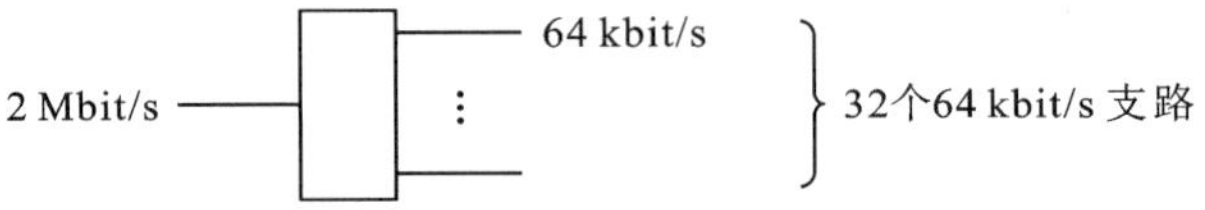

图 12-11　PCM 数字传输设备

② 安装测试光纤数字传输设备（PDH、SDH）工程量：分为基本子架公共单元盘和接口单元盘两个部分。基本子架包括交叉、网管、公务、时钟、电源等除群路、支路、光放盘以外的所有内容的机盘，以“套”为单位。接口单元盘包括群路侧、支路侧接口盘的安装和本机测试，以“端口”为单位。例如 SDH 终端复用器 TM 有各种速率的端口配置，如图 12-12 所示，计算工程量时按不同的速率分别统计端口数量，一收一发为 1 个端口。

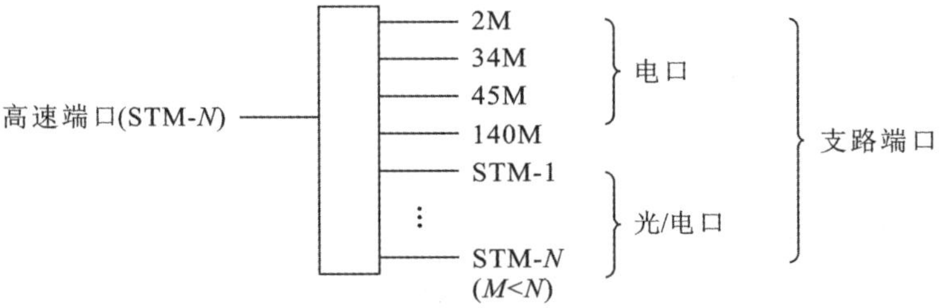

图 12-12　终端复用器 TM

安装分插复用器 ADM、数字交叉连接设备 DXC 均以此类推。

③ WDM 波分复用设备的安装测试分为基本配置和增装配置。基本配置含相应波数的合波器、分波器、功放、预放；增装配置是在基本配置的基础上增加相应波数的合波器、分波器并进行本机测试。

2. 设备缆线布放工程量计算

缆线的布放包括两种情况：设备机柜与外部的连线、设备机架内部跳线。

1）设备机柜与外部的连线

设备机柜与外部的连线也分为两种计算方法。

（1）布放缆线计算工程量时需分为两步：先放绑后成端。这种计算方法用于通信设备连线中需要使用芯线较多的电缆，其成端工作量因电缆芯数的不同，会有很大差异。计算步骤如下：

第一步，计算放绑设备电缆工程量。

按布放长度计算工程量，单位为“百米条”，数量为

$$N=\sum^{k}\frac{L_i n_i}{100}$$

式中：$\sum^{k} L_i n_i$——k 个放线段内同种型号设备电缆的总放线量(米条)；

L_i——第 i 个放线段的长度（m）；

n_i——第 i 个放绑段内同种电缆的条数。

应按电缆类别（局用音频电缆、局用高频对称电缆、音频隔离线、SYV 类射频同轴电缆、数据电缆）分别计算工程量。

第二步，计算编扎、焊（绕、卡）接设备电缆工程量。

按长度放绑电缆后，再按电缆终端的制作数量计算成端的工程量，每条电缆终端制作工程量主要与电缆的芯数有关，不同类别的电缆要分别统计终端处理的工程量。

（2）布放缆线计算工程量时放绑、成端同时完成。这种计算方法用于通信设备中使用电缆芯数较少或单芯的情况，其成端工程量比较固定，布放缆线的工程内容包含了终端头处理的工作。

布放缆线工程量：单位为“十米条”，数量为

$$N=\sum_{l}^{k}\frac{L_i n_i}{10}$$

式中：$\sum^{k} L_i n_i$——k 个布放段内同种型号电缆总的布放量(米条)；

L_i——第 i 个布放段的长度（m）；

n_i——第 i 个布放段内同种类型电缆条数。

2）设备机架内部跳线

设备机架内部跳线主要是指配线架内布放跳线，对于其他通信设备内部配线均已包括在设备安装工程量中，不再单独计算缆线工程量（有特殊情况需单独处理除外）。

配线架内布放跳线的特点是长度短、条数多，统计工程量时以处理端头的数量为主，放线内容包含在其中，应按照不同类别线型、芯数分别计算工程量。

3. 安装附属设施的工程量计算

安装设备机柜、机箱定额子目除已说明包含附属设施内容的，均应按工程技术规范书的要求安装相应的防震、加固、支撑、保护等设施，各种构件分为成品安装和材料加工并安装两类，计算工程量时应按定额项目的说明区别对待。

4. 系统调测

通信设备安装后大部分需要进行本机测试和系统测试。除了设备安装定额项目注明

了已包括设备测试工作的，其他需要测试的设备均需统计各自的测试工程量，并且对于所有完成的系统都需要进行系统性能的调测。系统调测的工程量计算规则按不同的专业确定。

（1）所有的供电系统（高压供电系统、低压供电系统、发电机供电系统、供油系统、直流供电系统、UPS供电系统）都需要进行系统调试。调试多以“系统”为单位，“系统”的定义和组成按相关专业的规定，例如发电机组供油系统调测是以每台机组为一个系统计算工程量。

（2）光纤传输系统性能调测包括两部分。

① 线路段光端对测：工程量计算单位为“方向·系统”。所谓“系统”是指一发一收的两根光纤为一个“系统”；“方向”是指某一个站和相邻站之间的传输段关系，有几个相邻的站就有几个方向，如图12-13所示。

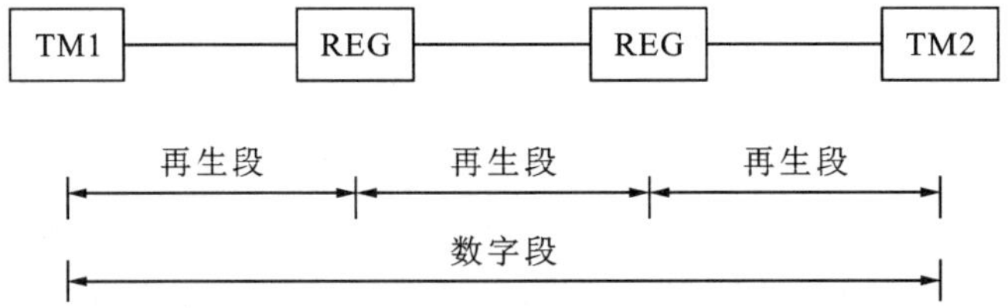

图12-13　光缆传输系统构成示意图

终端站TM1只有一个与之相邻的站，因此只对应一个传输方向，终端站TM2也是如此。再生中继站REG有两个与之相邻的站，它完成的是与两个方向之间的传输。

② 复用设备系统调测：工程量计量单位为“端口”。所谓“端口”即各种数字比特率的“一收一发”为“一个端口”。统计工程量时应包括所有支路端口。

（3）移动通信基站系统调测分为2G、3G和4G/LTE三种站型。

① 2G基站系统调测工程量：按“载频”的数量分别统计工程量，例如：“8个载频的基站”可分解成“6载频以下”及2个“每增加一个载频”的工程量。

② 3G基站系统调测工程量：按“扇·载”为计量单位（即扇区数量乘以载频数量）计算工程量。

③ 4G/LTE基站系统调测工程量：按“扇·载”为计量单位（即扇区数量乘以载频数量）计算工程量。

（4）微波系统调测分为中继段调测和数字段调测，这两种调测是按“段”的两端共同参与调测考虑的，在计算工程量时可以按站分摊计算。

① 微波中继段调测工程量：单位为“中继段”。每个站分摊的“中继段调测”工程量分别为1/2中继段；中继站是两个中继段的连接点，所以同时分摊两个“中继段调测”工程量，即1/2段×2=1段。

② 微波数字段调测工程量：单位为“数字段”。各站分摊的“数字段调测”工程量分别为1/2“数字段”。

（5）卫星地球站系统调测。

① 地球站内环测、地球站系统调测工程量：单位为“站”，应按卫星天线直径大小统计工程量。

② VSAT 中心站站内环测工程量：单位为“站”；网内系统对测工程量：单位为“系统”，“系统”的范围包括网内所有的端站。

以无线通信设备安装工程为例：

移动基站工程的无线设备安装的主要工作流程为：安装机架、缆线及辅助设备—天、馈线系统安装和调测—基站系统安装和调测—联网调测。主要工程量见表 12-43。

表 12-43　移动基站工程的无线设备安装工程量清单表

序号	定额编码	工程量名称	备注
1	TSW1-001	安装室内电缆槽道	
2	TSW1-002、TSW1-003	安装室内电缆走线架	有水平和垂直两种
3	TSW1-004	安装室外馈线走道　水平	
4	TSW1-005	安装室外馈线走道　沿外墙垂直	
5	TSW1-012、TSW1-013	安装室内有源综合架（柜）　落地式	有落地式和嵌墙式两种
6	TSW1-027～TSW1-029	安装防雷箱	有室内安装、室外非塔上安装、室外铁塔上安装 3 种
7	TSW1-030	安装室内接地排	
8	TSW1-031	安装室外接地排	
9	TSW1-032	安装防雷器	
10	TSW1-033	敷设室内接地母线	
11	TSW1-044、TSW1-045	布放 SYV 类同轴电缆	有单芯和多芯两种
12	TSW1-050	编扎、焊（绕、卡）接 SYV 类同轴电缆	
13	TSW1-053～TSW1-055	设备机架间放绑软光纤	
14	TSW1-058	布放射频拉远单元（RRU）用光缆	
15	TSW1-080	安装加固吊挂	
16	TSW1-081	安装支撑铁架	
17	TSW1-082	安装馈线密封窗	
18	TSW1-088～TSW1-090	天线美化处理配合用工	有楼顶、铁塔、外墙 3 种
19	TSW2-016	安装定向天线　抱杆上	
20	TSW2-023	安装调测卫星全球定位系统（GPS）天线	

续表

序号	定额编码	工程量名称	备注
21	TSW2-027、TSW2-028	布放射频同轴电缆 1/2 英寸以下	有 4 m 以下和每增加 1 m 之分
22	TSW2-029、TSW2-030	布放射频同轴电缆 7/8 英寸以下	有 10 m 以下和每增加 1 m 之分，用于 GSM 基站
23	TSW2-044、TSW2-045	宏基站天、馈线系统调测	有 1/2 英寸和 7/8 英寸两种
24	TSW2-048	配合调测天、馈线系统	
25	TSW2-049～TSW2-052	安装基站主设备	有室外落地式、室内落地式、壁挂式、机柜/箱嵌式 4 种
26	TSW2-053～TSW2-062	安装射频拉远设备	各种安装场景
27	TSW2-073～TSW2-075	2G 基站系统调测	
28	TSW2-076、TSW2-077	3G 基站系统调测	
29	TSW2-078、TSW2-079	4G/LTE 基站系统调测	
30	TSW2-080、TSW2-081	配合基站系统调测	有全向和定向两种
31	TSW2-090、TSW2-091	2G 基站联网调测	
32	TSW2-092	3G 基站联网调测	
33	TSW2-093	4G/LTE 基站联网调测	
34	TSW2-094	配合联网调测	

（二）通信线路工程

对于管道线路工程来说，它的主要工程流程为：施工测量—光缆单盘检验—敷设塑料子管—敷设管道光缆—测试。主要工程量如表 12-44 所示。

表 12-44　管道线路工程的工程量清单表

序号	定额编码	工程量名称	备注
1	TXL1-003	管道光（电）缆工程施工测量	
2	TXL1-006	光缆单盘检验	

续表

序号	定额编码	工程量名称	备注
3	TXL4-001	布放光（电）缆人孔　抽水积水	
4	TXL4-002	布放光（电）缆人孔　抽水流水	
5	TXL4-003	布放光（电）缆手孔　抽水	
6	TXL4-004	人工敷设塑料子管　1孔子管	不同子管孔数（1～5孔），采用定额不同；室外通道、管廊光缆线按规定系数调整
7	TXL4-012	敷设管道光缆　24芯以下	不同光缆芯数，采用定额不同
8	TXL4-033	打人（手）孔墙洞　砖砌人孔三孔管以下	“三孔管以上”“三孔管以下”是指：人（手）孔墙洞可敷设的引上管数量
9	TXL4-037	打穿楼墙洞　砖墙	
10	TXL4-040	打穿楼层洞　混凝土楼层	
11	TXL4-043～TXL4-046	安装引上钢管	有50以下和50以上之分；有杆上和墙下之分
12	TXL4-048	进局光（电）缆防水封堵	
13	TXL4-050	穿放引上光缆	
14	TXL4-053～TXL4-055	架设墙壁光缆	有吊线式、钉固式和自承式3种
15	TXL6-005、TXL6-006	光缆成端接头	不同光缆芯数，采用定额不同
16	TXL6-010	光缆接续　36芯以下	有束状和带状两种
17	TXL6-045	40 km以上中继段光缆测试36芯以下	不同光缆芯数，采用定额不同
18	TXL6-074	40 km以下中继段光缆测试36芯以下	不同光缆芯数，采用定额不同
19	TXL7-042～TXL7-044	安装落地式光缆交接箱	交接箱容量（144芯以下、288芯以下和288芯以上）不同，采用定额不同
20	TXL7-045、TXL7-046	安装壁挂式光缆交接箱	交接箱容量（144芯以下、288芯以下和288芯以上）不同，采用定额不同

续表

序号	定额编码	工程量名称	备注
21	TXL7-047、TXL7-048	安装架空式光缆交接箱	交接箱容量（144 芯以下、288 芯以下和 288 芯以上）不同，采用定额不同

通信管道光（电）缆敷设工程量的计算和统计如下：

通信管道中光（电）缆敷设的工程量以所敷设光（电）缆的长度计量，计量单位是“千米条”。

所要敷设光（电）缆的长度由下式确定，即

光（电）缆敷设长度＝施工丈量长度×（$1+K$‰）＋设计预留长度

式中，K 为光（电）缆敷设的自然弯曲系数。对于直埋通信线路，$K=7$；对于通信管道工程和通信杆路工程，$K=5$。

设计预留长度由线路设计人员根据实际情况取定，并在图纸设计时给出。

需要注意的是，统计光（电）缆敷设工程量时，应区分不同的光（电）缆规格分别统计工程量。

直埋通信线路是指将光（电）缆直接埋于地下的一种通信线路施工形式，由于直埋线路具有建设成本相对较低、可以使用盘长比较长的光（电）缆从而有效减少接头数量等一系列的优点，因而在长途通信线路建设中得到十分广泛的应用。

直埋通信线路的施工内容主要包括：施工测量、光缆单盘检验、开挖光（电）缆沟和接头坑、敷设直埋式光（电）缆、光（电）缆沟回填、埋式光（电）缆的保护等。主要工程量如表 12-45 所示。

表 12-45　直埋通信线路工程的工程量清单表

序号	定额编码	工程量名称	备注
1	TXL1-001	直埋光（电）缆工程施工测量	
2	TXL1-006	光缆单盘检验	
3	TXL1-008～TXL1-016	人工开挖混凝土路面　路面厚度 100 毫米以内	路面类型不同，定额不同
4	TXL1-017～TXL1-022	机械开挖混凝土路面　路面厚度 100 毫米以内	路面类型不同，定额不同
5	TXL2-001～TXL2-006	挖、松填光（电）缆沟、接头坑　普通土	土质不同，定额不同
6	TXL2-007～TXL2-012	挖、夯填光（电）缆沟、接头坑　普通土	土质不同，定额不同
7	TXL2-014	手推车倒运土方	

续表

序号	定额编码	工程量名称	备注
8	TXL2-015	平原地区敷设埋式光缆　36芯以下	不同的土质（平原、丘陵、水田、城区、山区）和光缆芯数，采用定额不同
9	TXL2-107	人工顶管	当遇到铁路、公路等
10	TXL2-108	机械顶管	当遇到铁路、公路等
11	TXL2-109～TXL2-111	铺管保护	有钢管、塑料管和大长度半硬塑料管3种
12	TXL2-112、TXL2-113	铺砖保护	有横铺砖和竖铺砖两种
13	TXL2-114	铺水泥盖板	
14	TXL2-115	铺水泥槽	
15	TXL6-005、TXL6-006	光缆成端接头　束状	有束状和带状两种
16	TXL6-010	光缆接续　36芯以下	不同光缆芯数，采用定额不同
17	TXL6-045	40 km以上中继段光缆测试 36芯以下	不同光缆芯数，采用定额不同
18	TXL6-074	40 km以下中继段光缆测试 36芯以下	不同光缆芯数，采用定额不同
19	TXL7-042～TXL7-044	安装落地式光缆交接箱	交接箱容量（144芯以下、288芯以下和288芯以上）不同，采用定额不同
20	TXL7-045、TXL7-046	安装壁挂式光缆交接箱	交接箱容量（144芯以下、288芯以下和288芯以上）不同，采用定额不同
21	TXL7-047、TXL7-048	安装架空式光缆交接箱	交接箱容量（144芯以下、288芯以下和288芯以上）不同，采用定额不同

直埋通信线路工程施工过程中工程量的计算和统计主要包括以下几个方面。

（1）施工测量工程量的计算和统计。在直埋通信线路的施工过程中首先必须通过相应的施工测量确定直埋光（电）缆的位置和路由方向。直埋通信线路施工测量的工程量不区分地形和土质，统一以施工测量的距离长度计量，计量单位：100 m。

施工测量的距离＝图末示长度－图始示长度

（2）开挖光（电）缆沟和接头坑工程量的计算和统计。在通过施工测量确定线路的位置和路由方向后，接下来的工作就是开挖光（电）缆沟和接头坑，其中的接头坑是指用于埋设光（电）缆接头的接头盒。直埋通信线路光（电）缆接头的数量通常按以下方法确定。

① 直埋电缆接头坑初步设计按照 5 个/km 取定，施工图设计按照实际取定。

② 直埋光缆接头坑初步设计按照 2 km 标准盘长或每 1.7～1.85 km 取一个接头坑，施工图设计按照实际取定。

光（电）缆沟所挖土方的体积可由下式计算，即

光（电）缆沟所挖土方体积＝光（电）缆沟的截面面积×光（电）缆沟开挖长度

（3）敷设埋式光（电）缆工程量的计算和统计。直埋通信线路的主要工作是敷设埋式光（电）缆，具体可分为敷设埋式光缆和敷设埋式电缆。

敷设埋式光（电）缆的工程量以所敷设的埋式光（电）缆的距离长度计量，计量单位：千米条。

（4）回填土方工程量的计算和统计。直埋线路光（电）缆沟回填的工程量以所回填土方的体积计量，计量单位：100 m^3。

由于光（电）缆本身所占的空间相对于光（电）缆沟的空间非常微小，因此在统计光（电）缆沟回填的工程量时，光（电）缆本身所占的体积可忽略不计，即光（电）缆沟回填的工程量就等于光（电）缆沟开挖的工程量。

① 石质光（电）缆沟和土质光（电）缆沟示意图分别见图 12-14、图 12-15。

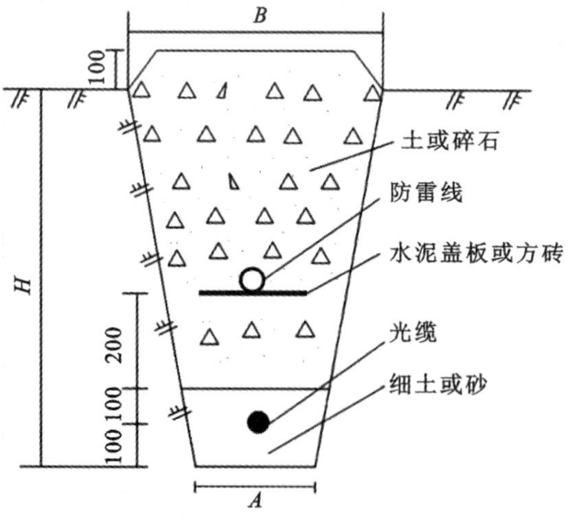

图 12-14　石质光（电）缆沟

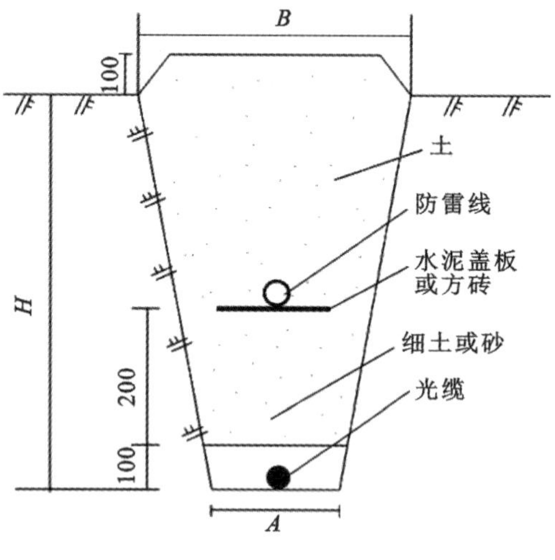

图 12-15　土质光（电）缆沟

② 工程量计算公式：

$$光（电）缆沟土石方开挖工程量=\frac{A+B}{200}HL$$

式中：B——缆沟上口宽度（m）；

A——缆沟下底宽度（m，人工挖沟一般取 0.3～0.4 m）；

H——缆沟深度（m）；

L——缆沟长度（m）。

③ 埋式光（电）缆沟土（石）方回填量等于开挖量，光（电）缆体积忽略不计。

（5）光（电）缆保护工程量的计算和统计。在直埋光（电）缆线路的施工过程中，根据不同的地形情况常需对直埋的光（电）缆采用各种不同形式的保护措施，常见的保护形式有铺管保护、横铺砖保护、竖铺砖保护、护坎保护、石砌护坡保护和漫水坝保护等。这些保护措施的施工当然要耗费一定的工程量。

① 护坎体积的计算。

a. 护坎示意图见图 12-16。

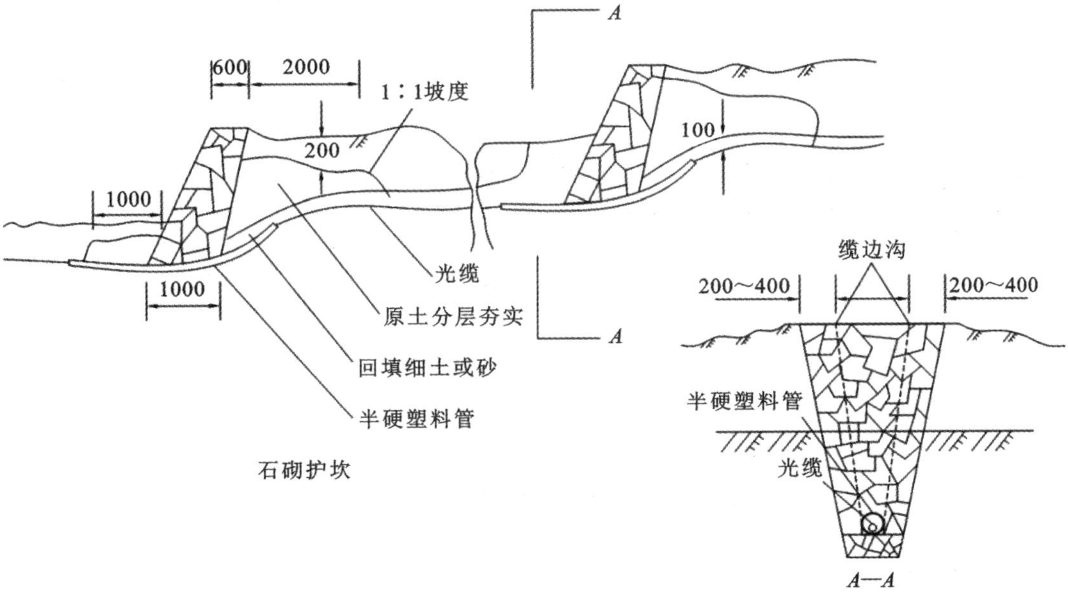

图 12-16　护坎示意图

b. 护坎体积计算方法一（近似公式）：

$$V=HAB$$

式中：V——护坎体积（m^3）；

H——护坎总高（m，地面以上坎高＋光缆沟深）；

A——护坎平均厚度（m）；

B——护坎平均宽度（m）。

c. 护坎体积计算方法二（精确公式）：

$$V=\frac{H}{6}\left[a_1b_1+a_2b_2+(a_1+a_2)(b_1+b_2)\right]$$

式中：V——护坎体积（m^3）；

a_1——护坎上宽（m）；

b_1——护坎上厚（m）；

a_2——护坎下宽（m）；

b_2——护坎下厚（m）；

H——护坎总高（m）。

d. 护坎的工程量计算要按“石砌”“三七灰土”分别计算。

② 护坡体积的计算：

$$V=HLB$$

式中：V——护坡体积（m^3）；

H——护坡高度（m）；

L——护坡宽度（m）；

B——平均厚度（m）。

③ 堵塞体积的计算：

a. 堵塞示意图见图 12-17。

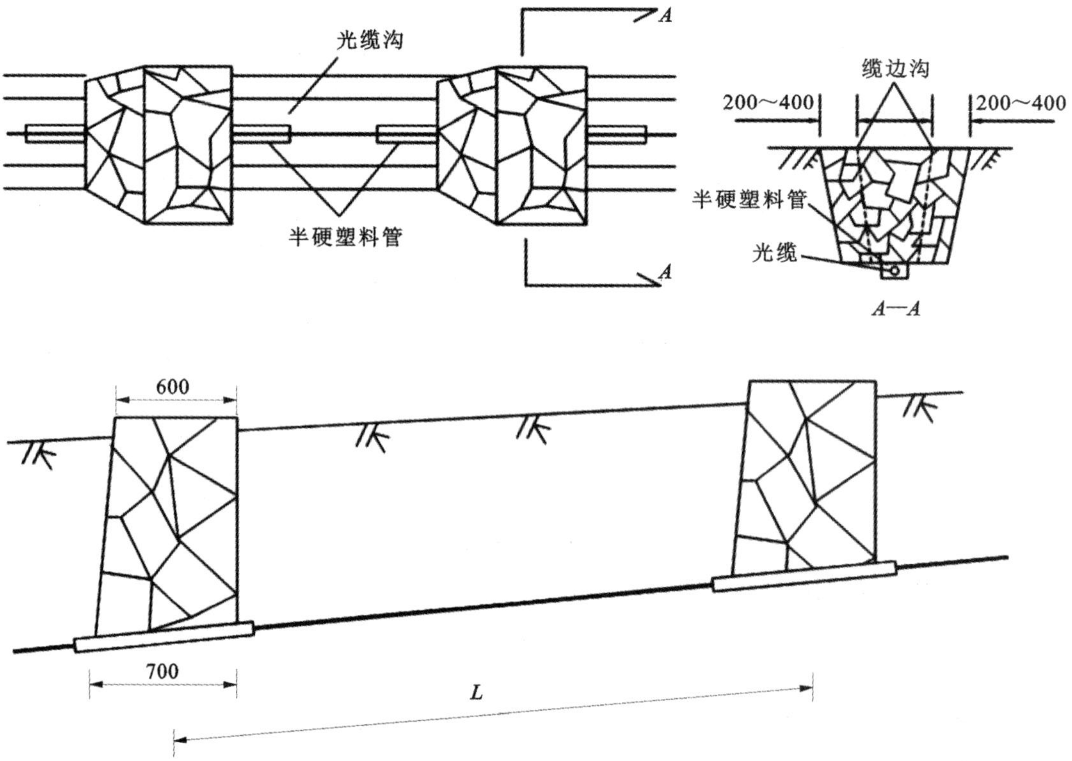

图 12-17　光（电）缆沟堵塞示意图

b. 堵塞体积计算方法一（近似公式）：

$$V=HAB$$

式中：V——堵塞体积（m^3）；

H——光缆沟深（m）；

A——堵塞平均厚（m）；

B——堵塞平均宽（m）。

c. 堵塞体积计算方法二（精确公式）：

$$V=\frac{H}{6}[a_1b_1+a_2b_2+(a_1+a_2)(b_1+b_2)]$$

式中：V——堵塞体积（m^3）；

a_1——堵塞上宽（m）；

b_1——堵塞上厚（m）；

a_2——堵塞下宽（m）；

b_2——堵塞下厚（m）；

H——堵塞高（m，相当于光缆埋深）。

④ 水泥砂浆封石沟体积的计算。

a. 水泥砂浆封石沟的示意图见图 12-18。

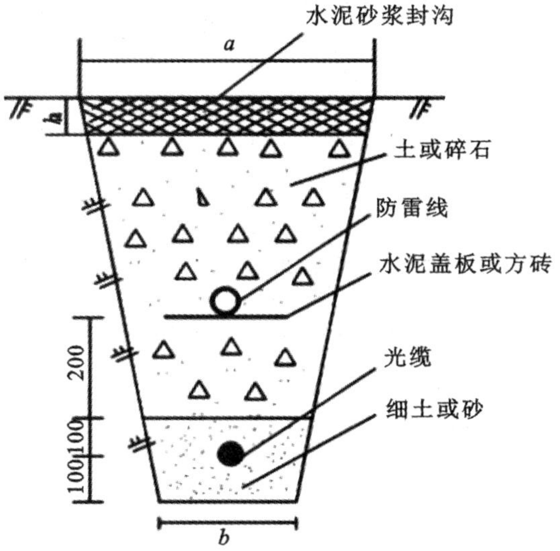

图 12-18 水泥砂浆封石沟示意图

b. 水泥砂浆封石沟的体积：

$$V=haL$$

式中：V——水泥砂浆封石沟体积（m^3）；

h——水泥砂浆厚度（m）；

a——封石沟宽度（m）；

L——封石沟长度（m）。

⑤ 漫水坝体积的计算：

a. 漫水坝的示意图见图 12-19。

b. 漫水坝的体积：

$$V=\frac{a+b}{2}HL$$

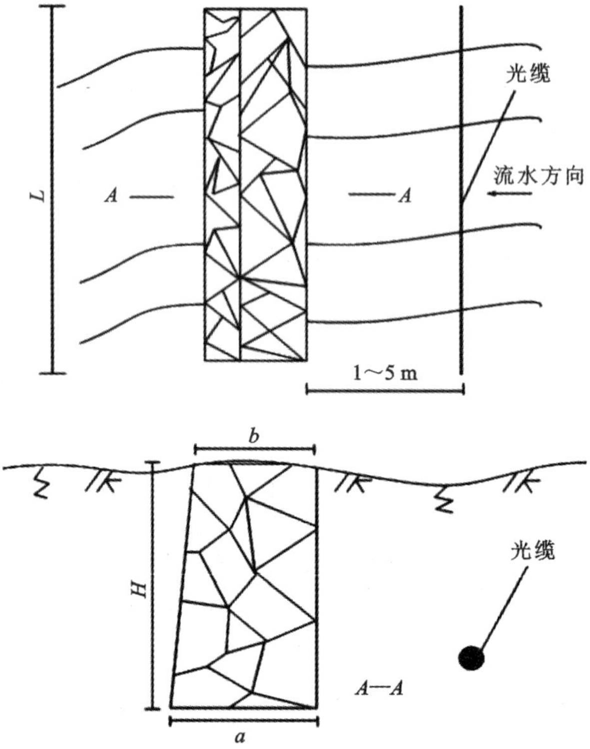

图 12-19　漫水坝示意图

式中：V——漫水坝体积（m^3）；

H——漫水坝高度（m）；

a——漫水坝脚厚度（m）；

b——漫水坝顶厚度（m）；

L——漫水坝长度（m）。

（三）通信管道工程

通信管道是现在通信线路铺设过程中经常采用的一种施工形式，尤其是城市内的通信线路铺设，新建通信线路基本都采用了通信管道的形式。在市内道路改造过程中为了美观等原因，也往往要求对原有的架空通信线路“上改下”，即拆除原有地面上的架空线路，改为地面下的直埋或通信管道形式。因此，通信管道工程是现在常见的一种通信线路工程类型。主要工程量如表 12-46 所示。

表 12-46　通信管道工程的工程量清单表

序号	定额编码	工程量名称	备注
1	TGD1-001	施工测量管道	
2	TGD1-002	人工开挖混凝土路面　路面厚度 100 毫米以内	路面类型不同，定额不同

续表

序号	定额编码	工程量名称	备注
3	TGD1-011	机械开挖混凝土路面　路面厚度 100 毫米以内	路面类型不同，定额不同
4	TGD1-017	人工开挖管道沟及人（手）孔坑　普通土	土质不同，定额不同
5	TGD1-023	机械开挖管道沟及人（手）孔坑　普通土	土质不同，定额不同
6	TGD1-027	回填土方　松填原土	
7	TGD1-034	手推车倒运土方	
8	TGD1-036	安装挡土板　管道沟	
9	TGD1-037	安装挡土板　人孔坑	
10	TGD1-038～TGD1-040	管道沟抽水	有逆水流、中水流和强水流 3 种
11	TGD1-041～TGD1-043	人孔坑抽水	有逆水流、中水流和强水流 3 种
12	TGD1-044～TGD1-046	手孔坑抽水	有逆水流、中水流和强水流 3 种
13	TGD2-004	混凝土管道基础 一平型（460 宽）C15	管道类型不同，采用定额不同，详情见定额手册
14	TGD2-023	混凝土管道基础加筋（人孔/手孔窗口处）一平型（460 宽）	管道类型不同，采用定额不同，详情见定额手册
15	TGD2-066	铺设水泥管道　三孔管	类型不同，定额不同
16	TGD2-089	铺设塑料管道　4 孔（2×2）	孔数不同，定额不同
17	TGD2-136	管道填充水泥砂浆（M7.5）	
18	TGD2-138	管道混凝土包封（C15）	
19	TGD3-001	砖砌人孔（现场浇灌上覆）　小号直通型	
20	TGD4-002	防水砂浆抹面法（五层）　砖砌墙	

通信管道工程的施工过程主要包括施工测量、开挖路面、开挖管道沟和人（手）孔坑、做管道基础、铺设管道、做管道接头包封、建筑人（手）孔、管道土方回填和清运余土等。下面具体介绍每项工作工程量的计算规则和统计方法。

1. 施工测量工程量的计算和统计

通信管道工程施工测量的工程量以施工测量的距离长度来计量，计量单位：km。

施工测量长度的计算规则是：

管道工程施工测量长度＝各人孔中心至人孔中心长度之和

＝管道线路的路由长度

一般通信管道工程的设计图纸中所标注的各段管道的长度尺寸即是人孔中心之间的距离，所以具体统计时把图纸中各段管道的长度加起来就是施工测量的长度。

2. 人孔坑挖深

人孔坑设计示意图见图 12-20。

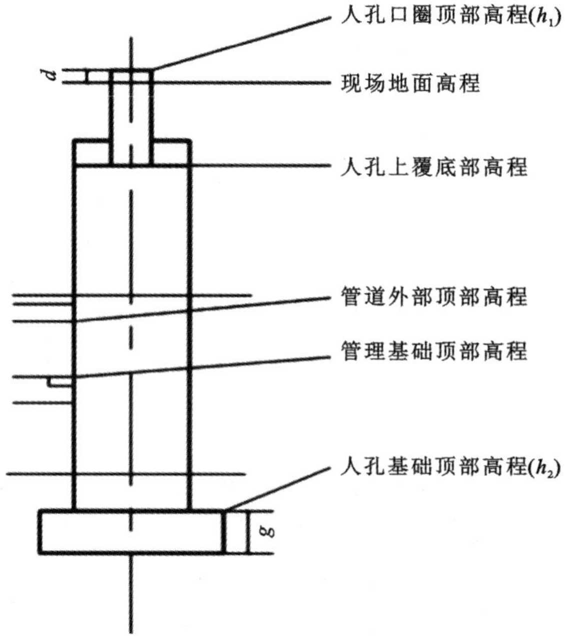

图 12-20　人孔坑设计示意图

$$H = h_1 - h_2 + g - d$$

式中：H——人孔坑挖深（m）；

h_1——人孔口圈顶部高程（m）；

h_2——人孔基础顶部高程（m）；

g——人孔基础厚度（m）；

d——路面厚度（m）。

3. 管道沟挖深

（1）管道沟挖深示意图和通信管道设计示意图分别见图 12-21、图 12-22。

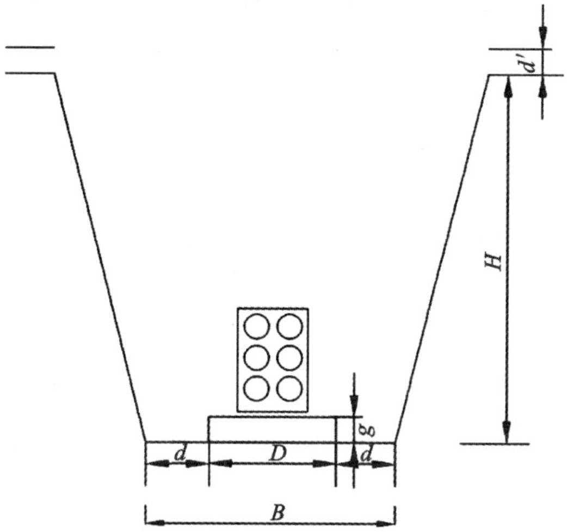

图 12-21 管道沟挖深示意图

图 12-22 通信管道设计示意图

（2）管道沟深：

$$H=\frac{1}{2}[(h_1-h_2+g)_{人孔1}+(h_1-h_2+g)_{人孔2}]-d'$$

式中：H——管道沟深（m，平均埋深，不含路面厚度）；

h_1——人孔口圈顶部高程（m）；

h_2——管道基础顶部高程（m）；

g——管道基础厚度（m）；

d'——路面厚度（m）。

注：应在沟的两端分别计算后，求平均沟深，再减去路面厚度。

4. 开挖路面工程量的计算和统计

当通信管道需要跨越路面或人（手）孔需要建筑在路面上时，如果采用开挖方式施工，就需要开挖路面。

开挖路面的工程量以开挖路面面积计算，计量单位：100 m^2。

管道沟和人（手）孔坑的开挖有两种开挖方式，即不放坡开挖和放坡开挖。两种情况要分别计算。

人（手）孔坑开挖路面总面积＝人（手）孔坑放坡开挖路面面积之和＋人（手）孔坑不放坡开挖路面面积之和

管道沟开挖路面总面积＝管道沟放坡开挖路面面积之和＋管道沟不放坡开挖路面面积之和

路面开挖的总面积＝人（手）孔坑开挖路面总面积 ＋管道沟开挖路面总面积

注意：由于路面开挖的实际工程量不仅和开挖路面的面积有关，还和开挖路面的厚度和路面的不同构筑成分（混凝土路面、柏油路面、砂石路面、水泥花砖路面等）有关，因此，对于路面开挖工程量的计算和统计应按不同厚度、不同构筑成分分别计算和统计。

（1）开挖管道沟路面面积（不放坡）：

$$A = BL$$

式中：A——路面面积（m^2）；

B——沟底宽度（m，沟底宽度 B＝管道基础宽度 D＋施工余度 $2d$）；

L——管道沟路面长度（m，两相邻人孔坑坑口边间距）。

（2）开挖管道沟路面面积（放坡）：

$$A = (2Hi + B)L$$

式中：A——路面面积（m^2）；

H——沟深（m）；

B——沟底宽度（m，沟底宽度 B＝管道基础宽度 D＋施工余度 $2d$）；

i——放坡系数（由设计按规范确定）；

L——管道沟路面长度（m，两相邻人孔坑坑口边间距）。

（3）开挖人孔坑路面面积（不放坡）。

人孔坑开挖土石方示意图见图 12-23。

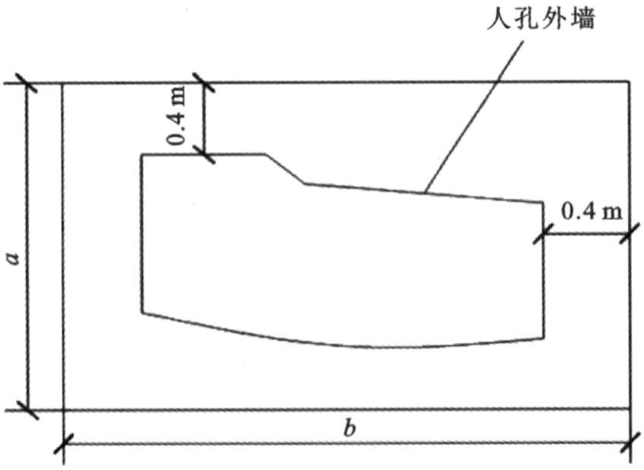

图 12-23　人孔坑开挖土石方示意图

人孔坑路面面积：

$$A = ab$$

式中：A——人孔坑面积（m^2）；

a——人孔坑长度（m，坑底长度＝人孔外墙长度＋0.8 m＝人孔基础长度＋0.6 m）；

b——人孔坑底宽度（m，坑底宽度＝人孔外墙宽度＋0.8 m＝人孔基础宽度＋0.6 m）。

（4）开挖人孔坑路面面积（放坡）：

$$A = (2Hi + a)(2Hi + b)$$

式中：A——人孔坑路面面积（m^2）；

H——坑深（m）；

i——放坡系数（由设计按规范确定）；

a——人孔坑底长度（m）；

b——人孔坑底宽度（m）。

（5）开挖路面总面积：

总面积＝各人孔开挖路面总和＋各管道沟开挖路面面积总和

5. 开挖土方工程量的计算和统计

在通信管道施工过程中需要开挖管道沟和人（手）孔坑，这部分开挖的工程量（路面开挖除外）以挖掘出的土方体积计量，计量单位：100 m^3。

管道沟和人（手）孔坑的开挖分成放坡和不放坡两种不同的情况，应分开计算，合并统计。

注意：由于不同土质（普通土、砂砾土、硬土、冻土、软石、坚石）不同开挖方式（坚石人工开挖、坚石爆破开挖）的开挖难度不同，需用的工具和器材也不一样，因此统计通信管道工程开挖土方的工程量时应按不同土质以及不同的开挖方式分别进行统计，并在最后的工程量统计表中以不同的条目分别列出。土质的分类方式可参见国家相关标准。

（1）挖管道沟土方体积（不放坡）：

$$V = BHL$$

式中：V——挖管道沟体积（m^3）；

B——沟底宽度（m）；

H——沟深度（m，不含路面厚度）；

L——沟长度（m，两相邻人孔坑坑口边间距）。

（2）挖管道沟土方体积（放坡）：

$$V = (Hi + B)HL$$

式中：V——挖管道沟体积（m^3）；

H——平均沟深度（m，不含路面厚度）；

i——放坡系数（m，由设计按规范确定）；

B——沟底宽度（m）；

L——沟长度（m，两相邻人孔坑坑口边间距）。

（3）挖人孔坑土方体积（不放坡）：

$$V = abH$$

式中：V——人孔坑土方体积（m^3）；

a——坑底长度（m）；

b——坑底宽度（m）；

H——坑深度（m，不含路面厚度）。

（4）挖人孔坑土方体积（放坡）：

$$V = \frac{H}{3}[ab + (a + 2Hi)(b + 2Hi) + \sqrt{ab(a + Hi)(b + 2Hi)}]$$

式中：V——人孔坑土方体积（m^3）；

H——人孔坑深（m，不含路面厚度）；

a——人孔坑底长度（m）；

b——人孔坑底宽度（m）；

i——放坡系数。

（5）总开挖土方体积在无路面情况下：

总开挖土方体积＝各人孔坑开挖土方总和＋各段管道沟开挖土方总和

6. 管道基础工程量的计算和统计

为了防止通信管道沟地基的不稳定沉降对通信管道的不利影响，通常采用构筑管道基础的形式对管道沟地基进行加固。管道基础的工程量以所做管道基础的长度来计量，计量单位：100 m。

通信管道基础的铺设过程中，对于不同的地质条件和不同的管道类型，所需要铺设的管道基础的宽度和厚度不相同。同时不同的土质条件和管道形式所要求的基础形式也是不一样的。土质较硬且稳定性好的管道沟管道基础通常采用铺设碎石基底作为基础，土质较软且稳定性不好的管道沟则要采用铺设一定厚度的混凝土作为管道基础，称为混凝土基础。对于管道沟地基稳定性特别差的情况，则不但要铺设较厚的混凝土，而且要在混凝土中按一定的形式加入钢筋，以进一步加强管道基础的稳定性，称之为混凝土基础加筋。显然，管道基础施工的实际工程量不仅和铺设管道基础的长度有关，还和所铺设管道基础的宽度、厚度以及管道基础的铺设形式有关，所以实际统计管道基础的工程量时应按不同的宽度、厚度和管道基础形式分别统计各种条件下的管道基础工程量。

7. 通信管道铺设工程量的计算和统计

通信管道铺设的工程量以通信管道铺设的长度计量，也就是说，均按图示管道段长即人（手）孔中心—人（手）孔中心计算，不扣除人（手）孔所占长度。计量单位：100 m。

需要注意的是，常用的通信管道有多种不同的材质，如水泥管道、镀锌钢管、塑料管道等，同一种材质的管道也有多种不同的规格，通信管道铺设过程中不同材质、不同规格的管道所消耗的工程量是不同的。也就是说，通信管道铺设过程的工程量不仅和管道铺设的距离长度有关，还和所铺设管道的材质和规格有关。因此，在统计管道铺设的工程量时，应对不同材质、不同规格的通信管道分别统计铺设的长度距离。

8. 人（手）孔建筑工程量的计算和统计

为了方便通信管道中的光（电）缆敷设和维护，按照规定在通信管道线路上每隔一定距离必须建筑相应的人（手）孔。通信管道人（手）孔建筑的工程量以所建筑的人（手）孔的个数计量，计量单位：个。

在不同的情况下，通信管道中的人（手）孔会有不同的大小和不同的形状，如小号直通人孔、大号直通人孔、小号三通人孔等，还有不同大小的手孔。同时在实际建筑人孔的过程中，人孔上覆的安装又有现场浇筑和吊装两种不同的施工方式，这些都会对实际施工的工程量造成影响。因此在统计人手孔建筑工程量时，应该注意对不同大小、不同形式以及不同施工方式（现场浇筑上覆和吊装上覆）的人（手）孔分别统计个数。

9. 土方回填工程量的计算和统计

通信管道建筑全部完成后，应将开挖的管道沟重新填平恢复原有地貌，称之为土方回填。土方回填的工程量以回填土方的体积计量，计量单位：100 m^3。

回填土方的体积＝“挖出管道沟与人孔坑土方量之和”－“管道建筑（基础、管群、包封）体积与人（手）孔建筑体积之和”

通信管道工程回填土（石）方体积＝挖管道沟土（石）方体积＋
挖人孔坑土（石）方体积－
管道建筑体积（基础、管群、包封）－
人（手）孔建筑体积

按每段管道沟或每个人孔坑确定抽水工程量；段为两相邻人孔坑间的距离，人孔个数不分其大小。

10. 通信管道接头包封工程量的计算和统计

通信管道接头包封的工程量以包封所用混凝土的体积计量，计量单位：m^3。

整个包封可以看作由三部分组成：基础侧包封、管道侧包封和管道顶部包封，可以分别计算这三部分的体积，再加起来就是整个管道接头包封的体积。

（1）通信管道包封示意图见图 12-24。

（2）通信管道包封混凝土体积：

$$n=V_1+V_2+V_3$$

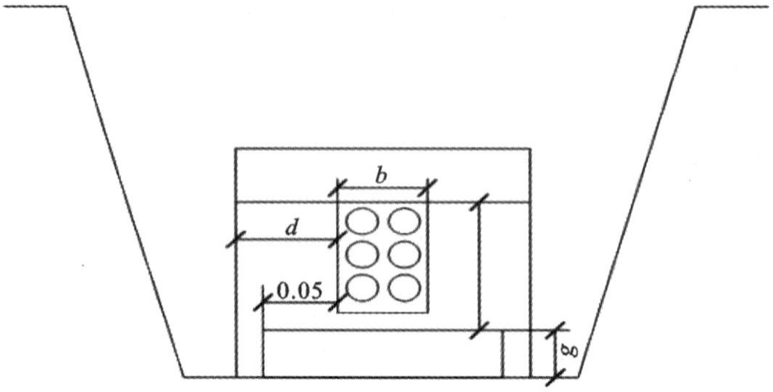

图 12-24 通信管道包封示意图

其中：V_1——管道基础侧包封混凝土体积（m^3）；

$$V_1 = 2(d - 0.05)gl$$

d——包封厚度（m）；

0.05——基础每侧外露宽度（m）；

g——管道基础厚度（m）；

L——管道基础长度（m，相邻两人孔外壁间距）；

V_2——基础以上管群侧包封混凝土体积（m^3）；

$$V_2 = 2dHL$$

H——管群侧高（m）；

V_3——管道顶部包封混凝土体积（m^3）；

$$V_3 = (b + 2d)HL$$

b——管道宽度（m）。

11. 水平定向钻施工工程量的计算和统计

水平定向钻施工的消耗和钻的孔径大小有关，因此通信管道建设过程中水平定向钻施工的工程量应区分不同的孔径大小分别统计。

12. 抽水工程量的计算和统计

在通信管道施工过程中，当管道沟或人（手）孔坑中有积水影响到工程的进一步施工时，应当先行抽取积水再进行进一步的施工，抽水的具体工作包括：安装、拆卸抽水器具，抽水等。在进行抽水的工程量统计时，将抽水分为管道沟抽水和人（手）孔坑抽水分别统计，其中管道沟的抽水工程量以需要抽水的管道沟的长度计量，计量单位：100 m；人（手）孔坑抽水的工程量以需要抽水的人（手）孔坑的个数计量，计量单位：个。

13. 顶管施工工程量的计算和统计

顶管施工也是通信管道施工过程中一种常用的非开挖施工方法，具体工作包括：挖工作坑、安装机具、接钢管、顶钢管、堵管孔等。顶管施工的工程量以顶管的距离来计量，计量单位：m。

14. 使用挡土板工程量的计算和统计

使用挡土板的工程量对于管道沟以需要使用挡土板的管道沟的长度来计量，计量单位：100 m。

人（手）孔坑使用挡土板的工程量以需要使用挡土板的人（手）孔坑的个数来计量，计量单位：10 个。

15. 手推车倒运土方工程量的计算和统计

手推车倒运土方的工程量以倒运土方的体积计量，计量单位：100 m^3。

具体统计时按实际倒运土方的体积统计即可。

三、通信光缆线路工程实例分析

图 12-25 所示为某通信光缆线路工程施工图，工程施工地为城区，本工程为大岗九比远端机房至榄核顺河村白坦桥光交接箱主干光缆单项工程一阶段设计，全程沿原有的通信管道及架空杆路敷设 24 芯单模光缆（GYTA-24B1）；全程不需要布放子管保护，光缆线路两端需要进行光缆成端，且各自预留 10 米；该施工段进行中继段光缆测试。下面将对施工图的工程量进行分析。

1. 施工测量工程量的计算和统计

本工程中包含架空线路和管道线路两种场景，施工测量需要分成两类来进行统计和计算，计量单位：百米。

架空光（电）缆工程施工测量工程量：

$$[(39+35+36+8)/100]\text{ 百米}=1.18\text{ 百米}$$

管道光（电）缆工程施工测量工程量：

$$[(10+23+9+153+159+165+98+97+36+2)/100]\text{ 百米}=7.52\text{ 百米}$$

2. 光缆单盘检验工程量的计算和统计

光缆在进行配盘之前，必须对光缆进行单盘检验，检验光缆出库之前是否存在问题，一般 24 芯光缆按照 1 盘光缆 3000 米来进行统计，本工程光缆使用量总长度小于 3000 米，需要按照 1 盘来进行检验，计量单位：芯盘。

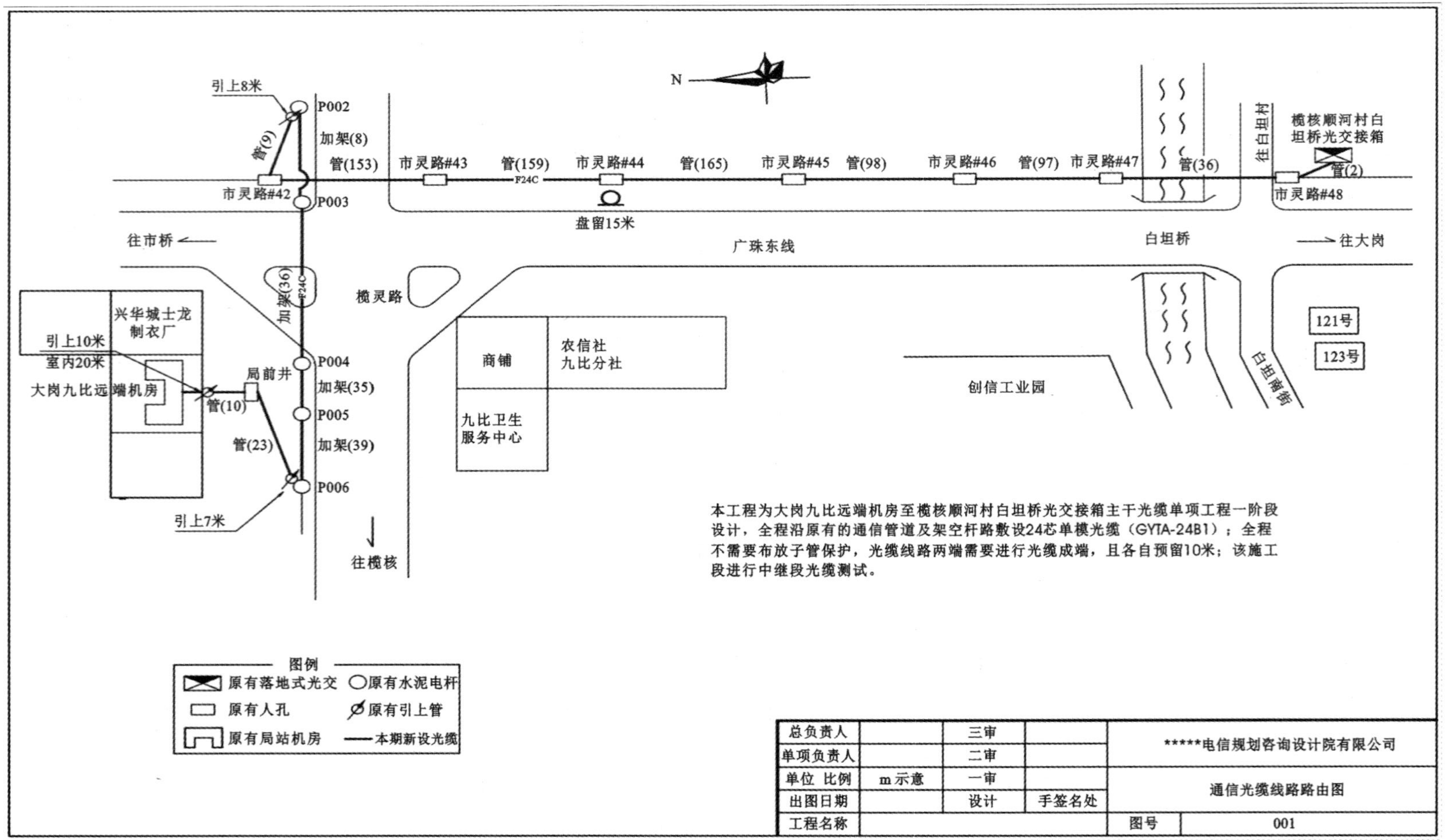

图12-25　某通信光缆线路工程施工图

光缆单盘检验工程量：

（1×24）芯盘＝24 芯盘

3. 架空杆路工程量的计算和统计

架空杆路包括新建电杆、拉线、吊线、敷设光缆等工作内容，本工程由于全程利旧原有架空线路进行光缆敷设，所以对于架空线路来说只有敷设光缆这一项工作内容，而且一般没有特殊说明，都采用挂钩法进行敷设，计量单位：千米条。

挂钩法架设架空光缆工程量：

［118×（1＋5‰）/1000］千米条＝0.119 千米条

4. 人孔抽水工程量的计算和统计

一般对于不同的地区，不同的建设单位对于人（手）孔抽水的要求不一，人（手）孔抽水有时需要全部进行抽水，有时需要按照比例进行，有时需要按照实际情况进行抽水，本工程属于广东地区，雨水量较大，按照全部进行抽水，计量单位：个。

布放光（电）缆人孔抽水工程量：8 个。

5. 敷设管道光缆工程量的计算和统计

统计管道光缆的敷设长度，除了合计各管道段测量距离之外，还需要统计光缆预留和弯曲系数，计量单位：千米条。

敷设管道光缆工程量：

｛［752×（1＋5‰）＋15］/1000｝千米条＝0.771 千米条

6. 穿放引上光缆工程量的计算和统计

引上光缆有各种不同的引上长度，注意不需要对引上光缆长度进行统计，只需要统计引上光缆的条数即可，计量单位：条。

穿放引上光缆工程量：3 条。

7. 室内光缆布放工程量的计算和统计

室内光缆布放包括托板式和定固式两种，一般指进入机房的时候的一种敷设方式。本工程中机房中采用走线架方式敷设的室内光缆，采用托板式敷设室内通道光缆，计量单位：百米条。

托板式敷设室内通道光缆工程量：

（20/100）百米条＝0.2 百米条

8. 光缆成端接头工程量的计算和统计

光缆成端接头按照光缆类型分为束状式和带状式，24 芯光缆一般为束状光缆，24 芯光缆两端都要进行光缆成端，计量单位：芯。

光缆成端接头工程量：

(2×24) 芯=48 芯

9. 光缆测试工程量的计算和统计

本工程采用 40 km 以下中继段光缆测试，计量单位：中继段。

表 12-47 所示为光缆线路工程的工程量清单。

40 km 以下中继段光缆测试工程量：1 中继段。

表 12-47　光缆线路工程的工程量清单

序号	定额编码	工程量名称	单位	数量
1	TXL1-002	架空光（电）缆工程施工测量	百米	1.18
2	TXL1-003	管道光（电）缆工程施工测量	百米	7.52
3	TXL1-006	光缆单盘检验	芯盘	24
4	TXL3-192	挂钩法架设架空光缆 丘陵、城区、水田 36 芯以下	千米条	0.119
5	TXL4-001	布放光（电）缆人孔抽水　积水	个	8
6	TXL4-012	敷设管道光缆　24 芯以下	千米条	0.771
7	TXL4-050	穿放引上光缆	条	3
8	TXL5-041	托板式敷设室内通道光缆	百米条	0.2
9	TXL6-005	光缆成端接头　束状	芯	48
10	TXL6-073	40 km 以下中继段光缆测试　24 芯以下	中继段	1

项目小结

本项目对信息通信建设工程定额及概预算编制做了较详细的阐述，包括定额的概述、信息通信建设工程预算定额、信息通信建设工程费用定额、信息通信建设工程概预算编制、信息通信建设工程工程量计算和统计。

具体内容包括：定额的特点、分类和构成；预算定额的作用、编制程序、依据、构成；费用定额的构成、费用内容、相关定额及计算规则等。特别是概预算文件编制、工程量统计和应用。

本项目的教学目标是使学生了解定额的产生、特点及发展过程，熟悉建设工程定额的分类和现行信息通信建设工程定额的构成；了解预算定额的作用、编制程序和编制依据，熟悉现行信息通信建设工程预算定额的构成；熟悉现行信息通信建设工程费用的构成以及各项费用的相关定额和计算规则；掌握信息通信建设工程的概预算编制方法；掌握信息通信建设工程的工程量统计方法和工程量统计应用。

思考与习题

1. 建设工程定额的特点有哪些，如何进行分类？
2. 预算定额的作用有哪些？
3. 现行信息通信建设工程概预算编制遵循哪些原则？
4. 每册信息通信建设工程预算定额由哪些部分构成？
5. 分别写出五册定额书的册名和册代号。
6. 信息通信建设单项工程总费用由哪几部分组成？

项目十三

信息通信建设工程概预算编制实例

学习目标

1. 掌握通信线路工程概预算编制的方法，学会解读工程案例和进行概预算编制；

2. 掌握通信管道工程概预算编制的方法，学会解读工程案例和进行概预算编制；

3. 掌握无线通信设备安装工程概预算编制的方法，学会解读工程案例和进行概预算编制。

任务一　通信线路工程概预算实例

一、项目案例背景

本项目为通信架空光缆线路单项工程，对海林分局山区中西南方向山路及水路进行线路改造。新建 ONU 基站工程不在本项目案例中讲述，本案例主要针对海林分局新建 ONU 基站通信架空光缆线路单项工程，其中涉及新建架空杆路工程、架空光缆敷设工程作业。

本单项工程以利旧管道为分工界面，沿线有关局站的通信管道由建设单位负责提供，所需新、扩建管道也由建设单位另立项目。本工程施工图设计如图 13-1 所示。

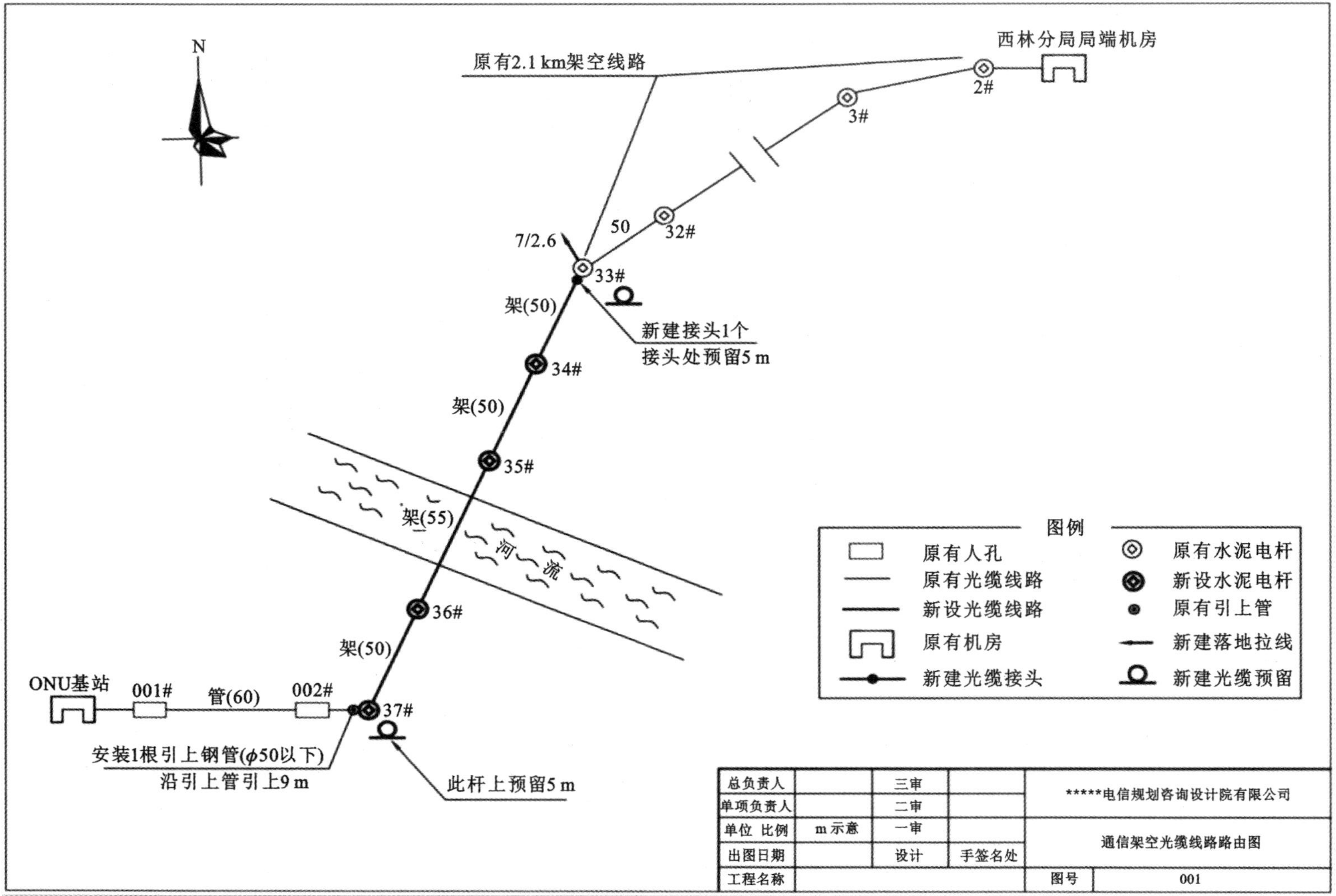

图13-1　海林分局新建ONU基站通信架空光缆线路单项工程施工图

二、项目案例简介

本工程设计为海林分局通信架空光缆线路单项工程一阶段设计，施工地区为海林分局山区中西南方向山路及水路进行线路改造段，土质为综合土，新建 8 m 水泥杆 34＃～37＃，利旧使用 33＃杆的预留绕盘光缆作为接头，取接头包 1 个，两端杆上各盘留 5 m，于 34＃～37＃杆间架空敷设 24 芯单模光缆（GYTS-24）；吊线程式为 7/2.2，吊线两端终结增长各余留共 5 m；35＃～36＃杆间跨越河流，架设辅助吊线，该施工段进行中继段测试。

三、项目已知条件

（1）本工程统计范围限定为新建通信架空光缆线路部分，暂不统计管道线路、机房走线。

（2）本工程施工企业驻地距施工现场 54 km，工程所在地为江苏省非特殊地区。

（3）本工程不招标，不实行采购代理。

（4）本工程敷设 24 芯单模光缆，单盘光缆不进行偏振模色散测试。

（5）本工程 40 km 以内中继段测试工作：双窗口测试，不进行偏振模色散测试。

（6）本工程勘察设计费按合同约定（除税价）为 500 元。

（7）本工程预算内不计列：工程干扰费、特殊地区施工增加费、夜间施工增加费、施工生产用水电蒸汽费、已完工程及设备保护费、运土费、工程排污费、建设用地及综合赔补费、可行性研究费、研究试验费、环境影响评价费、建设工程监理费、工程保险费、工程招标代理费、生产准备及开办费、专利及专利技术使用费、建设期利息等。

（8）本工程国内主材由甲方提供，国内主材运距均为 65 km，具体主材单价如表 13-1 所示。

表 13-1　国内主材单价表

序号	名称	规格程式	单位	单价/元（除税价）	增值税税率
1	光缆	GYSTA-24B1	米	9.03	17%
2	光缆接头盒	24 芯	套	802.28	17%
3	吊线箍		副	12.00	17%

续表

序号	名称	规格程式	单位	单价/元（除税价）	增值税税率
4	镀锌穿钉	50 mm	副	1.16	17%
5	镀锌铁线	ϕ1.5	千克	5.00	17%
6	镀锌铁线	ϕ3.0	千克	5.00	17%
7	镀锌铁线	ϕ4.0	千克	5.00	17%
8	镀锌钢管		根	197.56	17%
9	光缆标志牌		个	2.00	17%
10	拉线抱箍		副	17.89	17%
11	拉线衬环		个	1.15	17%
12	U 形卡子		个	13.00	17%
13	三眼单槽夹板		副	7.48	17%
14	三眼双槽夹板		副	9.27	17%
15	拉线衬环	3 股	只	0.97	17%
16	镀锌钢绞线	7/2.2	千克	7.20	17%
17	镀锌钢绞线	7/2.2	千克	7.20	17%
18	镀锌钢绞线	7/2.6	千克	7.20	17%
19	光缆接头盒支架		套	15.00	17%
20	茶托拉板		块	1.45	17%
21	地锚铁柄		套	19.43	17%
22	挂钩		只	0.16	17%
23	光缆接头托架		套	15.00	17%
24	保护软管		米	1.50	17%
25	水泥	C 32.5	吨	580.00	17%
26	水泥底盘		块	28.19	17%
27	水泥拉线盘		套	32.00	17%
28	水泥电杆	8000 mm×150 mm	根	200.00	17%

（9）本工程为一阶段设计预算，计算数值精确至小数点后两位。

四、架空光缆线路工程施工流程

一般通信线路工程的施工过程主要包括：光（电）缆施工测量；敷设架空光（电）缆，其中分立杆、安装拉线、架设吊线、架设光（电）缆；敷设管道、引上及墙壁光（电）缆；敷设其他光（电）缆，其中分气流法敷设光缆，敷设室内通道光缆，槽道（地槽）、顶棚内布放光（电）缆，敷设建筑内光（电）缆；光（电）缆接续与测试；安装线路设备，其中分安装光（电）缆进线室设备、安装室内外线路设备、安装分线设备、安装充气设备。

本单项工程通信架空光缆线路主要施工过程为：① 架空光缆工程施工测量；② 新建杆路作业，其中包括立杆、安装拉线、架设吊线等；③ 架设光缆作业，其中包括单盘检验工作、杆间架设光缆；④ 进行中继段测试工作。

海林分局通信架空光缆线路单项工程的施工流程如图 13-2 所示。

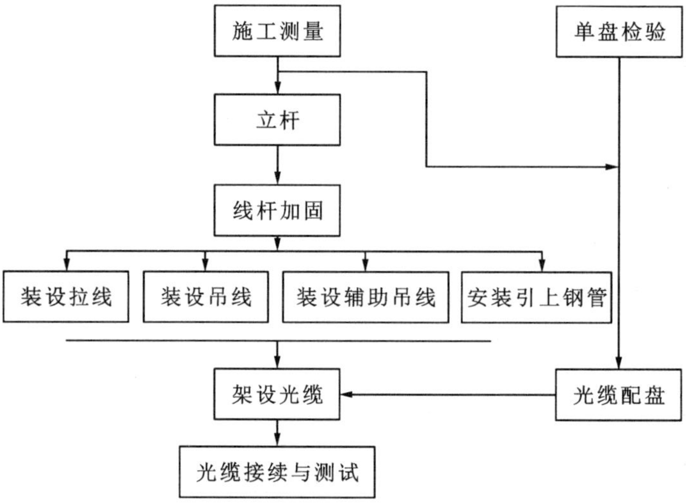

图 13-2　海林分局通信架空光缆线路施工流程

五、架空光缆线路工程工程量计算

1. 施工测量工程量计算

工作内容如下。

（1）施工测量：核对图纸、复查路由位置、施工定点画线、做标记、光（电）缆配盘等。

（2）GPS 定位：校表、测量、记录数据等。

路由复测工程量，以测量的线路距离长度计量，计量单位：百米。

施工测量长度＝（路由图末长度－路由图始长度）/100 m

＝设计图中各段架空线路长度之和/100 m

根据案例背景及施工图可知，该新建架空光缆线路起始 33＃处，终结至 37＃处，其路由长度：

$$(50+50+10+35+10+50)\mathrm{m}=205\ \mathrm{m}$$

适用定额条目：TXL1-002 架空光（电）缆工程施工测量。

2. 立杆工程量计算

工作内容包括：打洞、清理、立杆、装 H 形杆腰梁、回填夯实、号杆等。

架空通信线路立杆工作量以所立杆的数量计量，计量单位和所立杆的类型有关：如立单根杆，立杆工程量的计量单位是“根”；如立复合杆（H 形杆、品接杆、品接 H 形杆），则立杆工程量的计量单位是“座”。

应对不同材质（木电杆、水泥杆）、不同程式（线杆长度、单杆还是复合杆等）的线杆分别统计工程量。

由施工图可知，新建杆路为 34＃～37＃处，其中需立 8 m 水泥电杆数量：4 根。

适用定额条目：TXL3-001 立 9 m 以下水泥杆　综合土。

3. 线杆加固工程量计算

常采用的线杆根部加固措施包括：水泥墩、卡盘、帮桩、围桩、底盘等，具体采用哪种加固措施要视现场土质、线杆高度、线杆负荷、气候环境等具体因素而定。

架空通信线路的线杆加固的工程量以加固地点的数量来计量，计量单位视不同的加固方式而不同，有“根”“处”“块”。

本单项工程中新建 35＃、36＃电杆位于河流两侧，其土质疏松，拟对其电杆根部加固，采用电杆根部垫以底盘方式，则线杆加固数量：2 块。

适用定额条目：TXL3-039 电杆根部加固及保护　底盘。

4. 装设拉线工程量计算

工作内容包括：挖坑，埋设地锚，安装拉线，收紧拉线，做中、上把，清理现场等。架空线路中转角杆、分支杆、终端杆等线杆都应当设置拉线，对于侧向风力较强的线杆也应按照相关规定安装拉线，以保持这些线杆的受力平衡和长期的稳定性。

线杆拉线的工程量以安装拉线的数量计，装设普通单股拉线时单位是“条”，如果是装设特种拉线时计量单位是“处”。

通信线杆拉线常采用镀锌钢绞线制作，常用的规格有：7/2.2、7/2.6、7/3.0 等，而拉线的安装方法常见的有夹板法、另缠法和卡固法等。统计装设拉线工程量时应区分不同的拉线规格、不同的拉线安装方法和不同的土质分别统计其工程量。一般情况下，拉线要比吊线大一规格。

由施工图可知：角杆 33＃杆采用夹板法装设 7/2.6 单股拉线，线杆拉线数量：1 条。

适用定额条目：TXL3-054 水泥杆夹板法装 7/2.6 单股拉线　综合土。

5. 高桩拉线安装工程量计算

统计高桩拉线工程量时，将高桩拉线施工分成三部分分别统计工程量。

（1）拉桩：竖立拉桩的工程量作为立杆工程量统计。计量单位：根。

（2）正拉线：正拉线架设的工程量参照吊线架设的工程量统计。计量单位：千米条。

（3）地面拉线：地面拉线架设的工程量参照普通拉线的工程量统计。计量单位：条。

6. 装设吊线工程量的计算

统计吊线架设工程量时应区分不同的施工区域、不同的线杆材质、不同的吊线规格分别统计工程量。吊线架设的工程量以所架设吊线的长度计量，计量单位：千米条。

该单项工程中，架空吊线程式为 7/2.2，吊线两端终结增长各余留共 5 m。其装设吊线长度：

$$(50+50+10+35+10+50+5+5)\text{m}=215\text{ m}$$

适用定额条目：TXL3-170 水泥杆架设 7/2.2 吊线　山区。

7. 装设辅助吊线工程量计算

装设辅助吊线的工程量以所装设辅助吊线的距离长度计量，计量单位：条档，统计方法同吊线工程量的统计相类似。

由施工图可知，电杆 35＃、36＃处须跨越河流，其跨越长度为 55 m，因而须装设 100 m 以内辅助吊线数量：1 条档。

适用定额条目：TXL3-180 架设 100 m 以内辅助吊线。

8. 安装引上钢管工程量计算

引上钢管用于衔接管道线路及架空线路。安装引上钢管的工程量以所安装引上钢管的数量计量，计量单位：根；穿放引上光缆工程量计量，计量单位：条。

由施工图可知，架空杆路 37＃处，采用引下方式接入利旧管道，其需安装引上管数量：1 根，穿放引上光缆数量：1 条（本处还要单独核算穿放光缆长度，由施工图可知引下 9 m）。

适用定额条目：TXL4-043 安装引上钢管（ϕ50 以下）　杆上；TXL4-050 穿放引上光缆。

9. 安装线杆接地线工程量计算

统计地线工程量时应区分不同的施工方式分别统计工程量。

安装线杆接地线的工程量以所安装的接地线的地点数量计量，计量单位：处。

10. 单盘检验工程量计算

工作内容：外观检验、测试单盘光（电）缆传输特性、记录、整理测试资料等。单盘检验中，光缆的计量单位：芯盘；电缆的计量单位：百对盘。

根据项目已知条件：工程敷设 24 芯单模光缆，单盘光缆不进行偏振模色散测试。其单盘检验数量：24 芯盘。

适用定额条目：TXL1-006 光缆单盘检验。

注意：光缆单盘检验定额是按单窗口测试取定的，如需双窗口测试时，其人工和仪表定额分别乘以 1.2 和 1.8 的系数。

11. 架设光缆工程量计算

挂钩法架设架空光缆工作内容：施工准备、架设光缆、卡挂挂钩、盘余长、安装标识牌等。

架空杆路通信工程中架设光电缆的工程量以所架设的光缆长度计量，计量单位：千米条。

敷设的光缆的长度由下式确定：

$$光缆敷设长度=施工丈量长度\times(1+K‰)+设计预留长度$$

其中：K 为光缆敷设的自然弯曲系数。直埋通信线路，$K=7$；通信管道工程和通信杆路工程，$K=5$。

根据项目已知条件：架空光缆选用 GYSTA-24B1，其架设光缆长度为：［205×（1+0.005）+10］m≈216 m，取整 220 m。

适用定额条目：TXL3-197 挂钩法架设架空光缆　山区 24 芯。

12. 光缆接续与测试工程量计算

光缆接续工作内容如下。

（1）光缆掏纤：确定掏纤位置、开剥外护套、分纤剪断、直通光纤保护、盘留、固定等。

（2）光缆接续：检验器材、确定接头位置、纤芯熔接、测试衰减、盘绕固定余纤、固定加强芯、包封外护套、安装接头盒托架或保护盒等。

（3）现场组装光纤活动连接器：检验器材、光纤端面处理、安装光纤连接器、测试衰耗等。

(4) 光缆成端接头：检验器材、尾纤熔接、测试衰减、固定活接头、固定光缆等。

架空光缆接续与测试的工程量计量，计量单位：头。光缆成端数量工程量统计，计量单位：芯。

光缆中继段测试工作内容：光纤特性的测试、记录、整理测试资料等。光缆中继段测试工程量统计，计量单位：中继段。

由施工图可知，33＃处装设光缆接续器材 24 芯接头包 1 个，本处光缆接续 24 芯数量：1 头。

根据项目已知条件：本工程所在中继段长 40 km，双窗口测试，不进行偏振模色散测试，可统计 40 km 以下中继段光缆测试 24 芯以下测试数量：1 中继段。

适用定额条目：TXL6-009 光缆接续　24 芯以下；TXL6-073 40 km 以下中继段光缆（双窗口测试）24 芯以下。

主要工作量统计如表 13-2 所示。

表 13-2　主要工作量统计

序号	定额编号	项目名称	单位	数量
Ⅰ	Ⅱ	Ⅲ	Ⅳ	Ⅴ
1	TXL1-002	架空光（电）缆工程施工测量	百米	2.05
2	TXL1-006	光缆单盘检验	芯盘	24
3	TXL3-001	（山区）立 9 m 以下水泥杆　综合土	根	4
4	TXL3-039	（山区）电杆根部加固及保护　底盘	块	2
5	TXL3-054	（山区）水泥杆夹板法装 7/2.6 单股拉线　综合土	条	1
6	TXL3-170	水泥杆架设 7/2.2 吊线　山区	千米条	0.215
7	TXL3-180	架设 100 m 以内辅助吊线	条档	1
8	TXL4-043	安装引上钢管（ϕ50 以下）　杆上	根	1
9	TXL4-050	穿放引上光缆	条	1
10	TXL3-197	挂钩法架设架空光缆　山区 24 芯	千米条	0.216
11	TXL6-009	光缆接续　24 芯以下	头	1
12	TXL6-073	40 km 以下中继段光缆 （双窗口测试）24 芯以下	中继段	1

六、架空光缆线路工程预算编制

架空光缆线路工程预算编制各表格如表 13-3～表 13-9 所示。

表 13-3　工程预算总表(表一)

建设项目名称:通信架空光缆线路工程

工程名称:海林分局通信架空光缆线路单项工程　　建设单位名称:海林分局　　表格编号:TXL-1　　第 1 页

序号	表格编号	费用名称	小型建筑工程费	需安装的设备费	不需安装的设备、工器具费	建筑安装工程费	其他费用	预备费	总价值			
			元						除税价	增值税	含税价	外币(　)
Ⅰ	Ⅱ	Ⅲ	Ⅳ	Ⅴ	Ⅵ	Ⅶ	Ⅷ	Ⅸ	Ⅹ	Ⅺ	Ⅻ	XⅢ
1	表二	建筑安装工程费				11027.96			11027.96	145.33	12480.29	
2	TXL-4 甲 B	需安装的设备		0.00					0.00	0.00	0.00	
3	TXL-4	小型建筑工程费	0.00						0.00	0.00	0.00	
4		工程费	0.00	0.00	0.00	11027.96	0.00	0.00	11027.96	1452.33	12480.29	
5	TXL-5	工程建设其他费用					885.98		885.98	61.43	947.41	
6		合计	0.00	0.00	0.00	11027.96	885.98	0.00	11913.94	1513.76	13427.70	
7		预备费(合计×4%)						476.56	476.56	52.42	528.98	
8		总计	0.00	0.00	0.00	11027.96	885.98	476.56	12390.50	1566.18	13956.68	

设计负责人:×××　　审核人:×××　　编制人:×××　　编制日期:××年××月

表 13-4　建筑安装工程费用预算表(表二)

工程名称:海林分局通信架空光缆线路单项工程　　建设单位名称:海林分局　　表格编号:TXL-2　　第 1 页

序号	费用名称	依据和计算方法	合计	序号	费用名称	依据和计算方法	合计
Ⅰ	Ⅱ	Ⅲ	Ⅳ	Ⅰ	Ⅱ	Ⅲ	Ⅳ
	建筑安装工程费含税价	一+二+三+四	12480.29	7	夜间施工增加费	人工费×2.5%	0
	建筑安装工程费除税价	一+二+三	11027.96	8	冬雨季施工增加费	人工费×1.8%	55.64
一	直接费	(一)+(二)	8521.44	9	生产工具用具使用费	人工费×1.5%	46.37
(一)	直接工程费	1+2+3+4	7856.86	10	施工用水电蒸气费		0
1	人工费	(1)+(2)	3091.04	11	特殊地区施工增加费	总工日×0	0.00
(1)	技工费	技工工日×114	2405.40	12	已完工程及设备保护费	人工费×2.0%	0
(2)	普工费	普工工日×61	685.64	13	运土费		0
2	材料费	(1)+(2)	3999.68	14	施工队伍调遣费	单程调遣费×调遣人数×2	0.00
(1)	主要材料费	详见表四	3987.72	15	大型施工机械调遣费	调遣用车运价×调遣运距×2	0.00
(2)	辅助材料费	主材费×0.3%	11.96	二	间接费	(一)+(二)	1888.31
3	机械使用费	见表三乙	156.06	(一)	规费	1+2+3+4	1041.37
4	仪表使用费	见表三丙	610.08	1	工程排污费		0
(二)	措施项目费	1+2+3+…+15	664.58	2	社会保障费	人工费×28.5%	880.95
1	文明施工费	人工费×1.5%	46.37	3	住房公积金	人工费×4.19%	129.51
2	工地器材搬运费	人工费×3.4%	105.10	4	危险作业意外伤害保险费	人工费×1%	30.91
3	工程干扰费	人工费×6.0%	0	(二)	企业管理费	人工费×27.4%	846.94
4	工程点交、场地清理费	人工费×3.3%	102.00	三	利润	人工费×20.0%	618.21
5	临时设施费	人工费×5.0%	154.55	四	销项税额	(一+二+三-甲供材料)×11%+甲材税金	1452.33
6	工程车辆使用费	人工费×5.0%	154.55				

设计负责人:×××　　审核人:×××　　编制人:×××　　编制日期:××年××月

表 13-5 建筑安装工程量预算表(表三)甲

工程名称:海林分局通信架空光缆线路单项工程　　建设单位名称:海林分局　　表格编号:TXL-3 甲　　第 1 页

序号	定额编号	项目名称	单位	数量	单位定额值/工日		合计值/工日	
					技工	普工	技工	普工
Ⅰ	Ⅱ	Ⅲ	Ⅳ	Ⅴ	Ⅵ	Ⅶ	Ⅷ	Ⅸ
1	TXL1-002	架空光(电)缆工程施工测量	百米	2.05	0.46	0.12	0.94	0.25
2	TXL1-006	光缆单盘检验	芯盘	24	0.02	0	0.48	0.00
3	TXL3-001	(山区)立 9 m 以下水泥杆　综合土(工日×1.6)	根	4	0.52	0.56	3.33	3.58
4	TXL3-039	(山区)电杆根部加固及保护　底盘	块	2	0.1	0.25	0.20	0.50
5	TXL3-054	(山区)水泥杆夹板法装 7/2.6 单股拉线 综合土(工日×1.6)	条	1	0.84	0.6	1.34	0.96
6	TXL3-170	水泥杆架设 7/2.2 吊线　山区	千米条	0.215	4.67	4.86	1.00	1.04
7	TXL3-180	架设 100 m 以内辅助吊线	条档	1	1	1	1.00	1.00
8	TXL4-043	安装引上钢管(ϕ50 以下)　杆上	根	1	10.24	7.98	2.21	1.72
9	TXL4-050	穿放引上光缆	条	1	0.2	0.2	0.20	0.20
10	TXL3-197	挂钩法架设架空光缆　山区 24 芯	千米条	0.216	0.52	0.52	0.52	0.52
11	TXL6-009	光缆接续　24 芯以下	头	1	2.49	0	2.49	0.00
12	TXL6-073	40 km 以下中继段光缆(双窗口测试) 24 芯以下(工日×1.8)	中继段	1	2.58	0	4.64	0.00
		合计					18.35	9.77
		工程总工日在 100 工日以下 增加 15%					2.75	1.47
		总计					21.10	11.24

设计负责人:×××　　审核人:×××　　编制人:×××　　编制日期:××年××月

表 13-6　建筑安装工程机械使用费预算表(表三)乙

工程名称:海林分局通信架空光缆线路单项工程　　建设单位名称:海林分局　　表格编号:TXL-3 乙　　第 1 页

序号	定额编号	项目名称	单位	数量	机械名称	单位定额值		总价值	
						数量/台班	单价/元	数量/台班	总价值/元
Ⅰ	Ⅱ	Ⅲ	Ⅳ	Ⅴ	Ⅵ	Ⅶ	Ⅷ	Ⅸ	Ⅹ
1	TXL3-001	(山区)立 9 m 以下水泥杆综合土(工日×1.6)	根	4	汽车式起重机(5 t)	0.04	516	0.160	82.56
2	TXL6-009	光缆接续　24 芯以下	头	1	汽油发电机(10 kW)	0.15	202	0.150	30.30
3	TXL6-009	光缆接续　24 芯以下	头	1	光纤熔接机	0.3	144	0.300	43.20
		合计							156.06
		总计							156.06

设计负责人:×××　　审核人:×××　　编制人:×××　　编制日期:××年××月

表 13-7　建筑安装工程仪表使用费预算表(表三)丙

工程名称:海林分局通信架空光缆线路单项工程　　建设单位名称:海林分局　　表格编号:TXL-3 丙　　第 1 页

序号	定额编号	项目名称	单位	数量	仪表名称	单位定额值		总价值	
						数量/台班	单价/元	数量/台班	总价值/元
Ⅰ	Ⅱ	Ⅲ	Ⅳ	Ⅴ	Ⅵ	Ⅶ	Ⅷ	Ⅸ	Ⅹ
1	TXL1-002	架空光(电)缆工程施工测量	百米	2.05	激光测距仪	0.05	119	0.103	12.26
2	TXL1-006	光缆单盘检验	芯盘	24	光时域反射仪	0.05	153	1.200	183.60
3	TXL6-009	光缆接续　24 芯以下	头	1	光时域反射仪	0.8	153	0.800	122.40
4	TXL6-073	40 km 以下中继段光缆(双窗口测试) 24 芯以下(仪表×1.8)	中继段	1	稳定光源	0.42	117	0.756	88.45
4	TXL6-073	40 km 以下中继段光缆(双窗口测试) 24 芯以下(仪表×1.8)	中继段	1	光时域反射仪	0.42	153	0.756	115.67
4	TXL6-073	40 km 以下中继段光缆(双窗口测试) 24 芯以下(仪表×1.8)	中继段	1	光功率计	0.42	116	0.756	87.70
		合计							610.08
		总计							610.08

设计负责人:×××　　审核人:×××　　编制人:×××　　编制日期:××年××月

表 13-8　国内器材预算表(表四)甲

(主要材料)表

工程名称:海林分局通信架空光缆线路单项工程　　建设单位名称:海林分局　　表格编号:TXL-4 甲 A　　第 1 页

序号	名称	规格程式	单位	数量	单价/元	合计/元			备注
					除税价	除税价	增值税	含税价	
Ⅰ	Ⅱ	Ⅲ	Ⅳ	Ⅴ	Ⅵ	Ⅶ	Ⅷ	Ⅸ	Ⅹ
1	光缆	GYSTA-24B1	米	227	4.24	962.48	163.62	1126.10	
2	光缆接头盒	24 芯	套	1	802.28	802.28	136.39	938.67	
3	吊线箍		副	7	12	84.00	14.28	98.28	
4	镀锌穿钉	50 mm	副	9	1.16	10.44	1.77	12.21	
5	镀锌铁线	ϕ1.5	千克	0.412	5	2.06	0.35	2.41	
6	镀锌铁线	ϕ3.0	千克	1.58	5	7.90	1.34	9.24	
7	镀锌铁线	ϕ4.0	千克	1.58	5	9.25	1.57	10.82	
8	镀锌钢管		根	1	197.56	197.56	33.59	231.15	
9	光缆标志牌		个	4	2	8.00	1.36	9.36	
10	拉线抱箍		副	2	17.89	35.78	6.08	41.86	
11	拉线衬环		个	2	1.15	2.30	0.39	2.69	
12	U 形卡子		个	6	13	78.00	13.26	91.26	
13	三眼单槽夹板		副	5	7.48	37.40	6.36	43.76	
14	三眼双槽夹板		副	10	9.27	92.70	15.76	108.46	
15	拉线衬环	3 股	只	4	0.97	3.88	0.66	4.54	
16	镀锌钢绞线	7/2.2	千克	47.573	7.2	342.53	58.23	400.76	
17	镀锌钢绞线	7/2.2	千克	3.8	7.2	27.36	4.65	32.01	
18	光缆接头盒支架		套	1	15	15.00	2.55	17.55	
19	地锚铁柄		套	1	19.43	19.43	3.30	22.73	

设计负责人:×××　　审核人:×××　　编制人:×××　　编制日期:××年××月

续表

工程名称：海林分局通信架空光缆线路单项工程　　建设单位名称：海林分局　　表格编号：TXL-4 甲 A　　第 2 页

序号	名称	规格程式	单位	数量	单价/元	合计/元			备注
					除税价	除税价	增值税	含税价	
Ⅰ	Ⅱ	Ⅲ	Ⅳ	Ⅴ	Ⅵ	Ⅶ	Ⅷ	Ⅸ	Ⅹ
20	挂钩		只	445	0.16	71.20	12.10	83.30	
21	光缆接头托架		套	1	15	15.00	2.55	17.55	
22	保护软管		米	5.4	1.5	8.10	1.38	9.48	
23	水泥	C32.5	吨	0.001	580	0.58	0.10	0.68	
24	水泥底盘		块	2	28.19	56.38	9.58	65.96	
25	水泥拉线盘		套	1	32	32.00	5.44	37.44	
26	水泥电杆	8000 mm×150 mm	根	4	200	800.00	136.00	936.00	
	(1)小计					3721.61	632.66	4354.27	
	(2)光缆类运杂费(序号 1～2 之和×1.3%)					22.94	3.90	26.84	
	(3)其他类运杂费(序号 3～12 之和×3.6%)					38.15	6.49	44.64	
	(4)塑料及塑料制品类运杂费(序号 22 之和×4.3%)					0.35	0.06	0.41	
	(5)水泥及水泥构件类运杂费(序号 23～26 之和×18%)					160.01	27.20	187.21	
	(6)运输保险费(1)×0.1%					3.72	0.63	4.35	
	(7)采购及保管费(1)×1.1%					40.94	6.96	47.90	
	(8)采购代理服务费					0.00		0.00	
	合计(Ⅰ)：(1)+(2)+(3)+(4)+(5)+(6)+(7)+(8)					3987.72	677.90	4665.62	
	段合计：合计(Ⅰ)					3987.72	677.90	4665.62	
	总计					3987.72	677.90	4665.62	

设计负责人：×××　　审核人：×××　　编制人：×××　　编制日期：××年××月

表 13-9　工程建设其他费预算表(表五)甲

工程名称:海林分局通信架空光缆线路单项工程　　建设单位名称:海林分局　　表格编号:TXL-5 甲　　第 1 页

序号	费用名称	计算依据及方法	金额/元			备注
			除税价	增值税	含税价	
Ⅰ	Ⅱ	Ⅲ	Ⅳ	Ⅴ	Ⅵ	Ⅶ
1	建设用地及综合赔补费		0	0.00	0.00	
2	项目建设管理费	工程费×2%	220.56	13.23	233.79	财建〔2016〕504 号
3	可行性研究费	0	0	0.00	0.00	
4	研究试验费		0	0.00	0.00	
5	勘察设计费	(1)+(2)	500.00	30.00	530.00	
(1)	勘察费		0	0.00	0.00	
(2)	设计费		500.00	30.00	530.00	
6	环境影响评价费		0	0.00	0.00	
7	建设工程监理费		0	0.00	0.00	
8	安全生产费	建筑安装工程费除税价×1.5%	165.42	18.20	183.62	财企〔2012〕16 号
9	引进技术及引进设备其他费		0	0.00	0.00	
10	工程保险费		0	0.00	0.00	
11	工程招标代理费		0	0.00	0.00	
12	专利及专利技术使用费	(1)+(2)	0	0.00	0.00	
13	其他费用		0	0.00	0.00	
(1)	自定义费用 1		0	0.00	0.00	
(2)	自定义费用 2		0	0.00	0.00	
	总计		885.98	61.43	947.41	
14	生产准备及开办费(运营费)		0	0.00	0.00	

设计负责人:×××　　审核人:×××　　编制人:×××　　编制日期:××年××月

任务二 通信管道工程概预算实例

一、项目案例背景

本项目为通信管道单项工程一阶段设计，对××工业园区 A 处与 B 处通信机房间新建传输管道工程，施工要求：由 A 处原有机房，新建一平型 6 孔水泥管道，管道至工业园区 B 处新建机房。

本案例主要涉及新建管道工程，归属通信管道工程专业；基站建设部分归属无线通信设备安装工程专业负责，不在本案例范畴。本单项管道工程施工图如图 13-3 所示。

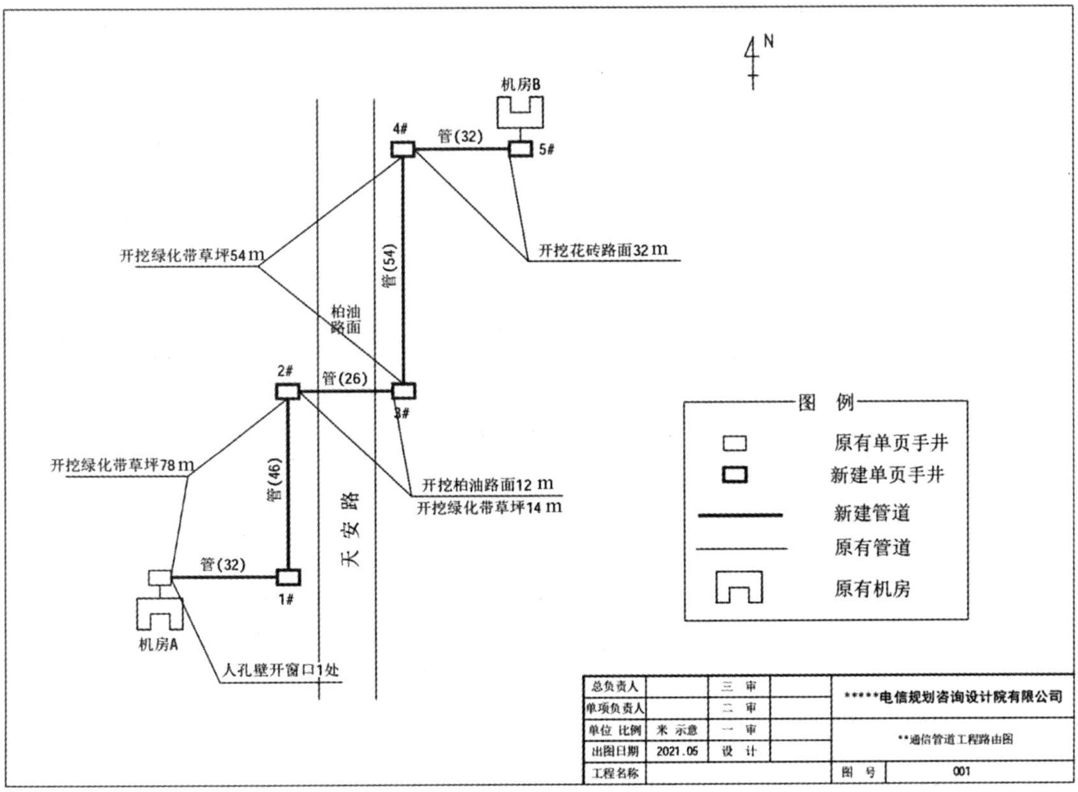

图 13-3 ××工业园区新建传输管道单项工程施工图

二、项目案例简介

本工程设计为××工业园区新建传输管道单项工程一阶段设计，拟由 A 处原有机房侧手孔处，新建 1#～5#通信管道至 B 处机房。项目实施地为江苏非特殊地区，根据勘察数据，管道土质为普通综合土，柏油路面厚度 100 mm，水泥路面厚度 100 mm；按设计 1#～5#均采用砖砌配线小手孔 SSK 型（1.18 m×1.08 m×0.6 m），管道沟挖深 1.5 m、管道沟顶宽 0.76 m、管道沟底宽 0.76 m，管道沟及手孔按设计均为不放坡开挖方式；水泥管道基础不加筋，车行道段由于上方存在重型碾压，考虑全包封处理。

三、项目已知条件

（1）本工程为通信管道单项工程，施工企业驻地距施工现场 30 km，工程所在地为江苏非特殊地区。

（2）本工程勘察设计费（除税价）根据客户与设计院的招标合同约定为 2500 元；经与客户商定，管道占地土地赔偿费为 8000 元；合同约定施工生产用水电蒸汽费为 2000 元，工程排污费为 800 元，运土费按 35 元/立方米计取。

（3）本工程预算内不计列：工程干扰费、特殊地区施工增加费、可行性研究费、研究试验费、环境影响评价费、工程保险费、工程招标代理费、其他费、生产准备及开办费。

（4）本单项工程的国内配套主材运距均为 120 km，本单项工程主材由乙方提供，部分主材单价如表 13-10 所示。

表 13-10　国内主材单价表

序号	名称	规格程式	单位	单价/元	增值税税率
				除税价	
1	水泥管	6 孔	根	18	16%
2	上覆板		套	480	16%
3	碎石	5～32 mm	t	140	16%
4	水泥	32.5	t	750	16%
5	粗砂		t	500	16%
6	手孔口圈		套	105	16%
7	人孔口圈	车行道	套	255	16%
8	拉力环		个	3	16%

续表

序号	名称	规格程式	单位	单价/元	增值税税率
				除税价	
9	积水罐		套	16	16%
10	电缆托架穿钉	M16	副	2.5	16%
11	电缆托架	120 cm	根	8.5	16%
12	机制砖		千块	400	16%
13	板方材	Ⅲ等	m^3	115	16%

(5) 本工程适用财税〔2018〕32 号《财政部税务总局关于调整增值税税率的通知》。

(6) 本工程为一阶段设计预算，计算数值精确至小数点后两位。

四、通信管道工程施工流程

通信管道工程的施工过程主要包括：施工测量与开挖（填）管道沟及人（手）孔坑，其中分施工测量与开挖路面、开挖与回填管道沟及人（手）孔坑碎石底基、挡水板及抽水；铺设通信管道，其中分混凝土管道和塑料管道基础、铺设水泥和塑料及镀锌钢管管道、地下定向钻孔敷管、管道填充水泥砂浆和混凝土包封及安装引上管、砌筑通信光（电）缆通道；砌筑人（手）孔，其中分现场浇筑与吊装上覆、砖砌配线手孔；管道防护工程及其他，其中分防水、拆除及其他。

通信管道单项工程的一般施工流程如图 13-4 所示。

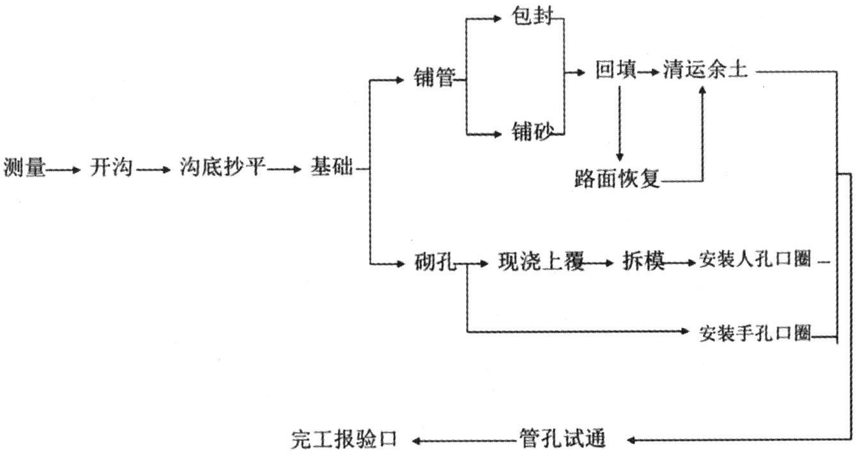

图 13-4 通信管道工程施工流程图

五、通信管道工程工程量计算

1. 施工测量工程量计算

工作内容：核对图纸、复查路由位置和人（手）孔及管道坐标与高程、定位放线、做标记等。

通信管道工程施工测量的工程量以施工测量的距离长度来计量，计量单位：百米。施工测量长度的计算规则为：

管道工程施工测量长度＝各人孔中心至人孔中心长度之和＝管道线路的路由长度

一般通信管道工程的设计图纸中所标注的各段管道的长度尺寸即是人孔中心之间的距离，所以具体统计时把图纸中各段管道的长度加起来就是施工测量的长度。

由施工图可知，施工测量长度取各人（手）孔中心长度之和：

$$(32+46+26+54+32)\text{m}=190\ \text{m}$$

适用定额条目：TGD1-001 施工测量　管道。

2. 路面开挖工程量计算

工作内容：机械切割路面、人工开挖路面（含结构层）、渣土分类堆放在沟边不影响施工的适当地点等。

当通信管道需要跨越路面或人（手）孔需要建筑在路面上时，如采用开挖方式施工，需要开挖路面。路面开挖的工程量以路面开挖面积计算，计量单位：百平方米。

管道沟和人（手）孔坑的开挖有两种不同的开挖方式：不放坡开挖和放坡开挖，两种情况要分别计算，具体计算规则如下。

1）不放坡开挖

（1）管道沟不放坡开挖路面。

管道沟不放坡开挖示意图如图 13-5 所示，其路面开挖工程量计算为：

$$A=B\times L/100$$

式中：A——路面开挖面积工程量（100 m^2）；

B——沟底宽度（m）；

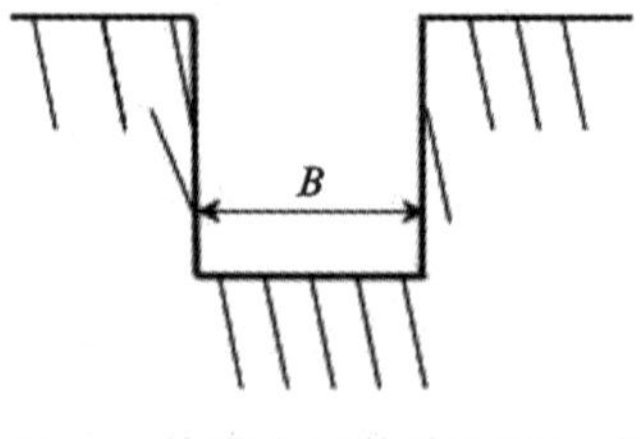

图 13-5　管道沟不放坡开挖示意图

$$沟底宽度 = 管道基础宽度 + 施工余度\ 2d$$

（施工余度 d 的取值方法为：管道基础宽度大于 630 mm 时，$d=0.6$ m；管道基础宽度小于或等于 630 mm 时，$d=0.3$ m）

L——管道沟所经过的路面长度（m）。

本案例采用不放坡开挖方式，由施工图可知：管道沟路面开挖长度计算应包括：柏油路面、花砖路面，不计取绿化草坪；其中手孔开挖路面另行统计。

由已知条件可知：不放坡开挖方式，管道沟挖深 1.5 m、管道沟顶宽 0.76 m、管道沟底宽 0.76 m。

则：

$$A_{柏油路面开挖} = 12 \times 0.76\ m^2 = 9.12\ m^2$$

$$A_{花砖路面开挖} = 32 \times 0.76\ m^2 = 24.32\ m^2$$

（2）人（手）孔坑不放坡开挖路面。

路面开挖工程量计算为：

$$A = a \times b\ /100$$

$$a = 人(手)孔外墙长度 + 0.8\ m = 人(手)孔基础长度 + 0.6\ m$$

$$b = 人(手)孔外墙宽度 + 0.8\ m = 人(手)孔基础宽度 + 0.6\ m$$

式中：A——路面开挖面积工程量（100 m^2）；

a——人（手）孔坑底长度（m）；

b——人（手）孔坑底宽度（m）。

本单项工程采用砖砌小手孔 SSK 型（1.18 m×1.08 m×0.6 m），其剖面图、平面图如图 13-6、图 13-7 所示；人（手）孔坑开挖路面可看作为一个长方形的面积。

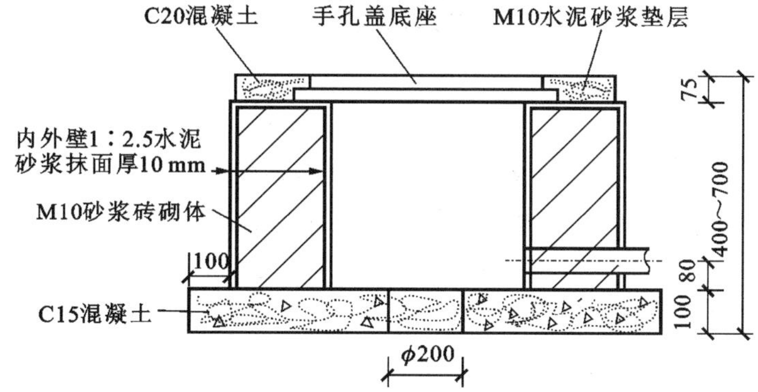

图 13-6　小手孔 SSK 剖面图

由施工图可知 4＃、5＃手孔位于花砖路面，结合 SSK 平面图信息计算每个 SSK 挖土面积如下：

$a=0.4$ m，$b=0.5$ m，人孔坑壁厚 0.24 m，各方向基础 0.1 m，操作面 0.3 m，H 按 0.6 m 考虑，不考虑放坡，每个 SSK 挖土面积计算如下：

$$A = [a + (0.24 + 0.1 + 0.3) \times 2] \times [b + (0.24 + 0.1 + 0.3) \times 2]\ m^2 = 2.99\ m^2$$

则：

$$A_{总人孔坑路面开挖} = 2 \times 2.99\ m^2 = 5.98\ m^2$$

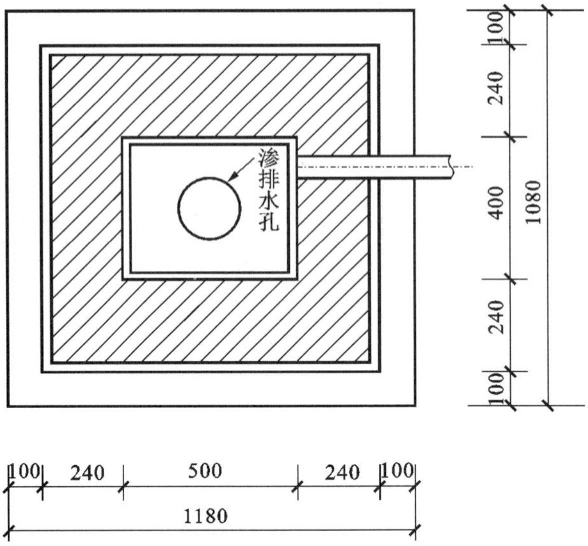

图 13-7　小手孔 SSK 平面图

2）放坡开挖

在需要挖掘较深或土质较为松软的情况下，需采用放坡开挖以防止沟壁或坑壁垮塌。放坡开挖的示意图如图 13-8 所示。

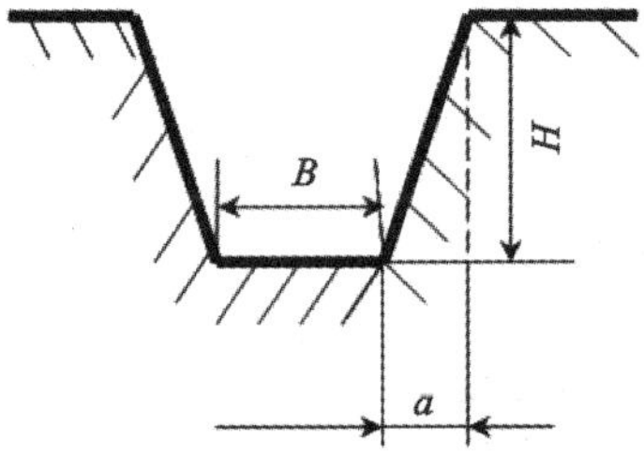

图 13-8　放坡开挖示意图

（1）在放坡情况下，管道沟开挖路面面积由下式计算：

$$A=(2Hi+B)\times L/100$$

式中：A——路面开挖面积工程量（100 m^2）；

H——管道沟的挖深；

B——沟底宽度。

沟底宽度＝管道基础宽度＋施工余度 $2d$

施工余度 d 的取值方法为：管道基础宽度＞630 mm 时，$d=0.6$ m。

（2）在放坡情况下，人（手）孔坑开挖路面的面积计算规则如下：

$$A=(2Hi+a)\times(2Hi+b)/100$$

a＝人(手）孔外墙长度＋0.8 m＝人(手）孔基础长度＋0.6 m

b＝人(手）孔外墙宽度＋0.8 m＝人(手）孔基础宽度＋0.6 m

式中：A——路面开挖面积工程量（100 m^2）；

a——人（手）孔坑底长度（m）；

b——人（手）孔坑底宽度（m）；

H——人（手）孔坑的挖掘深度（不含路面厚度，m）；

i——放坡开挖的放坡系数。

综上可得：

人（手）孔开挖路面总面积＝人（手）孔放坡开挖路面面积之和＋人（手）孔不放坡开挖路面面积之和

管道沟开挖路面总面积＝管道沟放坡开挖路面面积之和＋管道沟不放坡开挖路面面积之和

路面开挖的总面积＝人（手）孔开挖路面总面积＋管道沟开挖路面总面积

注意：在预算编制过程中，开挖路面应针对不同材质路面进行分类统计核算。

则：

$$A_{\text{花砖路面开挖总面积}}=(24.32+5.98)\ m^2=30.3\ m^2$$

$$A_{\text{柏油路面开挖总面积}}=12\times 0.76\ m^2=9.12\ m^2$$

适用定额条目：TGD1-004 人工开挖路面　沥青柏油；TGD1-009 人工开挖路面　水泥花砖。

3. 开挖土方工程量计算

工作内容：人工挖土、开挖石方、修整底边、找平、弃渣清理或人工开挖石沟等。

在通信管道施工过程中需要开挖管道沟和人（手）孔坑，这部分开挖的工程量（路面开挖除外）以挖掘出的土方体积计量，计量单位：百立方米。

如前所述，管道沟和人（手）孔的开挖分放坡和不放坡两种不同的情况，应分开计算，合并统计。

1）不放坡开挖

（1）管道沟开挖土方。

不放坡情况下管道沟开挖的截面为一长方形，因此开挖的土方体积计算如下：

$$V_1=B\cdot H\cdot L/100$$

式中：V_1——管道沟挖出的土方体积（100 m^3）；

B——管道沟沟底宽度（m）；

H——开挖管道沟的深度（不含路面厚度，m）；

L——开挖管道沟的长度（两相邻人孔坑坑边间距，m）。

本单项工程中，开挖土方采用不放坡方式，应计算全管道段开挖土方，其中人（手）孔开挖土方另行统计。

$$L_{\text{管道开挖长度}}=190\ m$$

$$V_{1\text{管道沟开挖土方}}=0.76\times 1.5\times 190\ m^3=216.6\ m^3。$$

（2）人（手）孔坑开挖土方。

不放坡情况下人（手）孔坑开挖出的土方形状为一长方体，因此挖出的土方体积可计算如下：

$$V_2=a\cdot b\cdot H/100$$

$$a=人(手)孔外墙长度+0.8\ m=人(手)孔基础长度+0.6\ m$$

$$b=人(手)孔外墙宽度+0.8\ m=人(手)孔基础宽度+0.6\ m$$

式中：V_2——人（手）孔坑挖出的土方体积（100 m^3）；

a——人（手）孔坑底长度（m）；

b——人（手）孔坑底宽度（m）；

H——人（手）孔坑的挖掘深度（不含路面厚度）（m）。

本单项工程中，新建手孔 5 个（小手孔 SSK 型），考虑操作面。则：

单个人（手）孔开挖土方为

$$[a+(0.24+0.1+0.3)\times 2]\times[b+(0.24+0.1+0.3)\times 2]\times 0.6\ m^3\approx 1.8\ m^3$$

综上，人（手）孔开挖总土方为

$$1.8\times 5\ m^3=9\ m^3。$$

2）放坡开挖

（1）放坡情况下管道沟的截面为一梯形，因此挖出土方的体积可计算如下：

$$V_3=\frac{(2H\cdot i+B+B)\cdot H}{2}\times L/100$$

式中：V_3——管道沟挖出的土方体积（100 m^3）；

B——管道沟沟底宽度（m）；

L——开挖管道沟的长度（两相邻人孔坑坑边间距，m）；

H——开挖管道沟的深度（不含路面厚度，m）；

i——放坡开挖的放坡系数。

（2）放坡情况下人（手）孔开挖的土方为一削去尖部的四棱锥体，其体积的计算较为复杂，计算公式如下：

$$V_4=\left[a\cdot b+(a+b)\cdot H\cdot i+\frac{4}{4}H^2\cdot i^2\right]\times H/100$$

$$a=人(手)孔外墙长度+0.8\ m=人(手)孔基础长度+0.6\ m$$

$$b=人(手)孔外墙宽度+0.8\ m=人(手)孔基础宽度+0.6\ m$$

式中：V_4——人（手）孔坑挖出的土方体积（100 m^3）；

a——人（手）孔坑底长度（m）；

b——人（手）孔坑底宽度（m）；

H——人（手）孔坑的挖掘深度（不含路面厚度，m）。

i——放坡开挖的放坡系数。

$$总开挖土方体积\ V=V_1+V_2+V_3+V_4$$

本案例 $V_{总开挖土方}=V_{1管道沟开挖总土方}+V_{2人(手)孔开挖总土方}=(216.6+9)\ m^3=225.6\ m^3$。

适用定额条目：TGD1-017 人工开挖管道沟及人（手）孔坑　普通土。

4. 人（手）孔建筑的工程量计算

砖砌人（手）孔（现场吊装上覆）的工作内容：找平、夯实，制、支、拆模板，砌砖，抹内外壁、抹八字，养护；人孔上覆的吊装，垫砂浆、就位、找平、灌浆，抹八字，安装拉力环、积水罐和人孔口圈等。

为了通信管道中光（电）缆敷设和维护的方便，按照规定在通信管道线路上每隔一定距离必须建筑相应的人、手孔。通信管道人（手）孔建筑的工程量以所建筑的人、手孔的个数计量，计量单位：个。

在不同的情况下，通信管道中应该注意对不同大小、不同形式以及不同施工方式（现场浇筑上覆和吊装上覆）的人、手孔分别统计个数。

由施工图可知：本单项工程中，砖砌配线小号手孔 SSK 型 5 个。

适用定额条目：TGD3-092 砖砌配线手孔　小手孔（SSK）。

5. 混凝土管道基础工程量计算

工作内容：制、支、拆、修木模，人工拌合浇筑混凝土，养护等。

为了防止通信管道沟地基的不稳定沉降对通信管道的不利影响，通常采用构筑管道基础的形式对管道沟地基进行加固。管道基础的工程量以所做管道基础的长度来计量，计量单位：百米。

管道基础的计算规则如下：

$$N=\sum_{i=1}^{m}L_i/100$$

式中：N——为同一种管道组合的管道基础的总长度；

L_i——第 i 段管道基础的长度。

通信管道铺设的工程量以通信管道铺设的长度计量，按图示管道段长即人（手）孔中心至人（手）孔中心计算，不扣除人（手）孔所占长度。计量单位：百米。

在通信管道基础的铺设过程中，对于不同的地质条件和不同的管道类型，所需要铺设的管道基础的宽度和厚度也往往各不相同。

本单项工程中，新建一平型 6 孔（460 宽）水泥管道，敷设长度按施工测量长度计 190 m。则：混凝土管道基础 $N=190$ m。

适用定额条目：TGD2-004 混凝土管道基础 一平型（460 宽）。

6. 铺设水泥管道工程量计算

铺设水泥管道的工作内容：清刷水泥管、抬运、铺设水泥管、试通、抹接口、抹八字、填中缝、抹边（顶）缝、养护、试通等。

铺设水泥管道工程量的计算规则如下：

$$N=\sum_{i=1}^{m}L_i/100$$

式中：N——同一种管道组合的管道基础的总长度；

L_i——第 i 段管道基础的长度。

通信管道铺设的工程量以通信管道铺设的长度计量，按图示管道段长即人（手）孔中心至人（手）孔中心计算，不扣除人（手）孔所占长度。计量单位：百米。

在统计管道铺设的工程量时，应对不同材质、不同规格的通信管道分别统计铺设的长度距离。

本单项工程中，管道全段敷设一平型水泥管道，敷设长度按施工测量长度计 190 m。则：铺设水泥管道长度 $N=190$ m。

适用定额条目：TGD2-069 铺设水泥管道 一平型。

7. 通信管道接头包封工程量计算

管道混凝土包封的工作内容：制、支、拆模板，洗刷管身基础及模板，浇筑混凝土，养护等。

通信管道接头包封的工程量以包封所用混凝土的体积计量，计量单位：立方米。统计工程量时应区分不同的混凝土规格分别统计包封的工程量，通信管道接头包封示意图如图 13-9 所示。

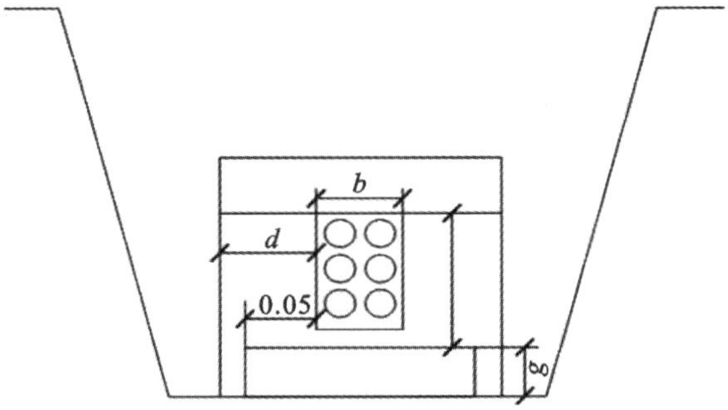

图 13-9　通信管道接头包封示意图

由《第五册 通信管道工程》之附录十一：水泥管通信管道包封用混凝土体积一览表，可知：一平型管道组合的包封水泥百米用量为 8.88 m^3。

柏油路面段长度为 12 m，该段为工业园区车行道，上部存在重型压碾，因此该段管道采取全包封处理，$V_{管道包封体积}=0.0888\times12\ m^3=1.066\ m^3$。

具体计算方式如下：整个包封可以看作由三部分组成，即基础侧包封、管道侧包封和管道顶部包封，可以分别计算这三部分的体积，再加起来就是整个管道接头包封的体积。

一般在通信管道工程中，使用格栅管、双壁波纹管、梅花管、ABS 管、硅芯管等管道都需要做混凝土包封保护。

1）基础侧包封体积 V_1

$$V_1=(d-0.05)\cdot g\cdot 2\cdot L$$

式中：V_1——管道基础侧包封体积（m^3）；

d——要求的包封厚度（m）；

g——管道基础厚度（m）；

L——要求的包封长度（m）。

本单项工程新建一平型（6P）水泥管道，柏油路面段长度为 11.5 m，该段为工业园区车行道，上部存在重型压碾，因此该段管道采取全包封处理，包封厚度为 0.08 m，其管道断面图如图 13-10 所示，则管道基础侧包封体积 V_1：

$$(0.08-0.05)\times0.08\times2\times12\ \text{m}^3=0.0576\ \text{m}^3$$

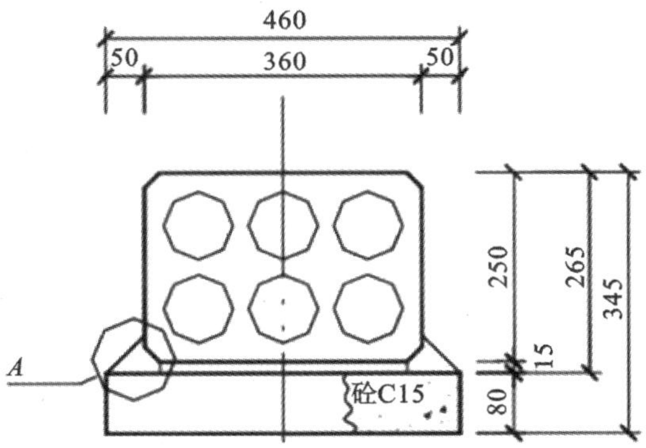

图 13-10 一平型（6P）管道断面图

2）管道侧包封体积 V_2

$$V_2=2d\cdot H\cdot L$$

式中：V_2——管道侧包封体积（m^3）；

d——要求的包封厚度（m）；

H——管道侧面高度（m）；

L——要求的包封长度（m）。

管道侧包封体积 V_2：$2\times0.08\times0.265\times12\ \text{m}^3=0.5088\ \text{m}^3$

3）管道顶部包封体积 V_3

$$V_3=(b+2d)\cdot d\cdot L$$

式中：V_3——管道顶部包封体积（m^3）；

d——要求的包封厚度（m）；

b——管道顶面宽度（m）；

L——要求的包封长度（m）。

管道基础侧包封体积 V_3：

$$(0.36+2\times0.08)\times0.08\times12\ \text{m}^3=0.4992\ \text{m}^3$$

综上，本单项工程中 $V_{管道总包封体积}=V_1+V_2+V_3=(0.0576+0.5088+0.4992)\ \text{m}^3\approx1.066\ \text{m}^3$。

适用定额条目：TGD2-138 管道混凝土包封 C15。

8. 土方回填工程量统计

土方回填的工作内容：准备回填物、回填（松填或夯实）等。

通信管道建筑全部完成后，应将开挖的管道沟重新填平恢复原有地貌，称之为土方回填。土方回填的工程量以回填土方的体积计量，计量单位：百立方米。

由《第五册 通信管道工程》之附录四：水泥管管道每百米管群体积参考表，可知：一平型管道管群体积为 13.22 m^3。

回填土方的体积＝“挖出管道沟与人孔坑土方量之和”－“管道建筑（基础、管群、包封）体积与人（手）孔建筑体积之和”

根据上述统计结果可知：本单项工程中，挖出管道沟与人孔坑土方量之和：

$$V_{总开挖土方}=V_{1\,管道沟开挖总土方}+V_{2\,人(手)孔开挖总土方}=225.57\ m^3$$

由已知条件可知：

$$V_{管道建筑基础}=0.46\times0.08\times190\ m^3=6.992\ m^3$$

$$V_{管道建筑管群}=(0.36\times0.25+0.08\times0.46+0.015\times0.36)\times190\ m^3=25.118\ m^3$$

或

$$V_{管道建筑管群}=0.1322\times190=25.118\ m^3$$

$$V_{管道建筑包封}=1.0656\ m^3$$

则管道建筑（基础、管群、包封）体积与人（手）孔建筑体积之和：

$$V_{管道建筑基础}+V_{管道建筑管群}+V_{管道建筑包封}=(6.992+25.118+1.0656)\ m^3=33.1756\ m^3$$

$$V_{人(手)孔建筑体积}=[(1.18\times2+0.88\times2)\times0.1\times0.1+0.98\times0.88\times0.6]\times5\ m^3=2.7932\ m^3$$

$$V_{回填土方的体积}=[225.57-(33.1756+2.7932)]\ m^3\approx189.6\ m^3$$

适用定额条目：TGD1-028 回填土石方 夯填原土。

9. 手推车倒运土方工程量统计

手推车倒运土方工作内容：装车、短距离运土、卸土等，用于余土清运工程量统计。手推车倒运土方的工程量以倒运土方的体积计量，计量单位：百立方米。

倒运土方的体积＝“挖出管道沟与人孔坑土方量之和”－“回填土方的体积”＋“开挖路面土方”

由已知条件可知，柏油路面厚度为 100 mm，花砖路面无出土。则：

$$V_{开挖路面土方}=12\times0.76\times0.1\ m^3\approx0.912\ m^3$$

$$V_{倒运土方}=(225.57-189.6+0.912)\ m^3\approx36.9\ m^3$$

10. 地下定向钻孔敷管工程量统计

工作内容：设备就位、现场组装、检验管材、打磨内口、管材接续、挖（填）工作坑、测位钻孔、回拖扩孔、敷设管材、封堵管口、整理资料等。

地下定向钻孔敷管施工作为一种常用的非开挖施工技术，按施工铺管的施工地点数量和铺管距离来综合统计，计量单位：处＋距离的 10 m 倍乘数，其中铺管距离小于 30 m 时为 1 处，而后铺管距离每增加 10 m 距离倍乘数加 1。

例如：某通信管道工程采用水平定向钻施工铺管 80 m，则其水平定向钻铺管的工程量为 1 处＋（80－30）/10，即工程量为 1 处＋5 倍。

本工程未使用此开挖施工技术。

11. 使用挡土板工程量统计

工作内容：制作、支撑挡土板、拆除挡土板、修理、集中囤放等。

为了施工的安全，在管道沟和人（手）孔坑的开挖和施工过程中有可能会使用挡土板来支护管道沟的沟壁和人（手）孔坑的坑壁，以防止沟壁或坑壁的垮塌。

使用挡土板的工程量对于管道沟以需要使用挡土板的管道沟的长度来计量，计量单位：百米。

人（手）孔坑使用挡土板的工程量以需要使用挡土板的人（手）孔坑的个数来计量，计量单位：10 个。

12. 抽水工程量统计

工作内容：安装、拆卸抽水器具，抽水等。

在通信线路工程施工过程中，当管道沟或人（手）孔坑中有积水影响到工程的进一步施工时，应当先行抽取积水再进行进一步的施工。

在进行抽水的工程量统计时，将抽水分为管道沟抽水和人（手）孔坑抽水分别统计，其中管道沟的抽水工程量以需要抽水的管道沟的长度计量，计量单位：百米。

人（手）孔坑抽水的工程量以需要抽水的人（手）孔坑的个数计量，计量单位：个。

注意：统计抽水工程量时，应区分不同的水流情况（弱水流、中水流、强水流）分别统计工程量。

13. 防水工程量统计

防水方式分为抹防水砂浆、油毡防水、玻璃布防水等多种，设计可根据工程不同防水要求选用。常用的防水施工方法主要有：防水砂浆抹面法、油毡防水法、玻璃布防水法、聚氨酯防水法。防水施工的工程量以所做防水施工的面积来计量，计量单位：平方米。

主要工作量统计如表 13-11 所示。

表 13-11　主要工作量统计表

序号	定额编号	项目名称	单位	数 量
Ⅰ	Ⅱ	Ⅲ	Ⅳ	Ⅴ
1	TGD1-001	施工测量　管道	百米	1.9
2	TGD1-004	人工开挖路面　沥青柏油	百平方米	0.091

序号	定额编号	项目名称	单位	数量
3	TGD1-009	人工开挖路面　水泥花砖	百平方米	0.303
4	TGD1-017	人工开挖管道沟及人（手）孔坑　普通土	百立方米	2.256
5	TGD1-028	回填土石方　夯填原土	百立方米	1.896
6	TGD1-034	手推车倒运土方	百立方米	0.369
7	TGD1-038	管道沟抽水　弱水流	百米	1.9
8	TGD1-044	手孔坑抽水　弱水流	个	5.000
9	TGD2-004	混凝土管道基础 C15 一平型（460 宽）	百米	1.9
10	TGD2-069	铺设水泥管道　一平型	百米	1.9
11	TGD2-138	管道混凝土包封 C15	立方米	1.066
12	TGD3-092	砖砌配线手孔　小手孔（SSK）	个	5.000

六、通信管道工程预算编制

通信管道工程预算编制各表格如表 13-12～表 13-18 所示。

表 13-12　工程预算总表(表一)

建设项目名称:通信管道工程

工程名称:××工业园区新建传输管道单项工程　　建设单位名称:×××　　表格编号:TGD-1　　第 1 页

序号	表格编号	费用名称	小型建筑工程费	需安装的设备费	不需安装的设备、工器具费	建筑安装工程费	其他费用	预备费	总价值			
			元						除税价	增值税	含税价	外币( )
Ⅰ	Ⅱ	Ⅲ	Ⅳ	Ⅴ	Ⅵ	Ⅶ	Ⅷ	Ⅸ	Ⅹ	Ⅺ	Ⅻ	XⅢ
1	表二	建筑安装工程费				51452.05			51452.05	5145.21	56597.26	
2	TGD-4 甲 B	需安装的设备		0.00					0.00	0.00	0.00	
3	TGD-6	小型建筑工程费	0.00						0.00	0.00	0.00	
4		工程费	0.00	0.00	0.00	51452.05	0.00	0.00	51452.05	5145.21	56597.26	
5	TGD-5	工程建设其他费用					13998.74		13998.74	390.80	14389.54	
6		合计	0.00	0.00	0.00	51452.05	13998.74	0.00	65450.79	5536.01	70986.80	
7		预备费(合计×4%)						3272.54	3272.54	327.25	3599.79	
8		总计	0.00	0.00	0.00	51452.05	13998.74	3272.54	68723.33	5863.26	74586.59	

设计负责人:×××　　审核人:×××　　编制人:×××　　编制日期:××年××月

表 13-13　建筑安装工程费用预算表(表二)

工程名称:××工业园区新建传输管道单项工程　　建设单位名称:×××　　表格编号:TGD-2　　第 1 页

序号	费用名称	依据和计算方法	合计	序号	费用名称	依据和计算方法	合计
Ⅰ	Ⅱ	Ⅲ	Ⅳ	Ⅰ	Ⅱ	Ⅲ	Ⅳ
	建筑安装工程费含税价	一+二+三+四	56597.26	7	夜间施工增加费	人工费×2.5%	320.14
	建筑安装工程费除税价	一+二+三	51452.05	8	冬雨季施工增加费	人工费×1.8%	230.50
一	直接费	(一)+(二)	40268.12	9	生产工具用具使用费	人工费×1.5%	192.08
(一)	直接工程费	1+2+3+4	34415.52	10	施工用水电蒸气费		2000.00
1	人工费	(1)+(2)	12805.44	11	特殊地区施工增加费	总工日×0	0
(1)	技工费	技工工日×114	3472.44	12	已完工程及设备保护费	人工费×1.8%	230.50
(2)	普工费	普工工日×61	9333.00	13	运土费	35 元/立方米×36.9 立方米	1291.50
2	材料费	(1)+(2)	20099.50	14	施工队伍调遣费	单程调遣费×调遣人数×2	
(1)	主要材料费	详见表四	19999.50	15	大型施工机械调遣费	调遣用车运价×调遣运距×2	
(2)	辅助材料费	主材费×0.5%	100.00	二	间接费	(一)+(二)	8622.84
3	机械使用费	见表三乙	1405.70	(一)	规费	1+2+3+4	5114.15
4	仪表使用费	见表三丙	104.88	1	工程排污费		800.00
(二)	措施项目费	1+2+3+…+15	5852.60	2	社会保障费	人工费×28.5%	3649.55
1	文明施工费	人工费×1.5%	192.08	3	住房公积金	人工费×4.19%	536.55
2	工地器材搬运费	人工费×1.2%	153.67	4	危险作业意外伤害保险费	人工费×1%	128.05
3	工程干扰费	人工费×6.0%	0	(二)	企业管理费	人工费×27.4%	3508.69
4	工程点交、场地清理费	人工费×1.4%	179.28	三	利润	人工费×20.0%	2561.09
5	临时设施费	人工费×6.1%	781.28	四	销项税额	(一+二+三-甲供材料)×10%+甲材税金	5145.21
6	工程车辆使用费	人工费×2.2%	281.72				

设计负责人:×××　　审核人:×××　　编制人:×××　　编制日期:××年××月

表 13-14 建筑安装工程量预算表(表三)甲

工程名称:××工业园区新建传输管道单项工程　　建设单位名称:×××　　表格编号:TGD-3 甲　　第 1 页

序号	定额编号	项目名称	单位	数量	单位定额值/工日		合计值/工日	
					技工	普工	技工	普工
Ⅰ	Ⅱ	Ⅲ	Ⅳ	Ⅴ	Ⅵ	Ⅶ	Ⅷ	Ⅸ
1	TGD1-001	施工测量　管道	百米	1.9	0.88	0.22	1.67	0.42
2	TGD1-004	人工开挖路面　沥青柏油	百平方米	0.091	1.88	13.00	0.17	1.18
3	TGD1-009	人工开挖路面　水泥花砖	百平方米	0.303	0.31	2.88	0.09	0.87
4	TGD1-017	人工开挖管道沟及人(手)孔坑　普通土	百立方米	2.256		26.25		59.22
5	TGD1-028	回填土石方　夯填原土	百立方米	1.896		21.25		40.29
6	TGD1-038	管道沟抽水　弱水流	百米	1.9	0.50	1.50	0.95	2.85
7	TGD1-044	手孔坑抽水　弱水流	个	5.000	0.50	1.00	2.50	5.00
8	TGD2-004	混凝土管道基础 C15　一平型(460 宽)	百米	1.9	4.87	5.90	9.25	11.21
9	TGD2-069	铺设水泥管道　一平型	百米	1.9	3.78	5.67	7.18	10.77
10	TGD2-138	管道混凝土包封 C15	立方米	1.066	1.25	1.25	1.33	1.33
11	TGD3-092	砖砌配线手孔　小手孔(SSK)	个	5.000	0.91	1.19	4.55	5.95
		合计					27.69	139.09
		工程总工日在 10～250 工日 增加 10%					2.77	13.91
		总计					30.46	153.00

设计负责人:×××　　审核人:×××　　编制人:×××　　编制日期:××年××月

表 13-15　建筑安装工程机械使用费预算表（表三）乙

工程名称：××工业园区新建传输管道单项工程　　建设单位名称：×××表格编号：TGD-3 乙　　第　1　页

序号	定额编号	项目名称	单位	数量	机械名称	单位定额值		总价值	
						数量/台班	单价/元	数量/台班	总价值/元
Ⅰ	Ⅱ	Ⅲ	Ⅳ	Ⅴ	Ⅵ	Ⅶ	Ⅷ	Ⅸ	Ⅹ
1	TGD1-004	人工开挖路面　沥青柏油	百平方米	0.091	燃油式路面切割机	0.500	210.00	0.046	9.66
2	TGD1-004	人工开挖路面　沥青柏油	百平方米	0.091	燃油式空气压缩机（含风镐）6 m^3/min	0.350	372.00	0.032	11.90
3	TGD1-038	管道沟抽水 弱水流	百米	1.9	污水泵	1.700	118.00	3.230	381.14
4	TGD1-044	手孔坑抽水 弱水流	个	5.000	污水泵	1.700	118.00	8.500	1003.00
		合计							1405.70
		总计							1405.70

设计负责人：×××　　审核人：×××　　编制人：×××　　编制日期：××年××月

表 13-16 建筑安装工程仪表使用费预算表(表三)丙

工程名称:××工业园区新建传输管道单项工程　　建设单位名称:×××表格编号:TGD-3 丙　　第 1 页

序号	定额编号	项目名称	单位	数量	仪表名称	单位定额值		总价值	
						数量/台班	单价/元	数量/台班	总价值/元
Ⅰ	Ⅱ	Ⅲ	Ⅳ	Ⅴ	Ⅵ	Ⅶ	Ⅷ	Ⅸ	Ⅹ
1	TGD1-001	施工测量　管道	百米	1.900	激光测距仪	0.200	119.00	0.380	45.22
2	TGD1-001	施工测量　管道	百米	1.900	地下管线探测仪	0.200	157.00	0.380	59.66
		合计							104.88
		总计							104.88

设计负责人:×××　　审核人:×××　　编制人:×××　　编制日期:××年××月

表 13-17　国内器材预算表(表四)甲

(乙供材料　)表

工程名称:××工业园区新建传输管道单项工程　　建设单位名称:×××　　表格编号:TGD-4 甲 A-2　　第　1　页

序号	名称	规格程式	单位	数量	单价/元	合计/元			备注
					除税价	除税价	增值税	含税价	
Ⅰ	Ⅱ	Ⅲ	Ⅳ	Ⅴ	Ⅵ	Ⅶ	Ⅷ	Ⅸ	Ⅹ
1	手孔口圈		套	5.000	105	525.00	52.50	577.50	
2	板方材Ⅲ等		立方米	0.304	115	34.96	3.5	38.46	
3	机制砖		千块	0.750	400	300.00	30.00	330.00	
4	水泥	C32.5	吨	4.043	750	3032.25	303.23	3335.48	
5	水泥管	6孔	根	317.000	18	5706.00	570.60	6276.60	
6	碎石	5～32	吨	11.622	140	1627.08	162.71	1789.79	
7	粗砂		吨	10.185	500	5092.50	509.25	5601.75	
	(1)小计					16317.79	1631.79	17949.58	
	(2)其他类运杂费(序号1之和×4%)					21.00	2.10	23.10	
	(3)木材及木制品类运杂费(序号2之和×9.4%)					3.29	0.33	3.62	
	(4)水泥及水泥构件类运杂费(序号3～7之和×20%)					3151.57	315.16	3466.73	
	(5)运输保险费(1)×0.1%					16.32	1.63	17.95	
	(6)采购及保管费(1)×3%					489.53	48.95	538.48	
	(7)采购代理服务费								
	合计(Ⅰ):(1)+(2)+(3)+(4)+(5)+(6)+(7)+(8)					19999.50	1999.96	21999.46	
	段合计:合计(Ⅰ)					19999.50	1999.96	21999.46	
	合计(Ⅰ):(1)+(2)+(3)+(4)+(5)+(6)+(7)+(8)					19999.50	1999.96	21999.46	

设计负责人:×××　　审核人:×××　　编制人:×××　　编制日期:××年××月

表 13-18　工程建设其他费预算表(表五)甲

工程名称:××工业园区新建传输管道单项工程　　建设单位名称:×××　　表格编号:TGD-5 甲　　第 1 页

序号	费用名称	计算依据及方法	金额/元			备注
			除税价	增值税	含税价	
Ⅰ	Ⅱ	Ⅲ	Ⅳ	Ⅴ	Ⅵ	Ⅶ
1	建设用地及综合赔补费		8000		8000	
2	项目建设管理费	工程费×2%	1029.04	61.74	1090.78	财建〔2016〕504 号
3	可行性研究费	0	0	0.00	0.00	
4	研究试验费		0	0.00	0.00	
5	勘察设计费	(1)+(2)	2500.00	150.00	2650.00	
(1)	勘察费		0	0.00	0.00	
(2)	设计费		2500.00	150.00	2650.00	
6	环境影响评价费		0	0.00	0.00	
7	建设工程监理费	51452.05×0.033	1697.92	101.88	1799.80	
8	安全生产费	建筑安装工程费除税价×1.5%	771.78	77.18	848.96	财企〔2012〕16 号
9	引进技术及引进设备其他费		0	0.00	0.00	
10	工程保险费		0	0.00	0.00	
11	工程招标代理费		0	0.00	0.00	
12	专利及专利技术使用费	(1)+(2)	0	0.00	0.00	
13	其他费用		0	0.00	0.00	
(1)	自定义费用 1		0	0.00	0.00	
(2)	自定义费用 2		0	0.00	0.00	
	总计		13998.74	390.80	14389.54	
14	生产准备及开办费(运营费)		0	0.00	0.00	

设计负责人:×××　　审核人:×××　　编制人:×××　　编制日期:××年××月

任务三　无线通信设备安装工程概预算实例

一、项目案例背景

××区烟沪铁塔基站（编号 T1C2587），本机房为铁塔基站，基站为自建房屋，建筑楼层 1 层，机房结构为砖混，楼板类型为现浇板式楼板。基站位于嘉定城郊，附近楼层密度低，邻近河道和汽车道路，视野较为开阔，信号覆盖遮挡低。拟针对该基站进行 3/4G 共站建设，完工后提供 3/4G 移动业务。

本案例主要涉及基站设备安装工程，归属无线通信设备安装工程专业。T1C2587 烟沪铁塔基站设备扩建机房平面布置如图 13-11 所示，T1C2587 烟沪铁塔基站扩建天馈系统安装示意图如图 13-12 所示。

二、项目案例简介

本工程为 3/4G 共站移动通信设备扩建安装单项工程一阶段设计，工程完工后使基站满足附近 5000 人 4G 信号覆盖。拟在原有 3G 机房基础上，新增 4G 设备包括：BBU、RRU、定向天线和其他配套设施，具体为：新增 TD 收发信机架 1 架、BBU 设备 1 台、TDRRU3 个、天线 3 副、GPS 天线 1 副。

原有天线制式为 GSM 定向天线，新增天线为 NRT-TDLTE-D4-A-6 型智能天线，支持 F/A/D 频段，天线设计安装方向角为 0°、120°、240°（正北为 0°）。

三、项目已知条件

(1) 本工程为 3/4G 共站移动通信设备安装单项工程，施工企业驻地距施工现场 175 km，工程所在地为江苏非特殊地区。

(2) 本工程勘察设计费按站分摊为 1200 元/每站；建设工程监理费按站分摊为 3000 元/每站。

(3) 本工程预算内不计列“施工生产用水电蒸汽费”“运土费”“工程排污费”“可行性研究费”“研究试验费”“环境影响评价费”“工程保险费”“工程招标代理费”“生产准备及开办费”。

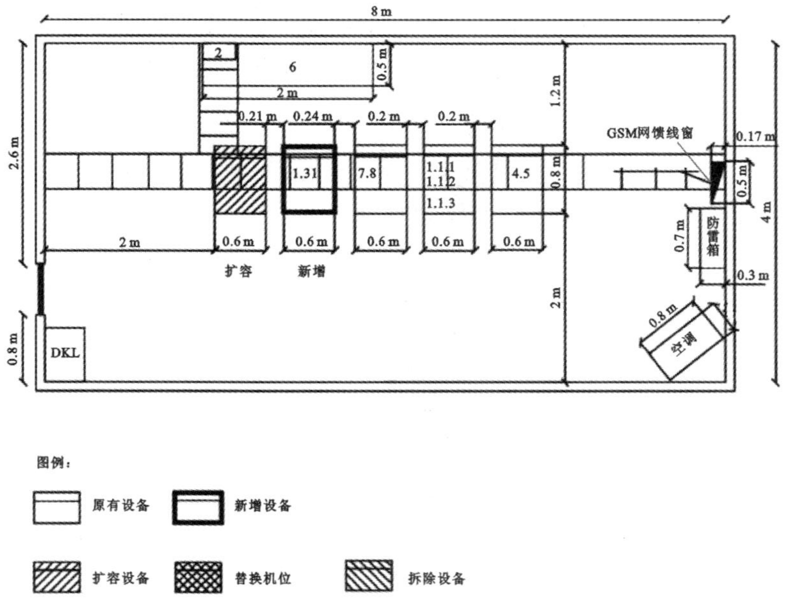

1.机房楼层一层，机房净高3米；
2.本基站为GSM基站；
3.原有动力源DUM-48/50C4-3×50A整流器，本期工程新增1个50A模块；
4.本基站采用PTN传输方式，配备1个FE（光）接口；
5.本站经度为121.21768°，纬度为31.37215°。

主要设备表

序号	设备名称及型号	尺寸(宽×深×高)	重量/kg	单位	数量	备注
1.1.1	GSM900网收发信机架Flexi	600×600×2000	270	架	1	原有
1.1.2	GSM900网收发信机架Flexi	600×600×2000	270			
1.1.3	GSM900网收发信机架Flexi	600×600×2000	270			
1.3.1	TD收发信机架	600×450×1600	180	架	1	新增，载扇数S2/2/2
2	环境监控箱			架	1	原有，壁挂，离地1500
4	整流器ZXDU68-6×50A	600×400×2000	220	架	1	扩容，新增1个50A模块
5	交流配电屏XL-21	600×450×1800	200	架	1	原有
6	蓄电池GFM500C	1260×500×1000	800	组	2	原有，双层双列
7	传输设备	600×300×2000	150	架	1	原有
8	ODF/DDF	300×300×2000	50	架	1	原有
9	IGB			块	1	原有，安装于走线架上

其他设备表

设备名称及型号	尺寸(宽×深×高)	重量/kg	单位	数量	备注
落地空调5匹	750×270×1850	70	架	1	原有
防雷箱	700×300×500		台	1	原有
气体消防设备DKL	900×400×900		架	1	原有

项目总负责人		专业负责人		
设计人		单位	mm	T1C2587烟沪铁塔基站机房设备平面布置
校审人		比例	1∶50	
专业审核人		出图日期		图号

图13-11　T1C2587烟沪铁塔基站设备扩建机房平面布置图

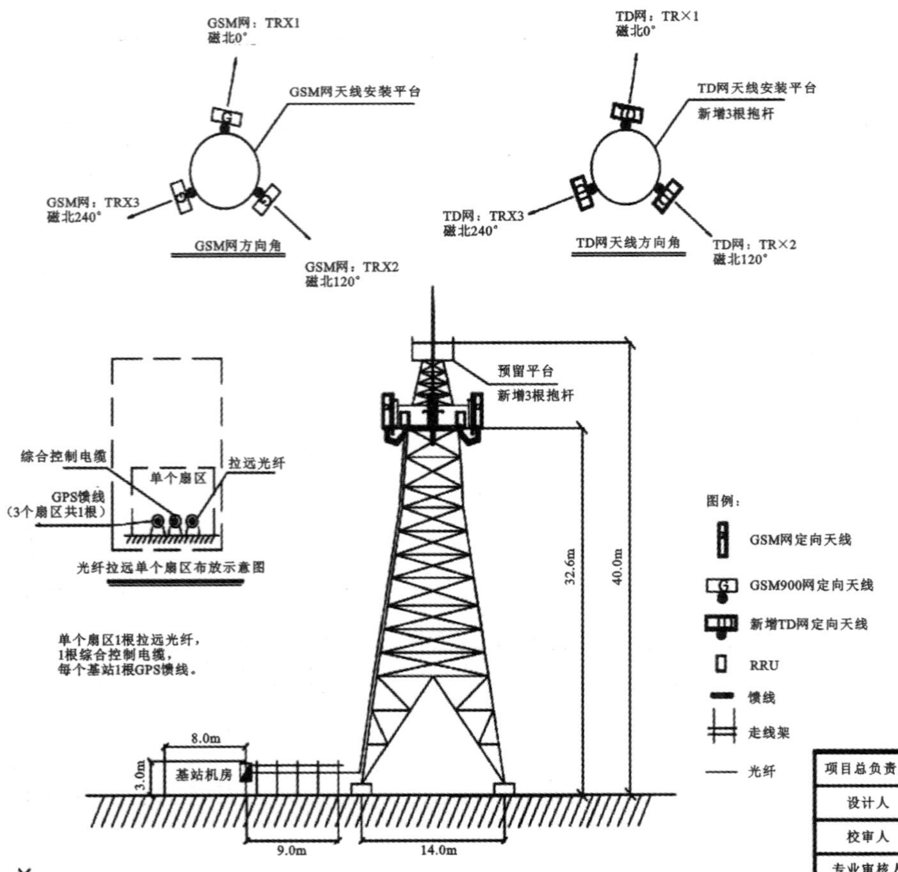

天线新增情况表

序号	材料名称	型号及规格	单位	数量	方位角	天线高度/米	
1.1	TDM网定向收发信天线	双极化	副	1	0°	31	新增，电子下倾角6°
1.2	TDM网定向收发信天线	双极化	副	1	120°	31	新增，电子下倾角6°
1.3	TDM网定向收发信天线	双极化	副	1	240°	31	新增，电子下倾角6°
2	基带拉远单元RRU	TDRU338-FA	副	3			新增
3	TD网天线倾斜装置		副	3			每天线1付，新增
4	TD光缆(第1小区)	拉远光纤	米/根	55/1	165/3		0° 55×1 新增
	TD光缆(第2小区)	拉远光纤	米/根	55/1			120° 55×1 新增
	TD光缆(第3小区)	拉远光纤	米/根	55/1			240° 55×1 新增
5	校准线跳线		条	3			新增
6	综合控制线	3.3 mm²	米/根	165/3			新增
		8.2 mm²	米/根				
7	TD跳线		条	24			新增
8	馈线接地线及卡子		套	10			新增
9	馈线加固卡子		个	207			0.8米加固一次，新增
10	TD网GPS及支架		台	1			新增，安装于新基站
11	TD网GPS馈线		米/根	30/1			新增
12	GPS天线		副	1			新增
13	ϕ76镀锌钢管(TD天线)	L=2500 mm	根	3			新增
14	ϕ30镀锌钢管(GPS天线)	L=2000 mm	根				
15	ϕ70镀锌钢管(预留天线)	L=3500 mm	根				
16	室外走线架	W=300 mm	米				
17	室外爬架	W=600 mm	米				
18	室外地排	12孔	块	1			原有

项目总负责人		专业负责人		
设计人		单位	mm	T1C2587烟沪铁塔基站天线安装位置及馈线走向图
校审人		比例	1:50	
专业审核人		出图日期		图号

图 13-12　T1C2587 烟沪铁塔基站扩建天馈系统安装示意图

（4）本工程的国内设备由甲方提供，国内设备运距为 300 km；国内配套主材运距均为 250 km，工程主材由甲方提供，主要材料及需安装设备单价如表 13-19 所示。

（5）4G 设备调测工作由施工方配合调测。

表 13-19　主要材料与需安装设备市场单价参考价格表

材料单价				
序号	名称	规格程式	单位	单价/元（除税价）
1	GPS 馈线	1/4″	m	5
2	信号线	3.3 mm^2	m	2
3	同轴电缆	1/2″	条	15
4	光缆	单模 FC-LC 野战光缆	m	9.03
5	光缆成端接头材料		套	3
6	型钢 _ te mp		套	75
7	加固角钢夹板组		组	12
8	50A 整流模块		个	500
9	馈线卡子		个	0.4
10	收发信综合机架		架	200
设备单价				
1	基站主设备 BBU	ZXSDR-B8200 GSM/WCDMA/CDMA/ WiMAX/LTE 中兴 ZXSDR B8200	台	6800
2	射频拉远单元 RRU	TDRU338-FA	个	4500
3	TD 定向天线	AMTD-2526X-14.5NE12	副	3300
4	整流器模块	50A	块	75
5	GPS 天线	CSGPS-38BH	副	110

四、无线通信设备安装工程施工流程

一般无线通信设备安装工程施工流程主要包括：安装机架缆线及辅助设备，其中分安装室内外缆线走道、安装机架（柜）、安装配线架（箱）、安装防雷接地及附属设备、布放设备缆线、安装防护及加固设施；安装移动通信设备，其中分安装调测移动通信天（馈）线、安装调测基站设备、联网调测、安装调测无线局域网设备；安装微波通信设备，其中分安装调测微波天（馈）线、安装调测微波设备、微波系统调测、安装调测一点多址数字微波通信设备、安装调测视频传输设备；安装卫星地球站设备，其中分安装调测卫星地球站天（馈）线、安装调测地球站设备、地球站设备系统调测、安装调测地球站设备；铁塔安装工程，其中分安装铁塔组立、基础处理工程。基站设备安装工程主要施工流程如图 13-13 所示。

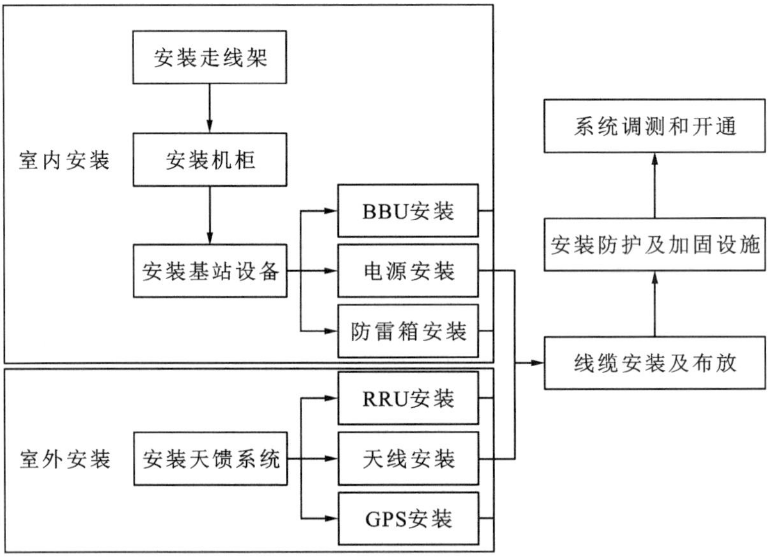

图 13-13　基站设备安装工程施工流程

五、基站设备安装工程工程量计算

本单项工程为移动基站设备安装工程，归属无线通信设备专业。

1. 安装室内外缆线走道工程量计算

安装室内电缆走道及走线架工作内容：开箱检验、清洁搬运、固定吊挂或支架、组装电缆走道、打孔、补漆、调整垂直与水平、安装固定等。

室内电缆槽道、走线架（水平、垂直）安装以其布放长度计算，计量单位是米。应核算水平、垂直方向走道总长度。

本单项工程为共站工程，线缆布放采用利旧走线架方式，不另行计算。

2. 安装机架（柜）、配线架（箱）、防雷接地、附属设备工程量计算

安装电源分配架（柜）、箱工作内容：开箱检验、清洁搬运、安装固定等。

电源分配架（柜）、箱可分为：落地式、壁挂式、架顶式，其计量单位是架。

安装有源综合架（柜）、箱工作内容：开箱检验、清洁搬运、画线定位、(吊装）柜体就位、固定柜体、安装柜内配套系统、地线连接、清理等。

安装无源综合架（柜）、箱工作内容：开箱检验、清洁搬运、画线定位、安装固定等。

带电更换空气开关、熔断器、增（扩）子机框工作内容：开箱检验、安装固定等。

有源或无源综合架（柜）、箱可分为：落地式、嵌墙式，其计量单位是个。

安装防雷箱（器）工作内容：开箱检验、搬运、定位、安装固定、连接地线、清理。

防雷箱分为：室内、室外非塔上、室外塔上安装，其计量单位是套；防雷器安装计量单位是个。

安装接地排工作内容：开箱检验、搬运、定位、安装固定、清理。

接地排分为：室内、室外，其计量单位是个；敷设室内接地母线，按实核算其计量单位是十米。

本单项工程中，新增 TD 收发信机架 1 架，取有源综合架落地式 1 个。

适用定额条目：TSW1-012 安装室内有源综合架（柜）　落地式（扩建）。

3. 安装高频开关整流模块工程量计算

安装高频开关整流模块工作内容：开箱检验、安装固定，接线连接等。

高频开关整流模块可分：50A 以下、100A 以下、100A 以上，其计量单位是个。

本单项工程中，由于共站建设新增 TD 收发信机架及设备，因此于 DUM-48/50C 高频开关电源中增加 50A 整流模块 1 个。

适用定额条目：TSD3-070 安装高频开关整流模块　50 A 以下（扩建）。

4. 安装、调测基站设备工程量计算

安装基站主设备工作内容：开箱检验、搬运、定位、安装加固机架、安装机盘、上电检查、清理等。

基站主设备分为：室外落地式、室内落地式、壁挂式、机柜/箱嵌入式安装。其室外落地式安装，计量单位是部；室内落地式、壁挂式安装，计量单位是架；机柜/箱嵌入式安装，计量单位是台。

本单项工程中，于 TD 收发信机架采用嵌入式安装 BBU 设备 1 台。

适用定额条目：TSW2-052 安装基站主设备　机柜/箱嵌入式（扩建）。

安装射频拉远单元工作内容：开箱检验、搬运、定位、安装加固机架、硬件加电检查、清理等。

射频拉远设备分为：楼顶铁塔上、地面铁塔上、拉线（桅杆）塔上、抱杆上、楼外墙壁、室内墙壁安装。其中地面铁塔上安装，按挂高进行计算，40 米以下为 1 套，40 米至 80 米以下每增加 10 米增加 1 套；80 米至 90 米以下再增加 1 套。

本单项工程中，于地面铁塔上安装 RRU 设备 3 套，其距地面 32.6 米，取安装射频拉远设备 40 米以下 3 套。

适用定额条目：TSW2-055 安装射频拉远设备　地面铁塔上高度 40 m 以下（扩建）。

基站系统调测工作内容：硬件检验、频率调整、告警测试、功率调整、时钟校正、传输测试、数据下载、呼叫测试、文件整理。

基站系统调测按载频/载扇数进行计算。2G 系统时分为：3 载频、6 载频以下，计量单位是站；3G 系统时分为：6 载扇以下 1 站，6 载扇以上每增加 1 载扇取对应增加载扇量；4G 系统时分为：3 载扇以下 1 站，3 载扇以上每增加 1 载扇取对应增加载扇量。

配合基站系统调测工作内容：测试区域的协调、硬件调整等。

配合基站系统调测按全向、定向站型区分计算，定向站按每扇区数量进行计算。

本单项工程中，施工方配合基站系统调测即可，该铁塔基站为 TD-LTE 系统 S2/2/2 定向站。因此，取配合基站系统调测 3 个扇区。

适用定额条目：TSW2-081 配合基站系统调测　定向（扩建）。

5. 通信抱杆安装工程量计算

通信抱杆安装分为：楼面抱杆、支撑杆、铁塔抱杆安装。

铁塔抱杆安装工作内容：测量、搬运、安装调整、清理、工器具转移等。铁塔抱杆安装工程量按抱杆高度不同计算，40 米以下一副，40 米至 80 米每增加 10 米另取一次；80 米至 90 米取一副，90 米以上每增加 10 米另取一次。

本单项工程中，安装平台高度 40 米，天线用通信抱杆取 40 米以下 3 副。

适用定额条目：TSW5-069 铁塔抱杆安装　安装抱杆高度 40 米以下（扩建）。

6. 安装、调测移动通信天线工程量计算

（1）安装室外天线工作内容：开箱检验、搬运、吊装加固天线、调整方位角及俯仰角、清理等。

室外天线分全向天线、定向天线，其中全向天线安装包括：楼顶铁塔上、地面铁塔上、拉线（桅杆）塔上、抱杆上；定向天线安装包括：楼顶铁塔上、地面铁塔上。

安装室外天线的工程量计算方式与射频拉远设备计算方式一致，但若采用天线 RRU 一体化设备时，人工工日按 RRU 安装工日乘以系数 0.5 后，再与天线安装工日相加计算。

本单项工程中，天线底部距地 31 米，取安装定向天线地面铁塔上 40 米以下 3 副。

适用定额条目：TSW2-011 安装定向天线　地面铁塔上 高度 40 米以下（扩建）。

（2）安装调测卫星全球定位系统（GPS）天线的计量单位：副。

本单项工程中，GPS 天线，取 1 副。

适用定额条目：TSY2-083 安装、调测全球定位系统（GPS）（扩建）。

7. 安装移动通信馈线工程量计算

（1）移动通信馈线工作内容：搬运、量裁布放、安装加固、制装电缆端头、防雷接地、连接固定、做标记、清理等。

移动通信馈线分为：1/2 英寸以下、7/8 英寸以下、7/8 英寸以上三种。1/2 英寸以下同轴电缆的工程量单位：条，其 4 米以下按 1 条取；每增加 1 米，为 1 米条。7/8 英寸以下（以上）的工程量单位为：条，其 10 米以下按 1 条取；每增加 1 米，为 1 米条。

本单项工程中，RRU 型号为 TDRU338-FA，其为 8 通道天线接口，每通道口取 1/2 英寸以下同轴电缆（又称软跳线），则 TD 软跳线：3×8 条＝24 条。

由施工图可知，RRU 位于预留平台下端，8 通道 TD 定向天线安装于预留平台，其与 RRU 间采用 TD 软跳线连接，同时核算每台 RRU 的 1 条校准跳线，共计使用软跳线＝（8＋1）×3 条＝27 条。

每条软跳线长度小于 4 米。

适用定额条目：TSW2-027 布放射频同轴电缆 1/2 英寸以下 4 m 以下（扩建）。

（2）GPS 馈线布放计量单位：十米，每增加十米另行核算。

由线缆计划表可知，GPS 馈线布放 1 根约 30 米。

适用定额：TSY2-084 GPS 馈线布放十米（扩建）。

8. 布放射频拉远单元用光缆工程量计算

（1）布放 RRU 用光缆工作内容：搬运布放、安装加固、连接固定、做标记、清理等。

（2）制作光缆成端接头工作内容：检验器材、尾纤熔接、测试衰减、固定活接头、固定光缆等。

布放 RRU 用光缆的工程量单位：米条；制作光缆成端接头的工程量单位：芯。

本单项工程中，RRU 采用地面铁塔抱杆安装方式，其通过 1 对光纤连接至 BBU 基带单板；工程基站为 S222 站型，塔上安装 3 个 RRU。根据施工图可知：布放 RRU 用光缆长度的计算为：3×（RRU 距地高＋铁塔宽度＋室外走线架长度）＝3×（32＋14＋9）米＝165 米。

制作射频拉远单元用光缆（RRU）成端接头＝2 芯×2 对×3 组＝12 芯。

适用定额：TSW1-058 布放射频拉远单元（RRU）用光缆（扩建）；TSW1-059 制作射频拉远单元用光缆（RRU）成端接头（扩建）。

9. 室外布放控制信号线工程量计算

室外布放控制信号线工作内容：量裁、放线、端头制作、固定、清理等。

室外布放控制信号线的工程量单位：10 米条。

本单项工程中，3 个 RRU 均需布放控制软电线电缆，由施工图电缆计划表可知使用 3.3 mm^2 电缆，其长度为：3×（32+14+9）米=165 米。

适用定额条目：TSW1-056 室外布放控制信号线（扩建）。

10. 调测天、馈线系统工程量计算

天、馈线系统调测工作内容：调测天、馈线系统的驻波比、损耗及智能天线权值等。

配合调测天、馈线系统工作内容：测试区域的协调、硬件调整等。

配合调测天、馈线系统的工程量单位：扇区。

本单项工程中，施工方配合调测即可，则配合调测天、馈线系统的工程量计算为：3 个扇区。

适用定额条目：TSW2-048 配合调测天、馈线系统（扩建）。

11. 联网调测工程量计算

联网调测工作内容：覆盖测试、传输电路验证、切换测试、干扰测试、告警测试、数据整理。

配合联网调测工作内容：配合基站割接、开通、测试区协调、硬件调整等。

联网调测分为：2G、3G、4G 基站联网调测。其中 4G 基站联网调测的工程量单位：扇区；配合联网调测的工程量单位：站。

本单项工程中，施工方配合联网调测，取配合联网调测 1 站。

适用定额条目：TSW2-094 配合联网调测（扩建）。

主要工作量统计如表 13-20。

表 13-20　主要工作量统计表

序号	定额编号	项目名称	单位	数量
Ⅰ	Ⅱ	Ⅲ	Ⅳ	Ⅴ
1	TSW1-012	安装室内有源综合架（柜）　落地式（扩建）（工日×1.1）	个	1.00
2	TSD3-070	安装高频开关整流模块　50 A 以下（扩建）（工日×1.1）	个	1.00
3	TSW2-052	安装基站主设备　机柜/箱嵌入式（扩建）（工日×1.1）	台	1.00
4	TSW2-055	安装射频拉远设备　地面铁塔上 高度 40 m 以下（扩建）（工日×1.1）	套	3.00

续表

序号	定额编号	项目名称	单位	数量
5	TSW2-081	配合基站系统调测　定向（扩建）（工日×1.1）	扇区	3.00
6	TSW5-069	铁塔抱杆安装　安装抱杆高度40米以下（扩建）（工日×1.1）	副	3.00
7	TSW2-011	安装定向天线　地面铁塔上 高度40米以下（扩建）（工日×1.1）	副	3.00
8	TSY2-083	安装、调测全球定位系统（GPS）（扩建）（工日×1.1）	套	1.00
9	TSY2-084	GPS馈线布放十米（扩建）（工日×1.1）	十米	3.00
10	TSW2-027	布放射频同轴电缆1/2英寸以下 4 m以下（扩建）（工日×1.1）	条	24.00
11	TSW1-058	布放射频拉远单元（RRU）用光缆（扩建）（工日×1.1）	米条	165.00
12	TSW1-059	制作射频拉远单元用光缆（RRU）成端接头（扩建）（工日×1.1）	芯	12.00
13	TSW1-056	室外布放控制信号线（扩建）（工日×1.1）	十米条	16.50
14	TSW2-048	配合调测天、馈线系统（扩建）（工日×1.1）	扇区	3.00
15	TSW2-094	配合联网调测（扩建）（工日×1.1）	站	1.00

六、基站设备安装工程预算编制

基站设备安装工程预算编制各表格如表13-21～表13-28所示。

表 13-21　工程预算总表(表一)

建设项目名称:无线通信设备安装工程

工程名称:3/4G 共站移动通信设备扩建安装单项工程　建设单位名称:×××表格编号:TSW-1　第 1 页

序号	表格编号	费用名称	小型建筑工程费	需安装的设备费	不需安装的设备、工器具费	建筑安装工程费	其他费用	预备费	总价值			
			元						除税价	增值税	含税价	外币(　)
Ⅰ	Ⅱ	Ⅲ	Ⅳ	Ⅴ	Ⅵ	Ⅶ	Ⅷ	Ⅸ	Ⅹ	Ⅺ	Ⅻ	XⅢ
1	表二	建筑安装工程费				29017.35			29017.35	3401.46	32418.81	
2	TSW-4 甲 B	需安装的设备		31059.55					31059.55	5280.12	36339.67	
3	TSW-6	小型建筑工程费										
4		工程费							60076.90	8681.58	68758.48	
5	TSW-5	工程建设其他费用					5215.61		5215.61	334.70	5550.31	
6		合计							65292.51	9016.28	74308.79	
7		预备费(合计×3%)						1958.78	1958.78	215.47	2174.24	
8		总计		31059.55		29017.35	5215.61	1958.78	67251.28	9231.75	76483.03	

设计负责人:×××　审核人:×××　编制人:×××　编制日期:××年××月

表 13-22　建筑安装工程费用预算表(表二)

工程名称:3/4G 共站移动通信设备扩建安装单项工程　　建设单位名称:×××　　表格编号:TSW-2　　第 1 页

序号	费用名称	依据和计算方法	合计	序号	费用名称	依据和计算方法	合计
Ⅰ	Ⅱ	Ⅲ	Ⅳ	Ⅰ	Ⅱ	Ⅲ	Ⅳ
	建筑安装工程费含税价	一+二+三+四	32418.81	7	夜间施工增加费	人工费×2.1%	230.73
	建筑安装工程费除税价	一+二+三	29017.35	8	冬雨季施工增加费	人工费×1.8%	197.77
一	直接费	(一)+(二)	20107.73	9	生产工具用具使用费	人工费×0.8%	87.90
(一)	直接工程费	1+2+3+4	15346.22	10	施工用水电蒸气费	不计取	
1	人工费	(1)+(2)	10987.32	11	特殊地区施工增加费	总工日×0	
(1)	技工费	技工工日×114	10987.32	12	已完工程及设备保护费	人工费×1.5%	164.81
(2)	普工费	普工工日×61	0	13	运土费	不计取	
2	材料费	(1)+(2)	4215.26	14	施工队伍调遣费	单程调遣费×调遣人数×2	1740
(1)	主要材料费	详见表四	3492.79	15	大型施工机械调遣费	调遣用车运价×调遣运距×2	
(2)	辅助材料费	主材费×3%	104.78	二	间接费	(一)+(二)	6712.15
3	机械使用费	表三乙	51.84	(一)	规费	1+2+3+4	3701.63
4	仪表使用费	表三丙	91.8	1	工程排污费	不计取	
(二)	措施项目费	1+2+3+…+15	4761.51	2	社会保障费	人工费×28.5%	3131.39
1	文明施工费	人工费×1.1%	120.86	3	住房公积金	人工费×4.19%	460.37
2	工地器材搬运费	人工费×1.1%	120.86	4	危险作业意外伤害保险费	人工费×1%	109.87
3	工程干扰费	人工费×4.0%	439.49	(二)	企业管理费	人工费×27.4%	3010.53
4	工程点交、场地清理费	人工费×2.5%	274.68	三	利润	人工费×20.0%	2197.46
5	临时设施费	人工费×7.6%	835.04	四	销项税额	(一+二+三-甲供材料)×11%+甲材税金	3401.46
6	工程车辆使用费	人工费×5.0%	549.37				

设计负责人:×××　　审核人:×××　　编制人:×××　　编制日期:××年××月

表 13-23　建筑安装工程量预算表(表三)甲

工程名称：3/4G 共站移动通信设备扩建安装单项工程　　建设单位名称：×××　　表格编号：TSW-3 甲　　第 1 页

序号	定额编号	项目名称	单位	数量	单位定额值/工日		合计值/工日	
					技工	普工	技工	普工
Ⅰ	Ⅱ	Ⅲ	Ⅳ	Ⅴ	Ⅵ	Ⅶ	Ⅷ	Ⅸ
1	TSW1-012	安装室内有源综合架(柜)　落地式(扩建)(工日×1.1)	个	1	1.86	0	2.05	0
2	TSW1-056	室外布放控制信号线(扩建)(工日×1.1)	十米条	16.5	0.3	0	5.45	0
3	TSW1-058	布放射频拉远单元(RRU)用光缆(扩建)(工日×1.1)	米条	165	0.04	0	7.26	0
4	TSW1-059	制作射频拉远单元用光缆(RRU)成端接头(扩建)(工日×1.1)	芯	12	0.15	0	1.98	0
5	TSW2-011	安装定向天线　地面铁塔上 高度 40 米以下(扩建)(工日×1.1)	副	3	6.35	0	20.96	0
6	TSW2-027	布放射频同轴电缆 1/2 英寸以下 4 m 以下(扩建)(工日×1.1)	条	24	0.2	0	5.28	0
7	TSW2-048	配合调测天、馈线系统(扩建)(工日×1.1)	扇区	3	0.47	0	1.55	0
8	TSW2-052	安装基站主设备　机柜/箱嵌入式(扩建)(工日×1.1)	台	1	1.08	0	1.19	0
9	TSW2-055	安装射频拉远设备　地面铁塔上 高度 40 m 以下(扩建)(工日×1.1)	套	3	2.88	0	9.50	0
10	TSW2-081	配合基站系统调测　定向(扩建)(工日×1.1)	扇区	3	1.41	0	4.65	0
11	TSW2-094	配合联网调测(扩建)(工日×1.1)	站	1	2.11	0	2.32	0
12	TSW5-069	铁塔抱杆安装　安装抱杆高度 40 米以下(扩建)(工日×1.1)	副	3	5.5	0	18.15	0
13	TSD3-070	安装高频开关整流模块　50 A 以下 (扩建) (工日×1.1)	个	1	1.12	0	1.23	0
14	TSY2-083	安装、调测全球定位系统(GPS) (扩建) (工日×1.1)	套	1	4	0	4.40	0
15	TSY2-084	GPS 馈线布放 十米 (扩建) (工日×1.1)	十米	3	0.5	0	1.65	0

设计负责人：×××　　审核人：×××　　编制人：×××　　编制日期：××年××月

续表

工程名称：3/4G 共站移动通信设备扩建安装单项工程　　建设单位名称：×××　　表格编号：TSW-3 甲　　第 2 页

序号	定额编号	项目名称	单位	数量	单位定额值/工日		合计值/工日	
					技工	普工	技工	普工
Ⅰ	Ⅱ	Ⅲ	Ⅳ	Ⅴ	Ⅵ	Ⅶ	Ⅷ	Ⅸ
		合计					87.62	0
		扩建工程 增加 10%					8.76	0
		总计					96.38	0

设计负责人：×××　　审核人：×××　　编制人：×××　　编制日期：××年××月

表 13-24 建筑安装工程机械使用费预算表(表三)乙

工程名称:3/4G 共站移动通信设备扩建安装单项工程　　建设单位名称:×××　　表格编号:TSW-3 乙　　第 1 页

序号	定额编号	项目名称	单位	数量	机械名称	单位定额值		总价值	
						数量/台班	单价/元	数量/台班	总价值/元
Ⅰ	Ⅱ	Ⅲ	Ⅳ	Ⅴ	Ⅵ	Ⅶ	Ⅷ	Ⅸ	Ⅹ
1	TSW1-059	制作射频拉远单元用光缆(RRU)成端接头	芯	12	光纤熔接机	0.03	144	0.36	51.84
		合计							51.84

设计负责人:×××　　审核人:×××　　编制人:×××　　编制日期:××年××月

表 13-25 建筑安装工程仪表使用费预算表(表三)丙

工程名称:3/4G 共站移动通信设备扩建安装单项工程　　建设单位名称:×××　　表格编号:TSW-3 丙　　第 1 页

序号	定额编号	项目名称	单位	数量	仪表名称	单位定额值		总价值	
						数量/台班	单价/元	数量/台班	总价值/元
Ⅰ	Ⅱ	Ⅲ	Ⅳ	Ⅴ	Ⅵ	Ⅶ	Ⅷ	Ⅸ	Ⅹ
1	TSW1-059	制作射频拉远单元用光缆(RRU)成端接头	芯	12	光时域反射仪	0.05	153	0.60	91.80
		合计							91.80
		总计							91.80

设计负责人:×××　　审核人:×××　　编制人:×××　　编制日期:××年××月

表 13-26　国内器材预算表(表四)甲

(甲供材料　)表

工程名称:3/4G 共站移动通信设备扩建安装单项工程　　建设单位名称:×××表格编号:TSW-4 甲 A　　第　1　页

序号	名称	规格程式	单位	数量	单价/元	合计/元			备注
					除税价	除税价	增值税	含税价	
Ⅰ	Ⅱ	Ⅲ	Ⅳ	Ⅴ	Ⅵ	Ⅶ	Ⅷ	Ⅸ	Ⅹ
1	GPS 馈线	1/4″	m	30	5	150.00	25.50	175.50	
2	信号线	3.3 mm^2	m	169	2	338.00	57.46	395.46	
3	同轴电缆	1/2″	条	24	15	360.00	61.20	421.20	
4	光缆	单模 FC-LC 野战光缆	m	167	9.03	1508.01	256.36	1764.37	
5	光缆成端接头材料		套	12	3	36.00	6.12	42.12	
6	型钢_te mp		套	3	75	225.00	38.25	263.25	
7	加固角钢夹板组		组	2	12	24.00	4.08	28.08	
8	50 A 整流模块		个	1	500	500.00	85.00	585.00	
9	馈线卡子		个	83	0.4	33.20	5.64	38.84	
10	收发信综合机架		架	1	200	200.00	34.00	234.00	
	(1)小计					3374.21	573.61	3947.82	
	(2)电缆类运杂费(序号 1～3 之和×1.3%)					11.02	1.87	12.90	
	(3)光缆类运杂费(序号 4～5 之和×1.7%)					26.25	4.46	30.71	

设计负责人:×××　　审核人:×××　　编制人:×××　　编制日期:××年××月

续表

工程名称：3/4G 共站移动通信设备扩建安装单项工程　　建设单位名称：×××　　表格编号：TSW-4 甲 A　　第 2 页

序号	名称	规格程式	单位	数量	单价/元	合计/元			备注
					除税价	除税价	增值税	含税价	
Ⅰ	Ⅱ	Ⅲ	Ⅳ	Ⅴ	Ⅵ	Ⅶ	Ⅷ	Ⅸ	Ⅹ
	(4)其他类运杂费(序号6～10之和×4.5%)					44.20	7.51	51.71	
	(5)运输保险费(1)×0.1%					3.37	0.57	3.95	
	(6)采购及保管费(1)×1%					33.74	5.74	39.48	
	(7)采购代理服务费								
	合计(Ⅰ)：(1)+(2)+(3)+(4)+(5)+(6)+(7)					3492.79	593.76	4086.57	
	段合计：合计(Ⅰ)					3492.79	593.76	4086.57	
	总计					3492.79	593.76	4086.57	

设计负责人：×××　　审核人：×××　　编制人：×××　　编制日期：××年××月

表 13-27　国内器材预算表(表四)甲

(甲供设备)表

工程名称:3/4G 共站移动通信设备扩建安装单项工程　　建设单位名称:×××　　表格编号:TSW-4 甲 B　　第 1 页

序号	名称	规格程式	单位	数量	单价/元	合计/元			备注
					除税价	除税价	增值税	含税价	
Ⅰ	Ⅱ	Ⅲ	Ⅳ	Ⅴ	Ⅵ	Ⅶ	Ⅷ	Ⅸ	Ⅹ
1	基站主设备 BBU	ZXSDR-B8200 GSM/WCDMA/CDMA/WiMAX/LTE 中兴 ZXSDR B8200	台	1	6800	6800.00	1156.00	7956.00	
2	射频拉远单元 RRU	TDRU338-FA	个	3	4500	13500.00	2295.00	15795.00	
3	TD 定向天线	AMTD-2526X-14.5NE12	副	3	3300	9900.00	1683.00	11583.00	
4	整流器模块	50A	块	1	75	75.00	12.75	87.75	
5	GPS 天线	CSGPS-38BH	副	1	110	110.00	18.70	128.70	
	(1)小计					30385.00	5165.45	35550.45	
	(2)设备运杂费(1)×1%					303.85	51.65	355.50	
	(3)运输保险费(1)×0.4%					121.54	20.66	142.20	
	(4)采购及保管费(1)×0.82%					249.16	42.36	291.51	
	(5)采购代理服务费								
	合计(Ⅰ):(1)+(2)+(3)+(4)+(5)					31059.55	5280.12	36339.67	
	段合计:合计(Ⅰ)					31059.55	5280.12	36339.67	
	总计					31059.55	5280.12	36339.67	

设计负责人:×××　　审核人:×××　　编制人:×××　　编制日期:××年××月

表 13-28　工程建设其他费预算表(表五)甲

工程名称:3/4G 共站移动通信设备扩建安装单项工程　　建设单位名称:×××　　表格编号:TSW-5 甲　　第 1 页

序号	费用名称	计算依据及方法	金额/元			备注
			除税价	增值税	含税价	
Ⅰ	Ⅱ	Ⅲ	Ⅳ	Ⅴ	Ⅵ	Ⅶ
1	建设用地及综合赔补费					
2	项目建设管理费	工程费×2%	580.35	34.82	615.17	财建〔2016〕504 号
3	可行性研究费					
4	研究试验费					
5	勘察设计费		1200.00	72.00	1272.00	
(1)	勘察费					
(2)	设计费	按合同	1200.00	72.00	1272.00	
6	环境影响评价费					
7	建设工程监理费	按合同	3000.00	180.00		
8	安全生产费	建安费除税价×1.5%	435.26	47.88	483.14	财企〔2012〕16 号
9	引进技术及引进设备其他费					
10	工程保险费					
11	工程招标代理费					
12	专利及专利技术使用费					
13	其他费用					
(1)	自定义费用 1					
(2)	自定义费用 2					
	总计		5215.61	334.70	5550.31	
14	生产准备及开办费(运营费)					

设计负责人:×××　　审核人:×××　　编制人:×××　　编制日期:××年××月

项目小结

本项目通过信息通信建设工程概预算编制实例进行实践应用，包括通信线路工程、通信管道工程和无线通信设备安装工程概预算实例。

具体内容包括：项目案例背景、项目案例介绍、项目已知条件、施工流程、工程量计算和预算编制。

本项目的教学目标是使学生掌握通信线路工程概预算编制的方法，学会解读工程案例和进行概预算编制；掌握通信管道工程概预算编制的方法，学会解读工程案例和进行概预算编制；掌握无线通信设备安装工程概预算编制的方法，学会解读工程案例和进行概预算编制。

思考与习题

请结合实际工程案例自行编制预算。

REFERENCE 参考文献

[1] 中华人民共和国住房和城乡建设部．工程造价术语标准：GB/T 50875—2013 [S]. 北京：中国计划出版社，2013.

[2] 中华人民共和国住房和城乡建设部．建设工程工程量清单计价规范：GB 50500—2013 [S]. 北京：中国计划出版社，2013.

[3] 全国造价工程师执业资格考试培训教材编审委员会．建设工程计价（2014年修订）[M]. 北京：中国计划出版社，2014.

[4] 中国建设工程造价管理协会．建设项目投资估算编审规程：CECA/GC 1—2007 [S]．北京：中国计划出版社，2007.

[5] 中国建设工程造价管理协会．建设项目设计概算编审规程：CECA/GC 2—2007 [S]．北京：中国计划出版社，2007.

[6] 中国建设工程造价管理协会．建设项目总投资及其他费用项目组成规定 [S]. 2004.

[7] 中华人民共和国住房和城乡建设部，中华人民共和国财政部．建筑安装工程费用项目组成（建标〔2013〕44 号）.

[8] 中华人民共和国住房和城乡建设部．建筑工程施工发包与承包计价管理办法（住建部第 16 号令）.

[9] 中华人民共和国工业和信息化部通信工程定额质监中心．信息通信建设工程概预算管理与实务 [M]. 北京：人民邮电出版社，2017.